职业教育“十二五”规划教材

焊接技能实训与考证

邱葭菲　蔡郴英　王瑞权　编著

化学工业出版社

·北京·

本书注重知识的先进性，体现新技术、新工艺、新标准，并且与焊工国家职业技能标准及焊工职业资格认证接轨，将技能训练与职业素养形成有机结合。书中内容包括焊接安全与劳动保护，气焊与气割，焊条电弧焊，埋弧焊，CO_2气体保护电弧焊，钨极氩弧焊，等离子弧焊接与切割，电阻焊，先进焊割工艺与技术和焊工技能考证等。另外，书中对易混淆、难理解的一些技能知识点用“师傅答疑”、“经验点滴”栏目加以提醒；对于一些难以掌握的技能要领编成“口诀”以方便记忆与理解。

本书可作为高职高专院校、中等职业学校、技工学校的教材，也可作为相关人员培训教材，还可以作为技术人员学习用书。

图书在版编目（CIP）数据

焊接技能实训与考证/邱葭菲，蔡郴英，王瑞权编著．北京：化学工业出版社，2015.12（2018.3 重印）
职业教育“十二五”规划教材
ISBN 978-7-122-25443-6

Ⅰ.①焊… Ⅱ.①邱…②蔡…③王… Ⅲ.①焊接-高等职业教育-教材 Ⅳ.①TG44

中国版本图书馆 CIP 数据核字（2015）第 250193 号

责任编辑：韩庆利　　文字编辑：张燕文
责任校对：吴　静　　装帧设计：孙远博

出版发行：化学工业出版社（北京市东城区青年湖南街 13 号　邮政编码 100011）
印　　刷：北京京华铭诚工贸有限公司
装　　订：北京瑞隆泰达装订有限公司
787mm×1092mm　1/16　印张 13　字数 334 千字　　2018 年 3 月北京第 1 版第 2 次印刷

购书咨询：010-64518888（传真：010-64519686）　售后服务：010-64518899
网　　址：http://www.cip.com.cn
凡购买本书，如有缺损质量问题，本社销售中心负责调换。

定　　价：29.00 元

版权所有　违者必究

前　言

本书进一步贯彻落实了国务院《关于大力推进职业教育改革与发展的决定》和教育部《全面提高高等职业教育教学质量的若干意见》及《教育部关于“十二五”职业教育教材建设的若干意见》文件精神，根据高等职业技术教育焊接及相近专业对操作技能要求及《国家职业技能标准——焊工》要求编著而成。

全书共分十个单元，包括焊接安全与劳动保护，气焊与气割，焊条电弧焊，埋弧焊，CO_2 气体保护电弧焊，钨极氩弧焊，等离子弧焊接与切割，电阻焊，先进焊割工艺与技术和焊工技能考证。

本书具有以下特色：

① 体现职业性和实用性。

教材编著突出技能训练，教材内容反映职业岗位能力要求，与焊工国家职业技能标准及焊工职业资格认证接轨，将技能训练与职业素养形成有机结合。

② 突出知识与经验的结合。

对于操作技能特别是手工操作技能的掌握，除需基本理论指导外，还与实践中积累的经验密切相关。为此书中对易混淆、难理解的一些技能知识点用“师傅答疑”、“经验点滴”栏目加以提醒；对于一些难以掌握的技能要领编成“口诀”以方便记忆与理解。此外书中还大量使用了实物照片及直观图，也是本书一大特色。

③ 注重内容先进性及结构模式创新。

教材注重知识的先进性，体现焊接新技术、新工艺、新技能、新标准，使学生在第一时间学习到新知识、新技术、新技能，有利于提高学生可持续发展的能力和职业迁移能力。教材采用单元-模块式结构形式，以焊接方法为单元，以操作技能项目为模块，由简到难分别加以介绍。为便于理论联系实际，每单元都设有相关焊接方法的设备与工艺要点模块。

④ 集教学与考证于一体。

本书除了满足高职教学操作技能要求外，还介绍了职业技能鉴定相关知识及特种设备焊工考证的考试流程，对于学生参加职业技能鉴定及特种设备等行业焊工考证具有较大的指导作用。

本书由浙江机电职业技术学院邱葭菲、蔡郴英、王瑞权编著。全书由邱葭菲统稿，谢长林、俞灿明高工审核。

本书配套有电子课件，可赠送给用本书作为主教材的院校和老师，如果有需要，可登录 www.cipedu.com.cn 下载。

本书在编著过程中，参阅了大量的国内外出版的有关书籍和资料，充分吸收了自己及国内多所高职院校近年来的教学改革经验，得到了许多教授、专家，如米光明、冯明河、廖风生、蔡秋衡、薛剑彪、栾淑琴等的支持和帮助，在此一并致谢。但由于作者水平所限，书中难免有疏漏之处，恳请有关专家和广大读者批评指正。

编著者

目　录

第一单元　焊接安全与劳动保护

焊接就是通过加热或加压，或两者并用，用或不用填充材料，使焊件达到结合的一种加工工艺方法，是目前应用最广的一种连接金属材料的方法。

按照焊接过程中金属所处的状态不同，可以把焊接分为熔焊、钎焊和压焊三类。焊接方法的分类如图 1-1 所示。常用焊接方法如图 1-2 所示。

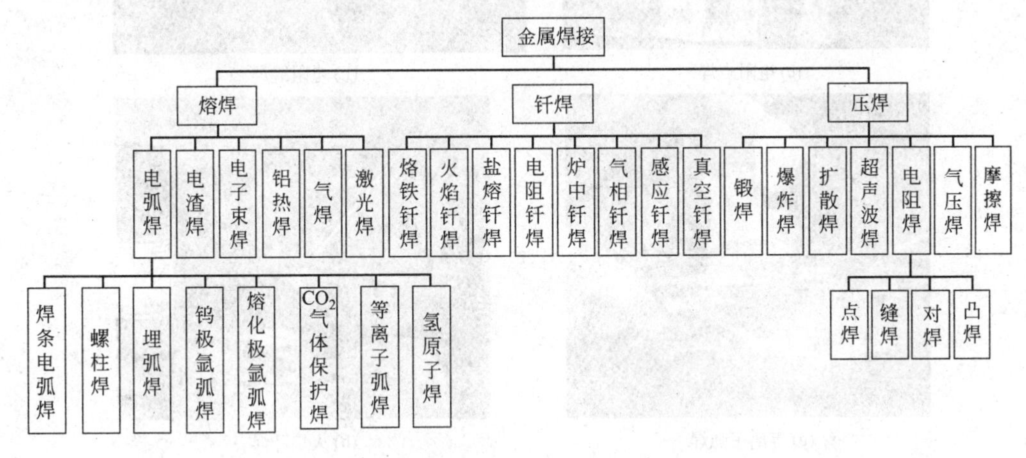

图 1-1　焊接方法的分类

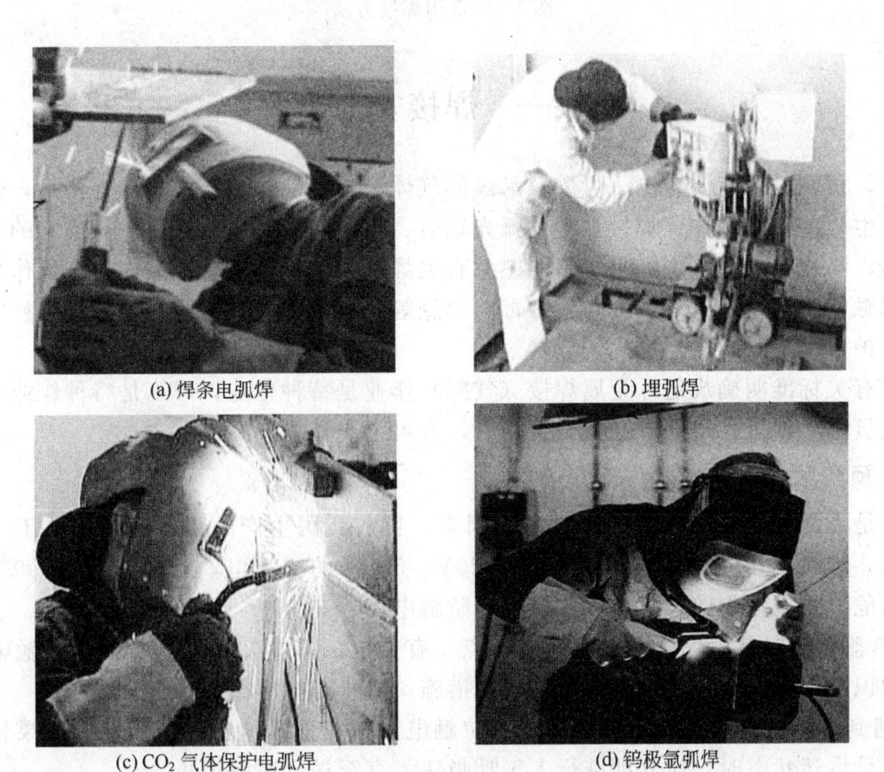

(a) 焊条电弧焊　(b) 埋弧焊

(c) CO_2 气体保护电弧焊　(d) 钨极氩弧焊

图 1-2

(e) 电阻点焊　(f) 电阻缝焊

(g) 等离子弧焊　(h) 火焰钎焊

图 1-2　常用焊接方法

模块一　焊接安全技术

焊接、切割时可能要与电、可燃及易爆的气体、易燃液体、压力容器等接触，焊接过程中还会产生一些有害气体、焊接烟尘、弧光辐射、焊接热源（电弧、气体火焰）的高温、高频电磁场、噪声和射线等。如果焊工不熟悉有关焊接的安全特点，不遵守安全操作规程，就可能引起触电、灼伤、火灾、爆炸、中毒、窒息等事故，因此焊接时必须重视焊接安全技术与劳动保护。

国家有关标准明确规定，金属焊接（气割）作业是特种作业，焊工是特种作业人员。特种作业人员，必须进行培训并经考试合格后，方可上岗作业。

一、预防触电安全技术

触电是大部分焊接操作时的主要危险因素。目前我国生产的焊机的空载电压一般都在60V以上，焊机工作的网路电压为380V/220V、50Hz的交流电，它们都超过了安全电压，因此触电危险是比较大的，必须采取措施预防触电。

① 熟悉和掌握有关焊接方法的安全特点、有关电的基本知识、预防触电及触电后急救方法等知识，严格遵守有关部门规定的安全措施，防止触电事故发生。

② 遇到焊工触电时，切不可用赤手去拉触电者，应先迅速将电源切断，如果切断电源后触电者呈昏迷状态时，应立即施行人工呼吸法，直至送到医院为止。

③ 在光线暗的场地、容器内操作或夜间工作时，使用的工作照明灯的安全电压应不大

于36V，高空作业或特别潮湿场所，安全电压不超过12V。

④ 焊工的工作服、手套、绝缘鞋应保持干燥。

⑤ 在潮湿的场地工作时，应用干燥的木板或橡胶板等绝缘物作垫板。

⑥ 焊工在拉、合电源闸刀或接触带电物体时，必须单手进行。因为双手操作电源闸刀或接触带电物体时，如发生触电，会通过人体心脏形成回路，造成触电者迅速死亡。

⑦ 焊机外壳接地或接零。

二、预防火灾和爆炸安全技术

电弧焊（割）或气焊（割）、火焰钎焊等操作时，由于电弧及气体火焰的温度很高并产生大量的金属火花飞溅物，而且在焊接过程中还可能会与可燃及易爆的气体、易燃液体、可燃的粉尘或压力容器等接触，都有可能引起火灾甚至爆炸。因此焊接时，必须防止火灾及爆炸事故的发生。

① 焊接前要认真检查工作场地周围是否有易燃、易爆物品（如棉纱、油漆、汽油、煤油、木屑等），如有易燃、易爆物，应使这些物品距离焊接工作地10m以外。

② 在焊接作业时，应注意防止金属火花飞溅而引起火灾。

③ 严禁设备在带压时焊接或切割，带压设备一定要先解除压力（卸压），并且焊割前必须打开所有孔盖。未卸压的设备严禁操作，常压而密闭的设备也不允许进行焊接与切割。

④ 凡被化学物质或油脂污染的设备都应清洗后再焊接或切割。如果是易燃、易爆或有毒的污染物，更应彻底清洗，经有关部门检查，并填写动火证后，才能焊接与切割。

⑤ 在进入容器内工作时，焊、割炬应随焊工同时进出，严禁将焊、割炬放在容器内而焊工擅自离去，以防混合气体燃烧和爆炸。

⑥ 焊条头及焊后的焊件不能随便乱扔，要妥善管理，更不能扔在易燃、易爆物品的附近，以免发生火灾。

⑦ 离开施焊现场时，应关闭气源和电源，应将火种熄灭。

三、预防有害因素安全技术

焊接过程中产生的有害因素包括有害气体、焊接烟尘、弧光辐射、高频电磁场、噪声和射线等。各种焊接过程中产生的有害因素见表1-1。

表1-1 焊接过程中产生的有害因素

焊接方法	有害因素						
	弧光辐射	高频电磁场	焊接烟尘	有害气体	金属飞溅	射线	噪声
酸性焊条电弧焊	轻微		中等	轻微	轻微		
碱性焊条电弧焊	轻微		强烈	轻微	中等		
高效铁粉焊条电弧焊	轻微		最强烈	轻微	轻微		
碳弧气刨	轻微		强烈	轻微			中等
电渣焊			轻微				
埋弧焊			中等	轻微			
实心细丝CO_2焊	轻微		轻微	轻微	轻微		
实心粗丝CO_2焊	中等		中等	轻微	中等		
钨极氩弧焊(铝、铁、铜、镍)	中等	中等	轻微	中等	轻微	轻微	
钨极氩弧焊(不锈钢)	中等	中等	轻微	轻微	轻微	轻微	
熔化极氩弧焊(不锈钢)	中等		轻微	中等	轻微		

1. 焊接烟尘

焊接金属烟尘的成分很复杂，焊接黑色金属材料时，烟尘的主要成分是铁、硅、锰。焊接其他金属材料时，烟尘中还有铝、氧化锌、钼等。其中主要有毒物是锰，使用碱性低氢型焊条时，烟尘中含有有毒的可溶性氟。焊工长期呼吸这些烟尘，会引起头痛、恶心，甚至引起焊工肺尘埃沉着病及锰中毒等。

2. 有害气体

在熔焊过程中，焊接区会产生有害气体。特别是电弧焊中在焊接电弧的高温和强烈的紫外线作用下，产生有害气体的程度尤甚。所产生的有害气体主要有臭氧、氮氧化物、一氧化碳和氟化氢等。这些有害气体被吸入体内，会引起中毒，影响焊工健康。

排出焊接烟尘和有害气体的有效措施是加强通风和个人防护，如戴防尘口罩、防毒面罩等。

3. 弧光辐射

弧光辐射发生在电弧焊，包括可见光、红外线和紫外线。过强的可见光耀眼眩目；红外线会引起眼部强烈的灼伤和灼痛，发生闪光幻觉；紫外线对眼睛和皮肤有较大的刺激性，引起电光性眼炎。防护弧光辐射的措施主要是根据焊接电流来选择面罩中的电焊防护玻璃。在厂房内和人多的区域进行焊接时，尽可能地使用防护屏，避免周围人受弧光伤害。

4. 高频电磁场

当交流电的频率达到每秒振荡 10 万～30000 万次时，它的周围形成高频率的电场和磁场，称为高频电磁场。等离子弧焊割、钨极氩弧焊采用高频振荡器引弧时，会形成高频电磁场。焊工长期接触高频电磁场，会引起神经功能紊乱和神经衰弱。防止高频电磁场的常用方法是将焊枪电缆和地线用金属编织线屏蔽。

5. 射线

射线主要是指等离子弧焊割、钨极氩弧焊的钍产生放射线和电子束焊产生的 X 射线。焊接过程中放射线影响不严重，钍钨极一般被铈钨极取代，电子束焊的 X 射线防护主要以屏蔽以减少泄漏。

6. 噪声

在焊接过程中，噪声危害突出的焊接方法是等离子弧割、等离子喷涂以及碳弧气刨，其噪声声强达 120～130dB 以上，强烈的噪声可以引起听觉障碍、耳聋等症状。防噪声的常用方法是带耳塞和耳罩。

四、特殊环境下的焊接安全技术

特殊环境下的焊接是指在一般工业企业正规厂房以外的地方，例如高空、野外、容器内部进行的焊接等。在这些地方焊接时，除遵守上面介绍的一般规则外，还要遵守一些特殊的规定。

1. 高空焊接作业

焊工在距基准面 2m 以上（包括 2m）有可能坠落的高处进行焊接作业称为高空（登高）焊接作业。

① 患有高血压、心脏病等疾病与酒后人员，不得进行高空焊接作业。

② 高空作业时，焊工应系安全带，地面应有人监护（或两人轮换作业）。

③ 高空作业时，登高工具（如脚手架等）要安全牢固可靠，焊接电缆线等应扎紧在固定地方，不应缠绕在身上或搭在背上工作。不应采取可燃物（如麻绳等）作固定脚手板、焊接电缆线和气割用气胶管的材料。

④ 乙炔瓶、氧气瓶、弧焊机等焊接设备器具应尽量留在地面上。

⑤ 雨天、雪天、雾天或刮大风（六级以上）时，禁止高空作业。

2. 露天或野外焊接作业

① 夏季在露天工作时，必须有防风雨棚或临时凉棚。

② 露天作业时应注意风向，不要让吹散的铁水及焊渣伤人。

③ 雨天、雪天或雾天时，不允许露天作业。

④ 夏天露天气焊和气割时，应防止氧气瓶和乙炔瓶直接受烈日暴晒，以免气体膨胀发生爆炸。冬天如遇瓶阀或减压器冻结时，应用热水解冻，严禁火烤。

3. 容器内焊接作业

① 进入容器内部前，先要弄清容器内部的情况。

② 把该容器和外界联系的部位，都要进行隔离和切断，如电源和附带在设备上的水管、料管、蒸汽管、压力管等均要切断并挂牌。如容器内有污染物，应进行清洗并经检查确认无危险后，才能进入内部焊接。

③ 进入容器内部焊割要实行监护制，派专人进行监护。监护人不能随便离开现场，并与容器内部的人员经常取得联系，如图 1-3 所示。

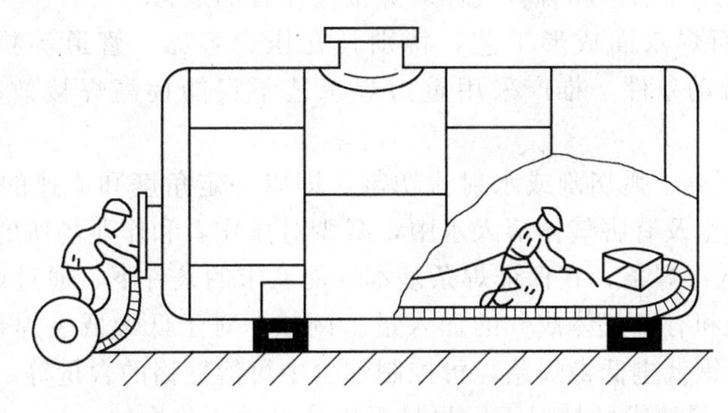

图 1-3 容器内焊接

④ 在容器内焊接时，内部尺寸不应过小，应注意通风排气工作。通风应用压缩空气，严禁使用氧气通风。

⑤ 在容器内部作业时，要做好绝缘防护工作，最好垫上绝缘垫，以防止触电等事故。

经验点滴

1. 防火、防爆、防触电、防辐射及灼烫安全操作口诀

一嗅二看三检测，易燃易爆要专设；环境潮湿易漏电，加垫绝缘为常见；衣裤鞋套加面罩，辐射灼热伤不到；经常检查除隐患，人人都要来负责。

2. 特殊环境焊接作业安全操作口诀

焊接焊割工艺高，安全口诀很重要；焊前检查准备好，接地安全要可靠；防护装备着身上，焊件固定稳又牢；雨雪不在露天焊，露天作业注风向；高处作业安全带，焊工身上无电缆；现场如在闭塞处，通风换气有好处；金属容器内部焊，要有助手外守看。

3. “十不”安全操作口诀

一不是焊工不焊；二要害部位和重要场所情况不明不焊；三不了解周围情况不焊；四不了解焊接物内部情况不焊；五装过易燃易爆物品的容器不焊；六用可燃材料进行保温隔声的部位不焊；七密闭或有压力的容器管道不焊；八焊接部位旁有易燃易爆品不焊；九附近有与

明火作业相抵触的作业不焊；十禁火区内未办动火审批手续不焊。

4. 预防事故发生的“十问”口诀

一问身体状况是否正常；二问心理状况是否正常；三问焊割前是否进行了安全检查；四问劳动防护用品是否穿戴好；五问操作技术是否熟练掌握；六问是否及时处理出现的异常情况；七问自己周围是否存在危险因素；八问工作中是否有不良习惯；九问是否严格遵守安全操作规程；十问是否注意消除危险隐患。

模块二 焊接劳动保护

焊接劳动保护是指为保障焊工在焊接生产过程中的安全和健康所采取的措施。焊接劳动保护应贯穿于整个焊接过程中。加强焊接劳动保护的措施主要应从两方面来控制：一是采取恰当的焊接工艺措施；二是焊工个人正确的防护措施。

一、焊接工艺措施

① 提高焊接机械化、自动化程度，不仅能提高焊接生产效率和产品质量，还能有效地改善劳动条件，减少焊接烟尘和有害气体对焊接操作者的危害。

② 推广采用单面焊双面成形工艺，特别是在压力容器、管道等狭窄空间内焊接时，该工艺能大大改善劳动条件。推广采用重力焊工艺不仅能提高焊接效率，也能改善劳动条件。

③ 采用水槽式等离子弧切割或水射流切割，即以一定角度和流速的水均匀地向等离子弧喷射，可使部分烟尘及有害气体溶入水中，减少对操作者和作业场所的污染。

④ 选用低尘、低毒焊条，在保证焊条基本性能要求的条件下，通过调整焊条药皮成分，尽量降低能形成烟尘和有毒气体成分的加入量。例如，对于低毒低氢焊条，可适当调整氟、锰的含量；对于不锈钢低尘低毒焊条，可控制烟尘中可溶性铬的含量等。

⑤ 在满足焊接质量要求的情况下，尽量采用低尘的药芯焊丝。

二、个人防护措施

焊接过程中，焊接操作人员必须穿戴个人防护用品，如工作服、面罩（或送风头盔）、护目镜、防护手套、防护口罩、防护鞋及防噪声耳塞等。

1. 工作服

焊接工作服的种类很多，最常见的是棉白帆布工作服。白色对弧光有反射作用，棉帆布有隔热、耐磨、不易燃烧、可防止烧伤等作用。焊接与切割作业的工作服不能用一般合成纤维织物制作。

2. 焊工防护手套

焊工防护手套一般为牛（猪）革制手套或以棉帆布和皮革合成材料制成，长度不应小于300mm，并且要缝制结实；具有绝缘、耐辐射、抗热、耐磨、不易燃烧和防止高温金属飞溅物烫伤等作用；在可能导电的焊接场所工作时，所用手套应经耐压5000V试验，合格后方能使用。

3. 焊工防护鞋

焊工防护鞋应具有绝缘、抗热、不易燃、耐磨损和防滑的性能，焊工防护鞋的橡胶鞋底经5000V耐压试验合格（不击穿）后方能使用。如在易燃易爆场合焊接时，鞋底不应有鞋钉，以免产生摩擦火花。在有积水的地面焊接切割时，焊工应穿用经过6000V耐压试验合格的防水橡胶鞋。

4. 焊接防护面罩

焊接防护面罩（图 1-4）上有合乎作业条件的滤光镜片，起防止焊接弧光、保护眼睛的作用。镜片颜色以墨绿色和橙色为多。面罩壳体应选用阻燃或不燃的且无刺激皮肤的绝缘材料制成，应遮住脸面和耳部，结构牢靠，无漏光，起防止弧光辐射和熔融金属飞溅物烫伤面部和颈部的作用。在狭窄、密闭、通风不良的场合，还应采用输气式头盔或送风头盔，如图 1-5 所示。

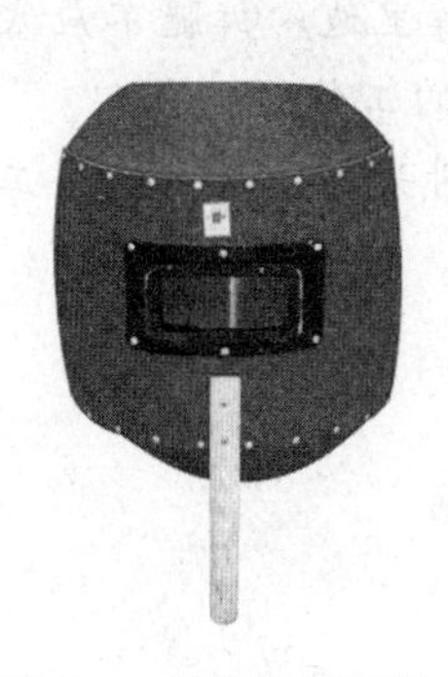

图 1-4　焊接防护面罩

(a) 电动式送风头盔

(b) 电动式送风头盔的使用

图 1-5　电动式送风头盔及其使用

5. 焊接护目镜

气焊、气割防护眼镜如图 1-6 所示，主要起滤光、防止金属飞溅物烫伤眼睛的作用。应根据气焊、气割工件板的厚度和火焰的性质选择，工件越厚，火焰的性质越接近氧化焰，镜片的颜色应越深。

图 1-6　焊接护目镜

6. 防尘口罩和防毒面具

在焊接、切割作业时，若采用整体或局部通风仍不能使烟尘浓度降低到允许浓度以下时，必须选用合适的防尘口罩和防毒面具（图 1-7），过滤或隔离烟尘和有毒气体。

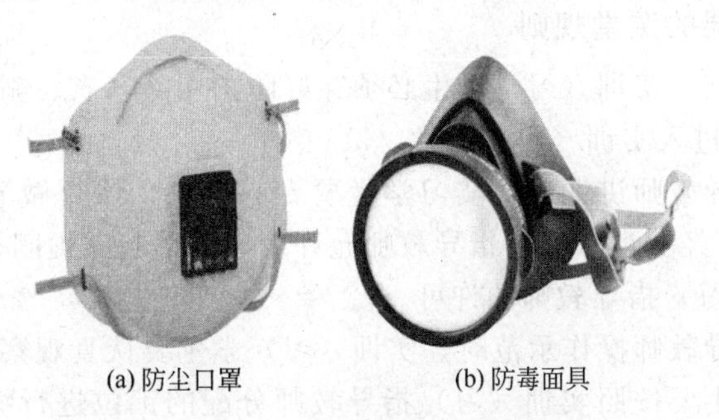

(a) 防尘口罩　(b) 防毒面具

图 1-7　防尘口罩和防毒面具

7. 耳塞、耳罩和防噪声盔

国家标准规定工业噪声一般不应超过 85dB，最高不能超过 90dB。为消除和降低噪声，应采取隔声、消声、减振等一系列噪声控制技术。当仍不能将噪声降低到允许值以下时，则应采用耳塞、耳罩或防噪声盔等个人噪声防护用品。

经验点滴

① 穿工作服时，要把衣领和袖口扣好，上衣不应扎在工作裤里边，裤腿不应塞到鞋里面，工作服不应有破损、空洞和缝隙，不允许沾有油脂或穿潮湿的工作服。

② 在仰位焊接、切割时，为了防止火花、熔渣从高处溅落到头部和肩上，焊工应在颈部围毛巾，头上戴隔热帽，穿着用防燃材料制成的护肩、长套袖、围裙和鞋盖。

③ 女同学戴好工作帽，辫子盘在工作帽内。

模块三　焊接实训（习）规范

一、文明实训（习）的基本要求

① 执行规章制度，遵守劳动纪律。

② 严肃工艺纪律，贯彻操作规程。

③ 优化实习环境，创造优良实习条件。

④ 按规定完成设备的维护保养。

⑤ 严格遵守实训（习）纪律。

二、实训（习）日常行为规范“十不准”

① 不准在实训（习）现场吸烟、酗酒、吃口香糖、听音乐等。

② 不准在现场打斗、追逐及翻爬围栏、围墙。

③ 不准在实训（习）现场吃零食及丢果皮、纸屑、塑料袋及瓜子壳。

④ 不准损坏公共财物。

⑤ 不准顶撞实训（习）指导教师和教职工。

⑥ 不准私带工具、材料出实训（习）企业（车间）。

⑦ 不准干私活、做凶器及偷材料、零件等。

⑧ 不准私拆、私装电器。

⑨ 不准乱动未批准使用的设备及乱写、乱画。

⑩ 不准玩火、手机、电子游戏、扑克、麻将及其他赌博游戏。

三、实训（习）课的课堂规则

① 实训（习）课前，实训（习）学生必须穿好防护用品（衣、帽、鞋等），由班长负责组织集合，提前 5min 进入实训（习）课堂。

② 实训（习）指导教师讲课时，实习学生要专心听讲，认真做笔记，不得说话和干其他事情；提问要举手，经实训（习）指导教师允许后，方可起立提问；进出实训（习）企业（工厂）应得到实训（习）指导教师的许可。

③ 实训（习）指导教师操作示范时，实训（习）学生要认真观察，不得乱挤和喧哗。

④ 实训（习）学生要按照实训（习）指导教师分配的工位进行练习，不得串岗，更不允许私开他人的设备。

⑤ 严格遵守安全操作规程，严防人身和设备事故的发生。

⑥ 严格执行首件检查制度，按照实训（习）课程、模块要求，保质、保量、按时完成实习任务，不断提高操作水平。

⑦ 爱护公共财产，珍惜一滴油、一度电、一升气，尽量修旧利废。

⑧ 保持实训（习）现场的整洁。下课前，要全面清扫、保养设备，收拾好工具、材料，关闭好电源开关、水、气等，写好交接班记录，开好班后会。

⑨ 去企业参观实习时，应严格遵守企业的有关规章制度，服从安排，尊敬师傅，虚心求教。

第二单元　气焊与气割

气焊（割）是利用可燃气体与助燃气体混合燃烧所释放出的热量，进行金属焊接（切割）的工艺方法，如图 2-1 所示。它具有设备简单，不需电源，操作方便，成本低，应用广泛等特点。因此，气焊技术常用于薄钢板和低熔点材料（有色金属及其合金）、铸铁件、硬质合金刀具等的焊接，以及磨损零件的补焊等，气割可用于切割不同厚度的钢制构件。此外，还可利用氧-乙炔焰进行火焰钎焊及结构变形的矫正等。

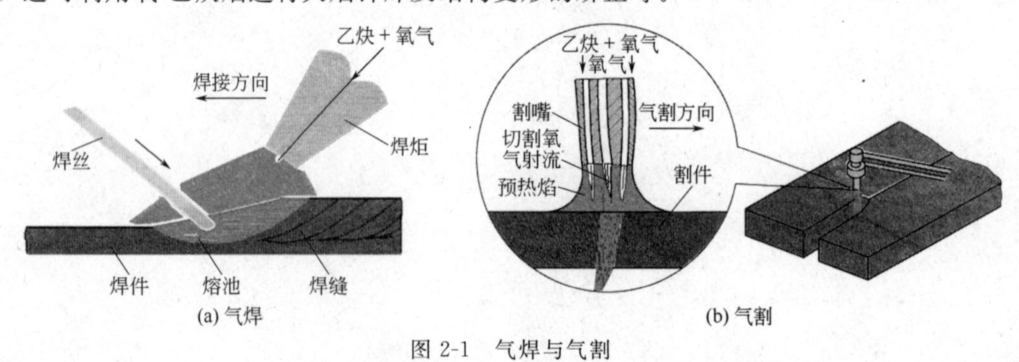

图 2-1　气焊与气割

模块一　气焊、气割设备及工艺

一、气焊与气割设备及工具

1. 气焊与气割设备及工具

气焊与气割设备及工具见表 2-1。

表 2-1　气焊与气割设备及工具

设备名称	图示	说明
氧气瓶	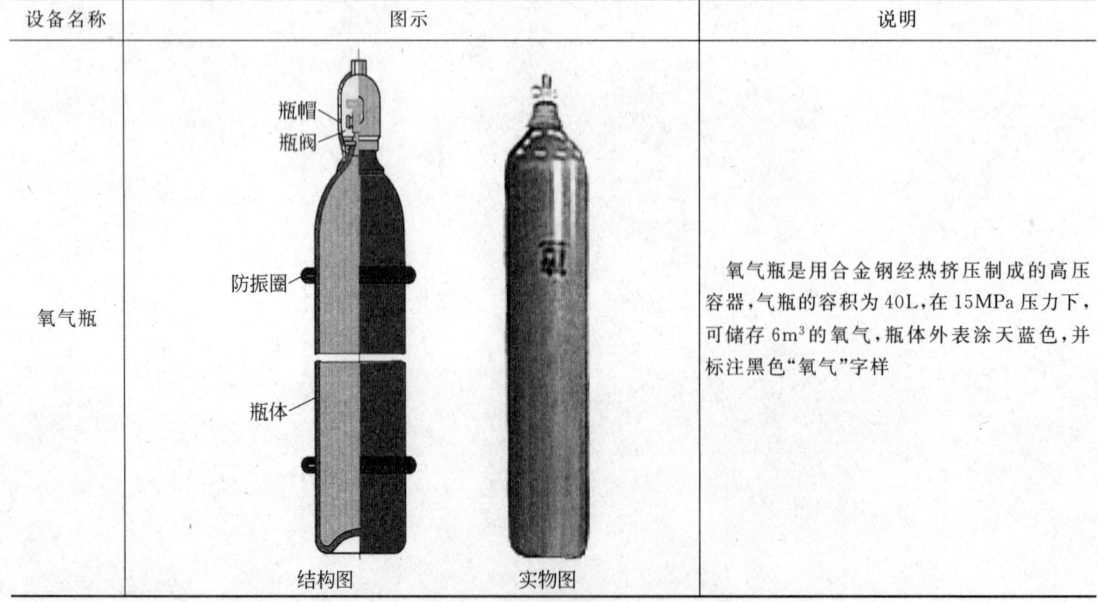	氧气瓶是用合金钢经热挤压制成的高压容器，气瓶的容积为 40L，在 15MPa 压力下，可储存 $6m^3$ 的氧气，瓶体外表涂天蓝色，并标注黑色“氧气”字样

续表

设备名称	图示	说明
乙炔瓶	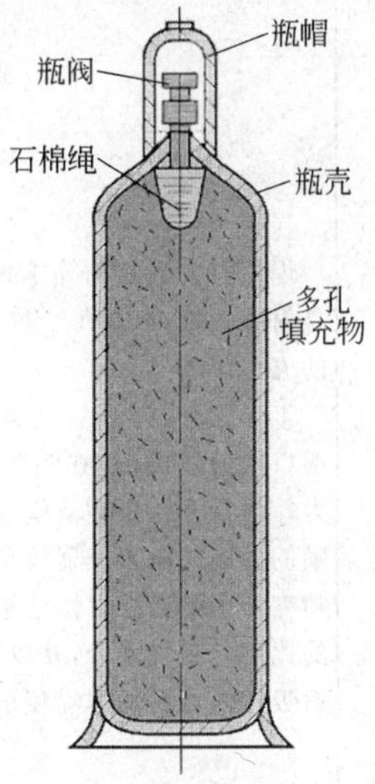 结构图  实物图	乙炔瓶是由低合金钢板经轧制焊接制造的低压容器，瓶体外表涂成白色，并标注红色“乙炔”字样。瓶内最高压力为1.5MPa。为使乙炔稳定而安全地储存，瓶内装着浸满丙酮的多孔性填料
氧气减压阀		氧气减压阀是将气瓶内的高压氧气降为工作时的低压气体的调节装置，氧气的工作压力一般要求为0.1～0.4MPa
乙炔减压阀	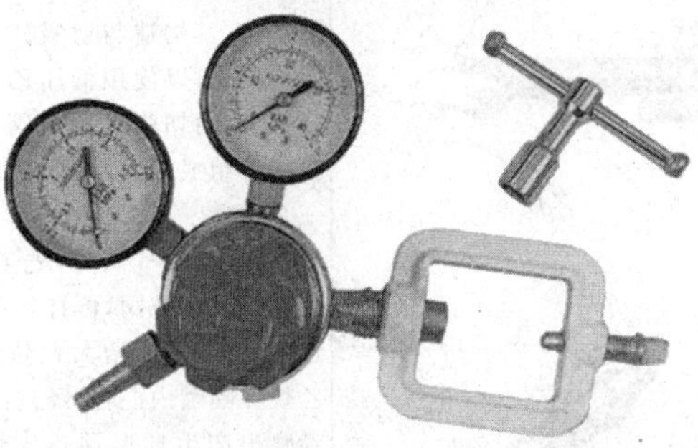	乙炔减压阀是将瓶内具有较高压力的乙炔降为工作时的低压气体的调节装置，乙炔的工作压力一般要求为0.01～0.04MPa 乙炔瓶阀旁侧没有侧接头，必须使用带有夹环的乙炔减压器
氧气胶管、乙炔胶管		GB 2550—2007《气体焊接设备焊接、切割和类似作业用橡胶软管》标准规定，氧气胶管的外观为蓝色；乙炔胶管的外观为红色

续表

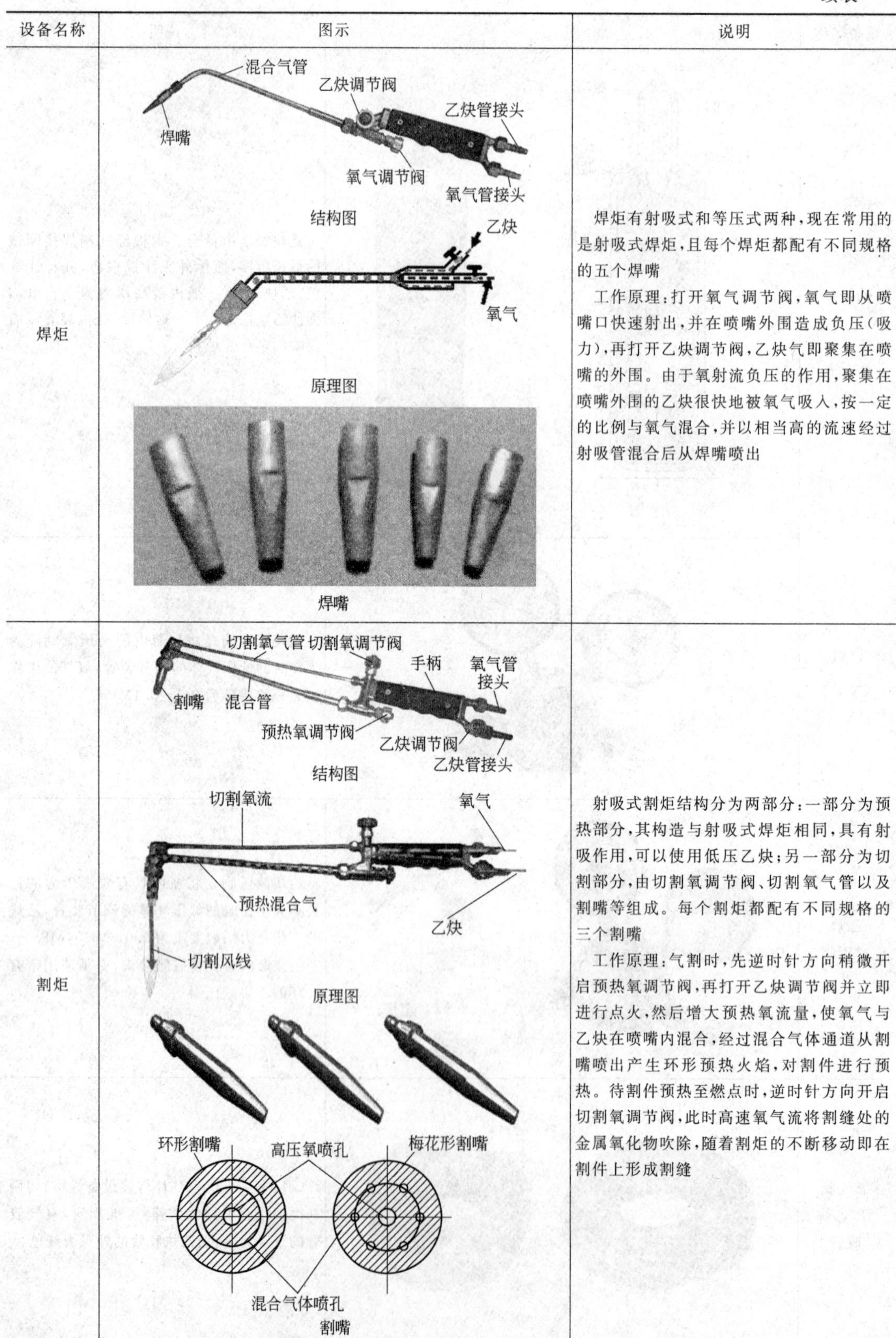

设备名称	图示	说明
焊炬	结构图 原理图 焊嘴	焊炬有射吸式和等压式两种，现在常用的是射吸式焊炬，且每个焊炬都配有不同规格的五个焊嘴 工作原理：打开氧气调节阀，氧气即从喷嘴口快速射出，并在喷嘴外围造成负压（吸力），再打开乙炔调节阀，乙炔气即聚集在喷嘴的外围。由于氧射流负压的作用，聚集在喷嘴外围的乙炔很快地被氧气吸入，按一定的比例与氧气混合，并以相当高的流速经过射吸管混合后从焊嘴喷出
割炬	结构图 原理图 割嘴	射吸式割炬结构分为两部分：一部分为预热部分，其构造与射吸式焊炬相同，具有射吸作用，可以使用低压乙炔；另一部分为切割部分，由切割氧调节阀、切割氧气管以及割嘴等组成。每个割炬都配有不同规格的三个割嘴 工作原理：气割时，先逆时针方向稍微开启预热氧调节阀，再打开乙炔调节阀并立即进行点火，然后增大预热氧流量，使氧气与乙炔在喷嘴内混合，经过混合气体通道从割嘴喷出产生环形预热火焰，对割件进行预热。待割件预热至燃点时，逆时针方向开启切割氧调节阀，此时高速氧气流将割缝处的金属氧化物吹除，随着割炬的不断移动即在割件上形成割缝

续表

设备名称	图示	说明
护目镜		保护焊工的眼睛不受火焰亮光刺激及防止飞溅金属微粒溅入眼中。护目镜的镜片颜色和深浅，根据焊工的需要和被焊材料性质进行选用。一般宜用3～7号的黄绿色镜片
通针		清理焊嘴或割嘴被堵塞的火焰通道

2. 气焊、气割设备的连接

图2-2为气焊与气割设备的连接。气焊与气割设备的区别，就是把焊炬换成割炬。气焊与气割设备的连接步骤见表2-2。

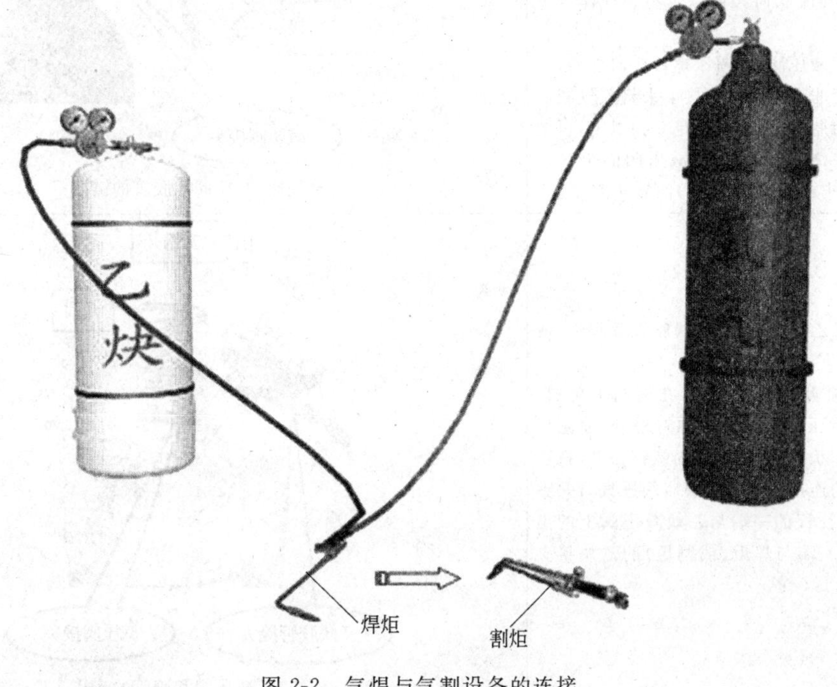

图2-2 气焊与气割设备的连接

表 2-2 气焊与气割设备的连接步骤

<table>
<tr><th>操作步骤</th><th>图示</th></tr>
<tr><td>(1)检查焊(割)炬射吸能力
连接射吸式焊(割)炬前,必须检查其射吸能力。检查时,不接乙炔胶管,接上氧气胶管,打开氧气阀门和乙炔阀门,用手指按在乙炔进气管接头上,如手指上感到有吸力,说明射吸能力正常,如果没有吸力,说明射吸能力不正常,不能连接及使用</td><td>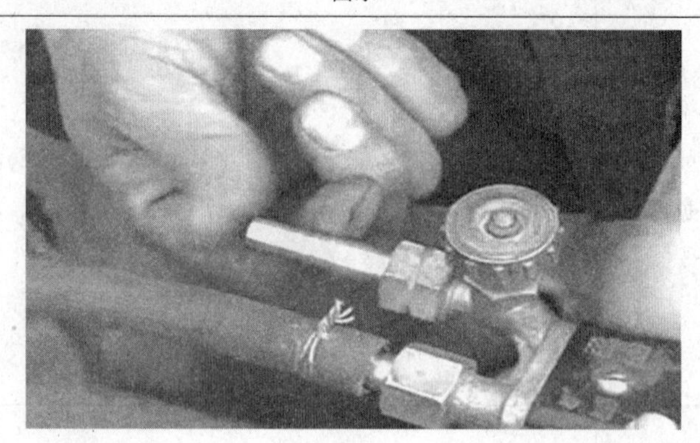
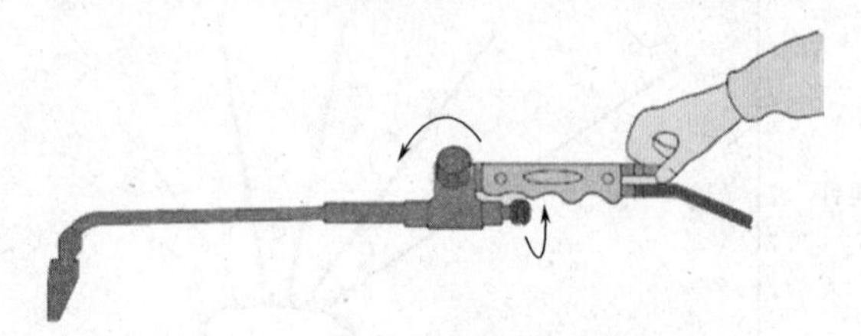
焊(割)炬射吸能力的检查</td></tr>
<tr><td>(2)氧气瓶、氧气减压阀、氧气胶管及焊炬(或割炬)连接
首先用活扳手将氧气瓶阀稍打开(逆时针方向为开),吹去瓶阀口上黏附的污物以免其进入氧气减压阀中,随后立即关闭。开启瓶阀时,操作者必须站在瓶阀气体喷出方向的侧面并缓慢开启,避免氧气流吹向人体以及易燃气体或火源喷出
在使用氧气减压阀前,调压螺钉应向外旋出,使减压阀处于非工作状态。接下来将氧气减压阀拧在氧气瓶瓶阀上,必须拧足 5 扣以上,再把氧气胶管的一端接牢在氧气减压阀的出气口上,另一端接牢在焊炬(或割炬)的氧气接头上</td><td>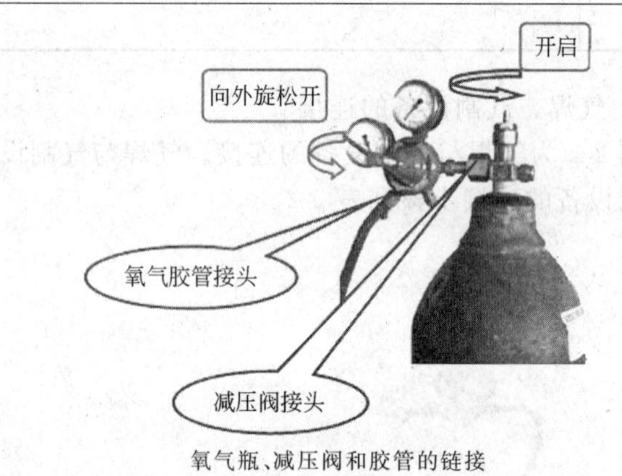

氧气瓶、减压阀和胶管的链接</td></tr>
<tr><td>(3)乙炔瓶、乙炔减压阀、乙炔胶管及焊炬(或割炬)连接
乙炔瓶必须直立放置,严禁在地面上卧放。首先将乙炔减压阀上的调压螺钉松开,使减压阀处于非工作状态,把夹环紧固螺钉松开,把乙炔减压阀上的连接管对准乙炔瓶阀进气口并夹紧,再把乙炔胶管的一端与乙炔减压阀上的出气口接牢,另一端与焊炬(或割炬)的乙炔接头相连</td><td>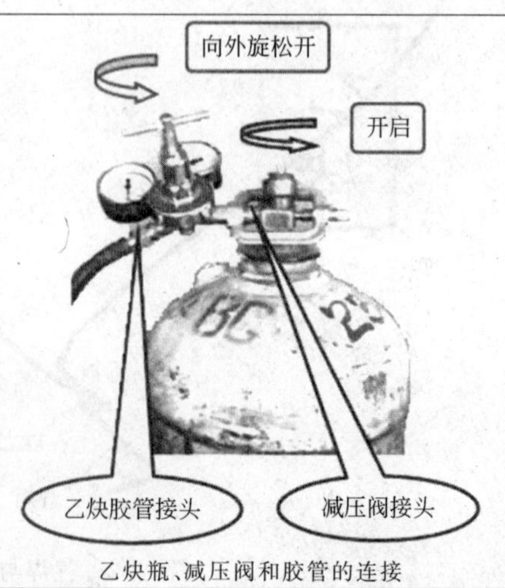

乙炔瓶、减压阀和胶管的连接</td></tr>
</table>

二、气焊与气割工艺

1. 气焊参数

(1) 火焰能率

火焰能率的选择是由焊炬型号和焊嘴代号大小来决定的，每个焊炬都配有 1、2、3、4、5 不同规格的焊嘴，数字大的焊嘴孔径大，火焰能率也就大；反之则小。

(2) 火焰性质

通常所用的氧-乙炔焰可分为碳化焰、中性焰、氧化焰三种，其原理和应用范围见表 2-3。

表 2-3 氧-乙炔焰的原理和应用范围

火焰性质	原理	图示	应用范围
碳化焰	氧与乙炔的混合比（按体积计算，下同）小于 1.1 时燃烧所形成的火焰	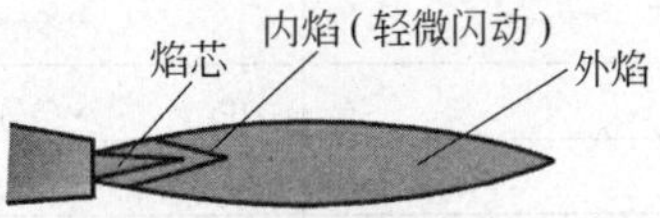 焰芯 内焰（轻微闪动） 外焰 碳化焰示意图  碳化焰实物图	轻微碳化焰适用于高碳钢、铸铁、高速钢、硬质合金、蒙乃尔合金、碳化钨和铝青铜等材料的焊接
中性焰	氧与乙炔的混合比为 1.1～1.2 时燃烧所形成的火焰	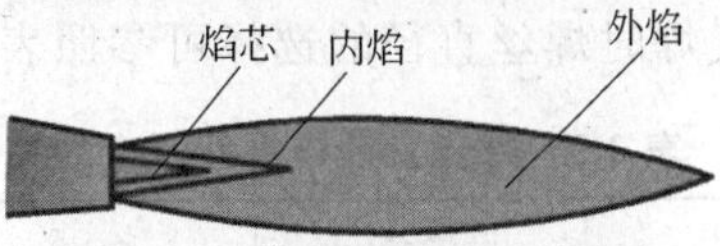 焰芯 内焰 外焰 中性焰示意图 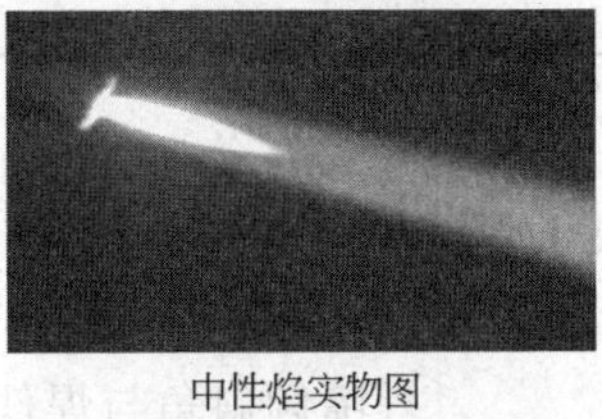 中性焰实物图	中性焰适用于低碳钢、中碳钢、低合金钢、不锈钢、紫铜、锡青铜及灰铸铁等材料的焊接（气割）
氧化焰	氧与乙炔的混合比大于 1.2 时燃烧所形成的火焰	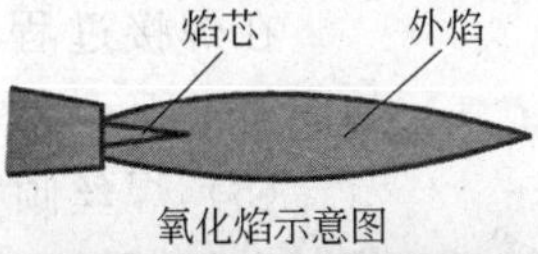 焰芯 外焰 氧化焰示意图 氧化焰实物图	氧化焰适用于黄铜、锰黄铜、镀锌铁皮等材料的焊接

火焰性质的选择主要是根据工件的材质，可参照表 2-4。

表 2-4 各种金属材料气焊时火焰性质的选择

焊件材料	火焰性质
低、中碳钢	中性焰
高碳钢	乙炔稍多的中性焰或轻微的碳化焰
低合金钢	中性焰
紫铜	中性焰
黄铜	氧化焰
青铜	中性焰或轻微的氧化焰
铝及铝合金	中性焰或乙炔稍多的中性焰
不锈钢	中性焰或乙炔稍多的中性焰
铝、锡	中性焰或乙炔稍多的中性焰
锰钢	轻微氧化焰
镍	中性焰或轻微的碳化焰
铸铁	碳化焰或乙炔稍多的中性焰
镀锌铁板	氧化焰
高速钢	碳化焰或轻微的碳化焰
硬质合金	碳化焰或轻微的碳化焰
铬镍钢	中性焰或乙炔稍多的中性焰

（3）焊丝直径

焊丝的直径应根据焊件厚度、坡口形式、焊缝位置、火焰能率等因素选择，但主要是焊件厚度。若焊丝过细，往往在焊件尚未熔化时焊丝已熔化下滴，容易造成熔合不良等缺陷；如焊丝过粗，焊丝加热时间增加，会使焊件热影响区增大，容易造成组织过热，同时导致焊缝产生未焊透等缺陷。碳钢气焊时焊丝直径的选择可参照表 2-5。

表 2-5 焊丝直径与焊件厚度的关系

焊件厚度/mm	1～2	2～3	3～5	5～10	10～15
焊丝直径/mm	1～2	2～3	3～4	3～5	4～6

（4）焊嘴倾斜角

焊嘴倾斜角的大小主要取决于焊件厚度和材料的熔点及导热性。焊件越厚，导热性越强，熔点越高，焊炬的倾斜角应越大，使火焰的热量集中；反之，则应采用较小的倾斜角。焊嘴倾斜角与焊件厚度的关系如图 2-3 所示。

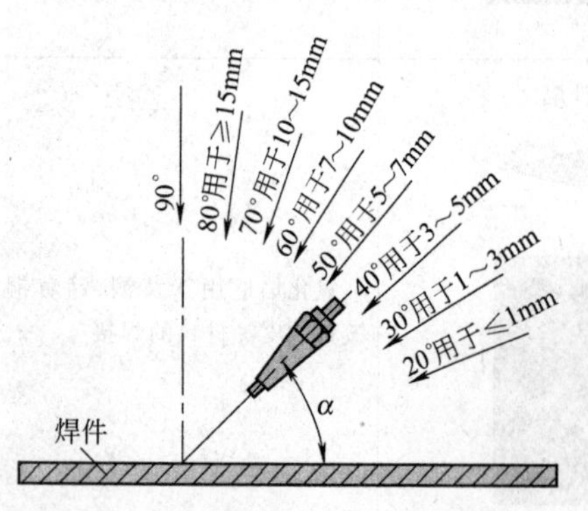

图 2-3 焊嘴倾斜角与焊件厚度的关系

在焊接过程中，焊嘴的倾斜角是不断变化的，如图 2-4 所示。

（5）焊丝倾角

在气焊中，焊丝和焊件表面的倾斜角一般为 30°～40°；它与焊炬中心线的角度为 90°～100°，如图 2-5 所示。

2. 气割参数

（1）气割氧压力

气割氧压力主要根据割件厚度来选用。割件越

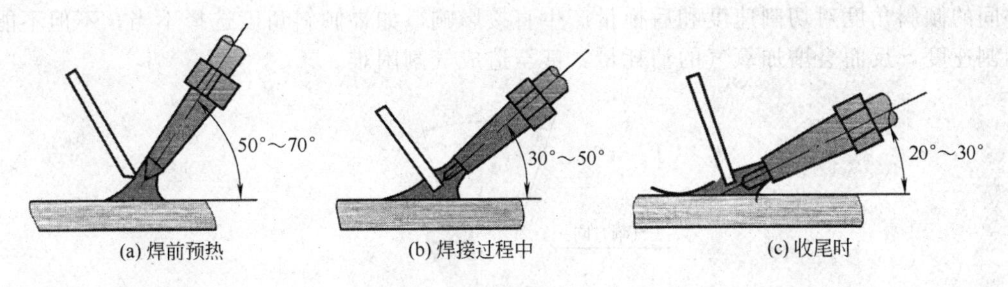

图 2-4 焊嘴的倾斜角

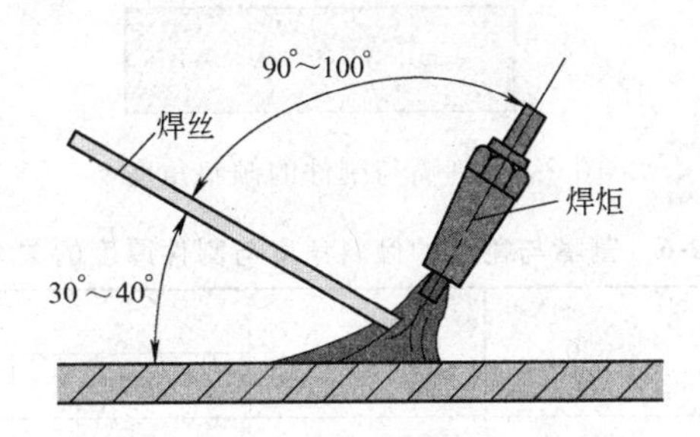

图 2-5 焊丝倾角

厚，要求气割氧压力越大。氧气压力过大，不仅造成浪费，而且使割口表面粗糙，割缝加大。氧气压力过小，不能将熔渣全部从割缝处吹除，使割缝的背面留下很难清除干净的挂渣，甚至出现割不透现象。

（2）切割速度

切割速度主要决定于割件的厚度。割件越厚，割速越慢。气割速度太慢，会使割缝边缘熔化；速度过快，则会产生很大的后拖量（沟纹倾斜）或割不穿。后拖量是气割面上的切割氧流轨迹的始点与终点在水平方向上的距离，如图 2-6 所示。

（3）预热火焰能率

预热火焰能率主要与割件厚度有关。割件越厚，火焰能率越大；反之则越小。火焰能率选择过大，会使割缝上缘产生连续的珠状钢粒（图 2-7），甚至熔化成圆角，割缝背面熔渣增多。火焰能率过小，会使割速减慢甚至无法进行气割。

（4）割嘴与割件的倾斜角度

割嘴与割件倾斜角度（图 2-8）的大小主要根据割件的厚度来确定，见表 2-6。割嘴与

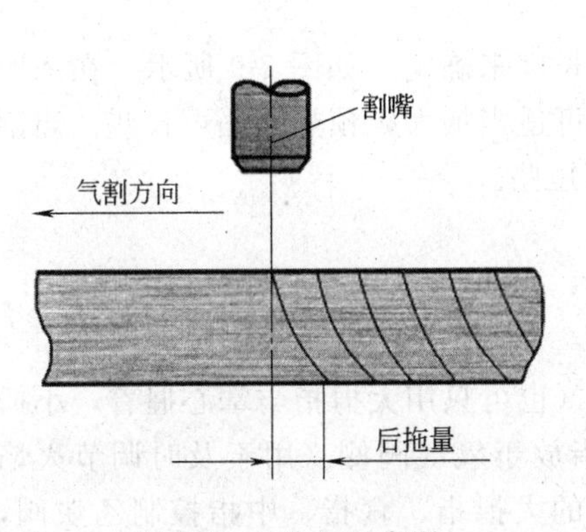

图 2-6 后拖量示意图

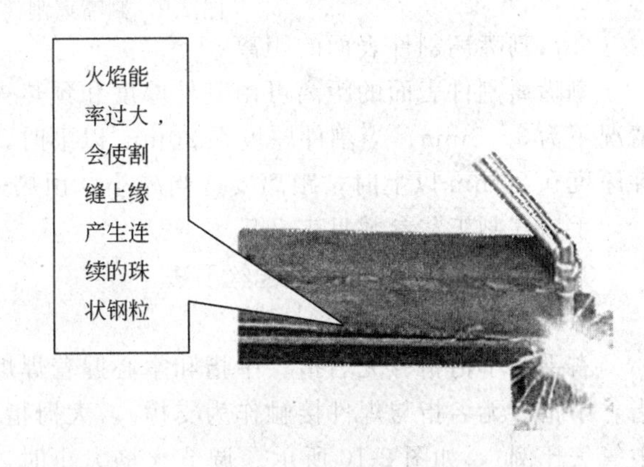

图 2-7 气割火焰能率过大

割件间的倾斜角度对切割速度和后拖量产生直接影响，如果倾斜角度选择不当，不但不能提高切割速度，反而会增加氧气的消耗量，甚至造成气割困难。

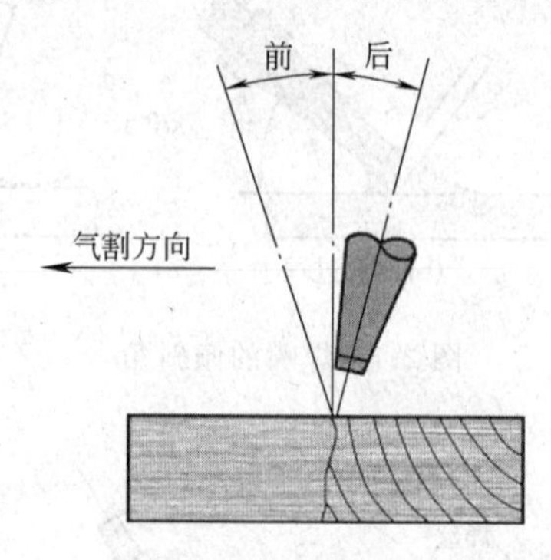

图 2-8 割嘴与割件的倾斜角度

表 2-6 割嘴与割件的倾斜角度与割件厚度的关系

割件厚度/mm	<4	4～20	20～30	>30		
				起割	割穿后	停割
方向	后倾	后倾	垂直	前倾	垂直	后倾
倾斜角度	25°～45°	5°～10°	0°	5°～10°	0°	5°～10°

图 2-9 割嘴离割件表面的距离

（5）割嘴离割件表面的距离

割嘴离割件表面的距离可由割件厚度和预热火焰的长度来确定，如图 2-9 所示。在一般情况下为 3～5mm。当割件厚度在 20mm 以下时，距离可适当加大，预热火焰可长些。当割件厚度在 20mm 以上时，距离要适当减小，预热火焰可短些。

手工气割工艺参数见表 2-7。

3. 焊炬、割炬的握法和送丝手法

（1）焊炬的握法

右手的小拇指、无名指、中指和掌心握着焊炬手柄（也可只用大拇指与掌心握着，小拇指、中指、无名指与焊件接触作为支撑），大拇指和食指放于氧气阀侧（用于及时调节火焰中氧气比例），如图 2-10 所示。调节火焰大小时，左手的大拇指、食指、中指控制乙炔阀，焊接时左手则用来拿焊丝。

表 2-7 手工气割工艺参数

板材厚度/mm	割炬				气体压力/MPa		切割速度/(mm/min)
	型号	割嘴			氧气	乙炔	
		号码	切割氧孔直径/mm	切割氧孔形状			
4以下	G01-30	1	0.6	环形	0.3～0.4	0.001～0.12	450～500
4～10	G01-30	1～2	0.6	环形	0.4～0.5	0.001～0.12	400～450
10～25	G01-30	2 3	0.8 1.0	环形	0.5～0.7	0.001～0.12	250～350
25～50	G01-100	3～5	1.0 1.3	环形 梅花形	0.5～0.7	0.001～0.12	180～250
50～100	G01-100	3～5 5～6	1.3 1.6	梅花形	0.5～0.7	0.001～0.12	130～180

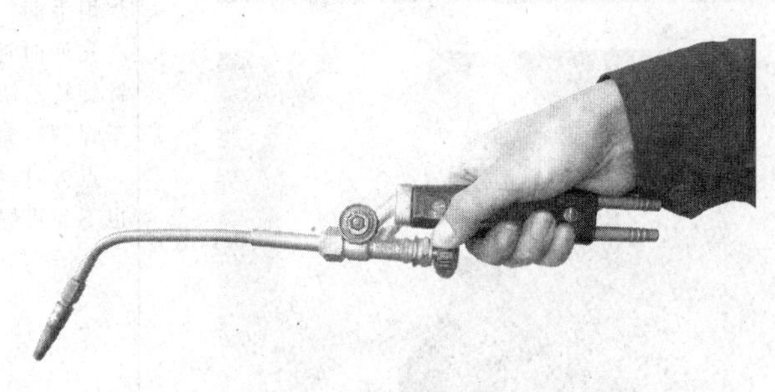

图 2-10 焊炬的握法

（2）割炬的握法

右手的小拇指、无名指、中指和掌心握着割炬手柄，大拇指和食指放于氧气阀侧（用于及时调节火焰中氧气比例）。左手的大拇指和食指放于切割氧阀侧（用于打开和关闭切割氧）、中指置于切割氧管和混合气管之间（用于支撑和稳固割炬），无名指和小拇指置于混合管下方（用于支撑割炬），如图 2-11 所示。调节火焰大小时，左手拇指、食指和中指控制乙炔阀。

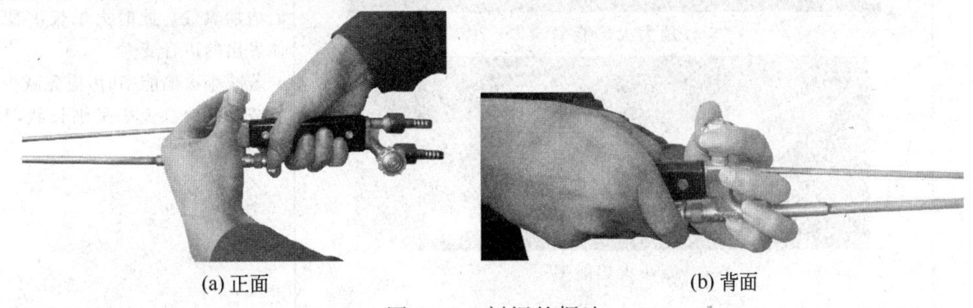

(a) 正面 (b) 背面

图 2-11 割炬的握法

（3）送丝的手法

送丝的手法有点送（断续送丝）和连续送丝两种。

① 点送 用左手大拇指与食指拿着焊丝，将焊丝置于食指第三节指腹上侧与无名指指甲上侧，小拇指掌侧与焊件接触作为支撑，利于手腕向右的断续点击与移动完成送丝，随着焊丝熔化，要不时地停焊改变拿丝的位置，这种送丝手法比较容易掌握。

② 连续送丝 用左手大拇指与食指拿着焊丝，用食指与中指的第一节指腹与小拇指的指背夹着焊丝，通过大拇指与食指的配合连续不断向熔池中送进焊丝，这种送丝手法比较难

掌握，但熟练后有利于提高焊接速度与效率。

4. 气焊（割）火焰的点燃、调节和熄灭

气焊（割）火焰的点燃、调节和熄灭操作见表 2-8。

表 2-8 气焊（割）火焰的点燃、调节和熄灭操作

操作步骤	图示	说明
1. 火焰点燃	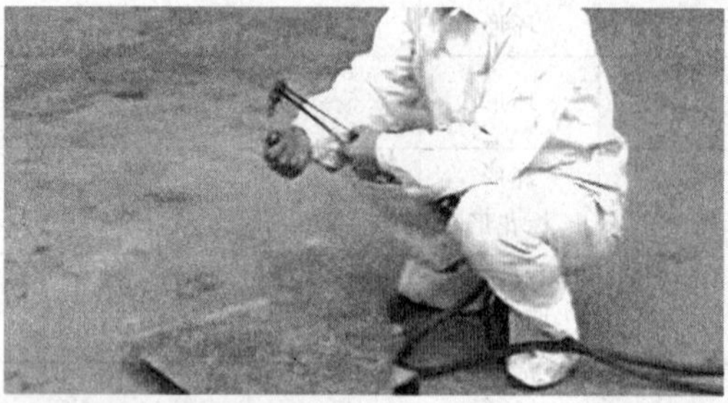 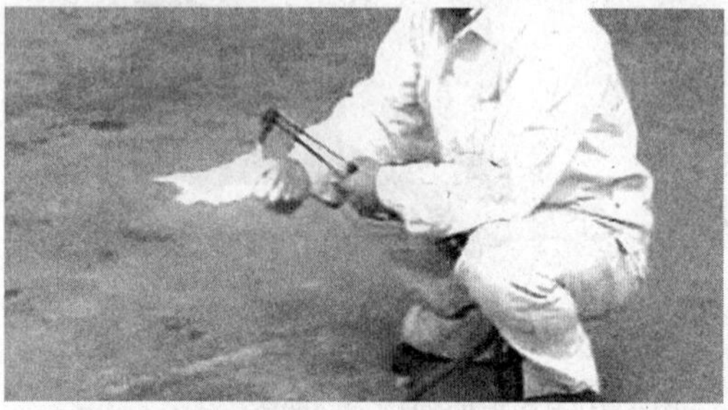 手持点火机点火	右手持焊炬，将拇指位于乙炔调节阀处，食指位于氧气调节阀处，以便于随时调节气体流量，用其他三指握住焊炬手柄 先逆时针微开氧气调节阀，再逆时针旋转乙炔调节阀，左手持点火机置于焊(割)嘴的后侧点火 点火时，拿火源的手不要正对焊嘴，也不要将焊嘴指向他人，以防烧伤
2. 火焰调节	增大火焰能率 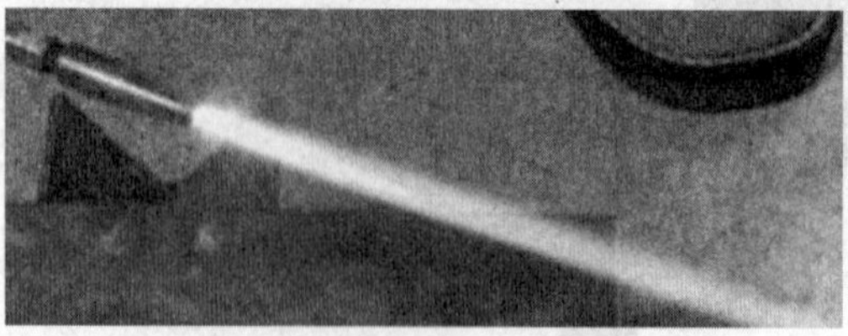 减小火焰能率	若增大火焰能率时，应先增加乙炔，后增加氧气。此时火焰长度变短，气体发出的声音变大 若减小火焰能率时，应先减少氧气，后减少乙炔。火焰呈细长状，气体发出的声音变小
3. 火焰熄灭	 火焰的熄灭	熄灭火焰时，先关闭乙炔调节阀，再关闭氧气调节阀。这样可以避免出现黑烟

师傅答疑

问题1 可燃气体除了乙炔外还有哪些？

答：可燃气体除了乙炔外，还有液化石油气（或丙烷）、丙烯、天然气、焦炉煤气、氢气以及丙炔、丙烷与丙烯的混合气体、乙炔与丙烯的混合气体、乙炔与丙烷的混合气体、乙炔与乙烯的混合气体及以丙烷、丙烯、液化石油气为原料，再辅以一定比例的添加剂的气体和经雾化后的汽油。这些气体主要用于气割，但综合效果均不及液化石油气（或丙烷）。由于液化石油气（或丙烷）价格低廉，比乙炔安全，质量比较好，现已部分代替乙炔应用于钢材的气割和低熔点的有色金属焊接中。

问题2 怎样正确使用氧气瓶？

答：① 氧气瓶在使用时应直立放置，安放稳固，防止倾倒。只有在特殊情况下才允许卧放，但瓶头一端必须垫高，并防止滚动。

② 氧气瓶开启时，焊工应站在出气口的侧面，先拧开瓶阀吹掉出气口内杂质，再与氧气减压阀连接。开启和关闭氧气瓶阀时不要过猛。

③ 氧气瓶内的氧气不能全部用完，至少要保持0.1～0.3MPa的压力，以便充氧时鉴别气体性质及吹除瓶阀内的杂质，还可以防止使用中可燃气体倒流或空气进入瓶内。

④ 夏季露天操作时，氧气瓶应放在阴凉处，避免阳光的强烈照射。

问题3 怎样正确使用乙炔瓶？

答：① 乙炔瓶不得靠近热源或在阳光下暴晒，必须直立存放和使用，禁止卧放使用。

② 瓶体要有防振圈，应轻装轻卸，防止因剧烈振动或撞击引起爆炸。

③ 瓶内气体不得用尽，必须留有0.01～0.02MPa的余压。

④ 瓶阀冻结，严禁敲击或火焰加热，只可用热水或蒸汽加热瓶阀进行解冻，不允许用热水或蒸汽加热瓶体。

问题4 怎样正确使用减压阀？

答：① 安装减压阀之前，要略微打开氧气瓶阀，吹除污物，以防灰尘和水分进入减压阀。同时还要检查减压阀接头螺钉是否损坏，应保证减压阀接头螺纹与氧气瓶阀连接达到5扣以上，以防安装不牢高压气体射出伤人，还要检查高压表和低压表的表针是否处于零位。

② 在开启瓶阀时，瓶阀出气口不得对准操作者或者他人，以防高压气体突然冲出伤人。减压阀的调压螺钉应处于旋松非工作状态，以免开启瓶阀时损坏减压阀。

③ 在气焊工作中必须注意观察工作压力表的压力数值。调节工作压力时，要缓慢地旋进调压螺钉，以免高压氧气冲坏弹簧、薄膜装置和低压表。停止工作时应先关闭高压气瓶的瓶阀，然后放出减压阀内的全部余气，旋松调压螺钉使表针降到零位。

④ 减压阀上不得沾染油脂、污物，如有油脂，应擦拭干净再用。

⑤ 严禁各种气体的减压阀替换使用。

⑥ 减压阀若有冻结现象，应用热水或水蒸气解冻，绝不能用火焰烘烤。

问题5 怎样正确使用焊炬、割炬？

答：① 使用前必须检查焊炬和割炬的射吸能力、是否漏气及喷嘴的畅通情况。

② 点火时以先少量开启氧气阀，再开启乙炔阀点火为宜。如果只开乙炔阀点火，则会产生炭质烟灰污染环境，但氧气阀开启过大，则会产生回火。

③ 焊炬、割炬均不得沾染油脂。

④ 严禁采用燃着火焰的焊割嘴在工作表面上摩擦的方法，来排除喷嘴中的堵塞物，应

使用通针来排除。

⑤ 焊炬回火时，应迅速关闭乙炔阀，再关氧气阀；割炬回火时，应立即关闭切割氧调节阀，然后关闭乙炔和预热氧调节阀。

问题 6　为什么与乙炔接触的器具设备禁止用银或含铜量超过 70%的铜合金制造？

答：乙炔与铜或银长期接触后生成的乙炔铜（Cu_2C_2）和乙炔银（Ag_2C_2）是一种具有爆炸性的化合物，两者受到剧烈振动或加热到 110～120℃时就会爆炸。所以与乙炔接触的器具设备严禁用银或含铜量超过 70%的铜合金制造。

问题 7　为什么绝对禁止用四氯化碳灭火？

答：乙炔和氯、次氯酸盐等反应会发生燃烧和爆炸，所以乙炔燃烧时，绝对禁止用四氯化碳灭火。

模块二　薄板对接平位气焊

学习目标及技能要求

能够正确使用气焊设备，合理地选择气焊参数及掌握低碳钢薄板对接平位气焊的操作方法。

焊接试件图（图 2-12）

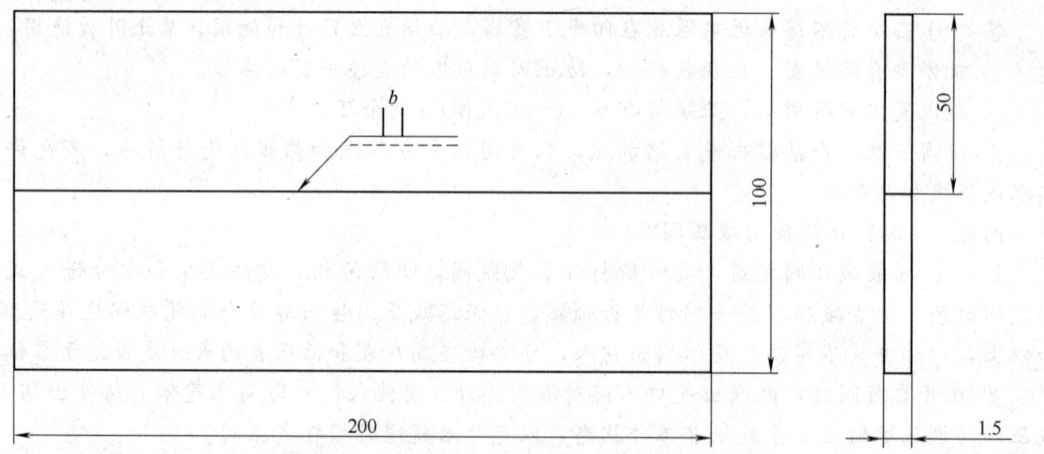

图 2-12　薄板对接平位气焊试件图

工艺分析

薄板气焊时，很容易产生焊接波浪变形，操作时要控制焊接熔池大小、焊接速度等参数；控制焊缝成形良好，焊缝与母材金属圆滑过渡，焊缝余高和焊缝宽度适宜；控制咬边、焊瘤等缺陷产生。

1. 焊前准备

① 试件材料　Q235，200mm×50mm×1.5mm，两块。

② 焊接材料　焊丝 H08A，直径为 2mm。

③ 焊接设备及工具　氧气瓶、氧气减压阀、乙炔瓶、乙炔减压阀、焊炬（H01-6 型）、橡胶软管、护目镜、点火枪、通针、钢丝刷等。

④ 焊前清理　将待焊部位两侧 20mm 表面的氧化皮、铁锈、油污、脏物等用钢丝刷、砂布或抛光的方法进行清理，直至露出金属光泽。

⑤ 装配定位　留根部间隙约 0.5mm，定位焊由焊件中间开始向两头进行，定位焊缝长度为 5～7mm，间隔 50～100mm，如图 2-13 所示。定位焊点不宜过长、过高或过宽，但要保证焊透。为防止焊接变形可用夹具将试件刚性固定在工作台上。

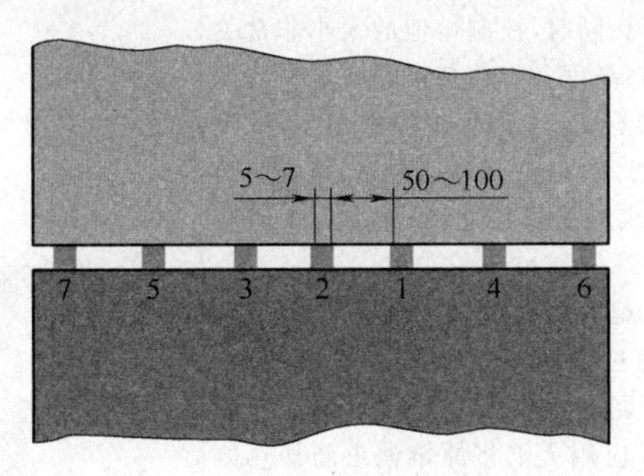

图 2-13　定位焊

2. 气焊参数

① 焊接方向　左向焊法。

② 火焰能率　160～180L/h。

③ 火焰性质　中性焰。

④ 氧气压力　0.3～0.4MPa。

⑤ 乙炔压力　0.02～0.06MPa。

3. 焊接过程

薄板对接平位气焊过程见表 2-9。

表 2-9　薄板对接平位气焊过程

焊接过程	图示
(1)起头 起头时焊炬的倾斜角度可大些，然后对准焊件始端作往复运动，进行预热，同时将焊丝端部置于火焰中进行预热。当焊件由红色熔化成白亮而清晰的熔池时，便可熔化焊丝，将焊丝熔滴滴入熔池，随后立即将焊丝抬起，焊炬向前移动，从而形成新的熔池，如此向前焊接	焊丝　焊炬　80°～90° (a)示意图 40°～50°　80°～90° (b)实物图 焊炬的倾斜角度

续表

焊接过程	图示
(2)焊接 在焊接过程中,必须保证火焰为中性焰,否则易出现熔池不清晰、有气泡、火花飞溅或熔池沸腾等现象。同时,控制熔池的大小非常关键,一般可通过改变焊炬的倾斜角度、高度和焊接速度来实现。若发现熔池过小,焊丝与焊件不能充分熔合,应增加焊炬倾斜角度,减慢焊接速度,以增加热量;若发现熔池过大,且没有流动金属时,表明焊件将被烧穿。此时应迅速提起焊炬或加快焊接速度,减小焊炬倾斜角度,并多加焊丝 在焊接过程中,为了获得优质而美观的焊缝,焊炬与焊丝应保持合适的角度,并作均匀协调的摆动。通过摆动,既能使焊缝金属熔透、熔匀,又避免了焊缝金属的过热和过烧 在焊接中途停顿后又继续施焊时,应用火焰将原熔池重新加热熔化,形成新的熔池后再加焊丝。重新开始焊接时,每次续焊应与前一焊道重叠5～10mm,重叠焊道可不加焊丝或少加焊丝,以保证焊缝余高合适及均匀光滑过渡	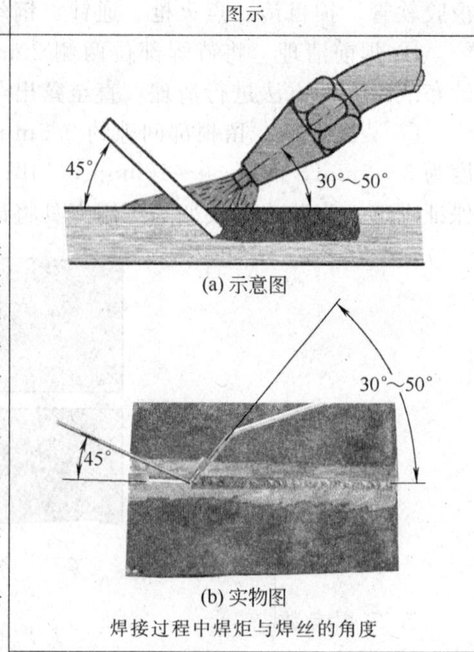 (a) 示意图 (b) 实物图 焊接过程中焊炬与焊丝的角度 焊丝 焊炬 焊炬和焊丝的摆动方法
(3)收尾 当焊到焊件的终点时,要减小焊炬的倾斜角,增加焊接速度,并多加一些焊丝,避免熔池扩大,防止烧穿。同时,应用温度较低的外焰保护熔池,直至熔池填满,火焰才可缓慢离开熔池	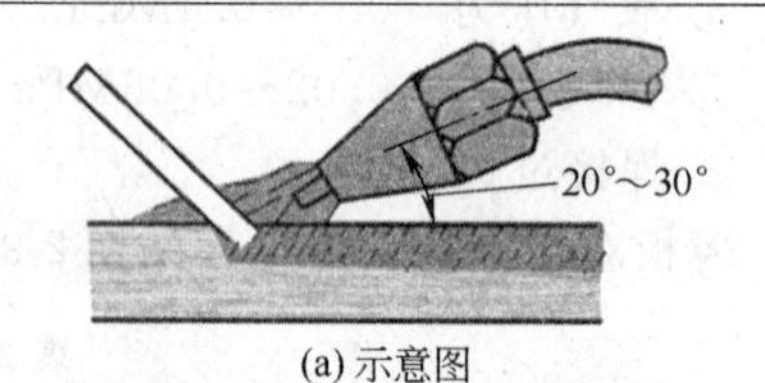 (a) 示意图 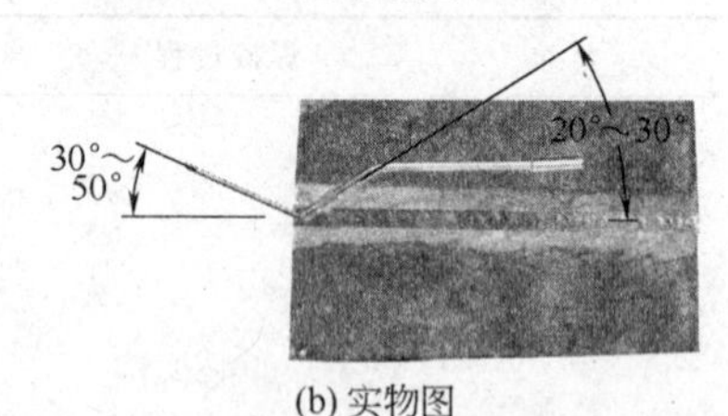 (b) 实物图 收尾时焊炬的倾斜角

经验点滴

① 在焊接过程中，如果发现熔池不清晰、有气泡、火花飞溅、熔池沸腾的现象是中性焰变化为氧化焰，应及时用食指调整氧气阀将火焰调节为中性焰，然后进行焊接。

② 发现熔池金属被吹出或火焰发出呼呼响声，说明气体流量过大，应立即减小火焰能率。

③ 发现焊缝过高，与母材金属熔合不圆滑，说明火焰能率低，应增加火焰能率，减慢焊接速度。

④ 由于乙炔瓶内压力较高，发生火焰倒流燃烧的可能性很少。若发生回火，处理的方法是：迅速关闭乙炔调节阀，再关闭氧气调节阀，切断乙炔和氧气来源。当回火熄灭后，再

打开氧气阀门，将残留在焊（割）炬内的余焰和烟灰彻底吹除，再重新点燃火焰即可再次进行焊接或切割。

4. 焊接质量要求

① 焊缝宽度 3～6mm，焊缝余高 0～2mm，焊缝与母材圆滑过渡，焊道成形美观。

② 焊缝无裂纹、气孔、咬边、焊瘤等缺陷。波浪变形（平面度）不超过 0.3mm。

模块三　管对接水平转动气焊

学习目标及技能要求

掌握小直径低碳钢管对接水平转动打底焊和盖面焊的操作方法及焊接参数的选用。

焊接试件图（图 2-14）

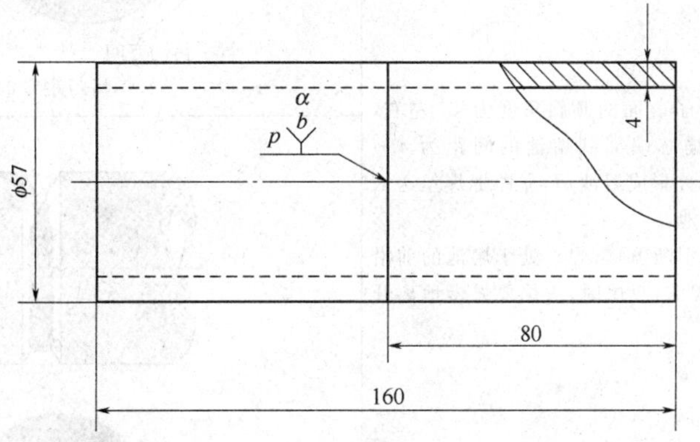

技术要求：
1. 单面焊双面成形。
2. 焊接过程中管子可水平转动，钝边、间隙自定。
3. 试件离地面高度自定。

图 2-14　管对接水平转动气焊试件图

工艺分析

在管对接水平转动气焊中，应当灵活地改变焊丝、焊炬和钢管之间的夹角，才能保证不同位置的熔池形状，达到既能焊透又不产生过热和烧穿现象的目的。起点和终点处应相互重叠 10～15mm，以避免起点和终点处产生焊接缺陷。

1. 焊前准备

① 试件材料　20 钢管，ϕ57mm×80mm×4mm，两段，60°V 形坡口，钝边 0.5mm。

② 焊接材料　焊丝 H08，直径为 2mm。

③ 焊接设备及工具　同本单元模块二。

④ 焊前清理　将焊件坡口面及两侧 20mm 表面的氧化皮、铁锈、油污，脏物等用钢丝刷、砂布或抛光的方法进行清理，直至露出金属光泽。

⑤ 装配定位　留根部间隙为 1.5～2mm，错边量≤0.5mm；定位焊 2 处，焊缝长度 10～15mm。

2. 气焊参数

① 焊接方向　左向。

② 火焰性质　中性焰。

③ 火焰能率　440～470L/h；氧气压力为 0.3～0.4MPa；乙炔压力为 0.03～0.1MPa。

3. 焊接过程

管对接水平转动气焊过程见表 2-10。

表 2-10　管对接水平转动气焊过程

焊接过程	图示
(1)打底焊 打底焊过程中，焊嘴和管子表面的倾斜角度为 45°左右，在施焊位置加热起焊点，焰芯端部到熔池的间距为 4～5mm，当看到坡口钝边熔化并形成熔池后，立即把焊丝送入熔池前沿，使之熔化填充熔池 焊嘴作圆圈形运动，熔孔不断前移，焊丝处于熔池的前沿不断地向熔池中添加形成焊缝，收尾时，火焰要慢慢地离开熔池	焊接方向　45°　焊缝　管子转动方向 焊嘴与钢管的倾角 熔孔 打底层焊道
(2)盖面焊 盖面层焊接时，焊炬要作适当的横向摆动。在整个焊接过程中，每一层焊道应一次焊完，并且各层的起焊点互相错开 20～30mm。每次焊接结束时，要填满熔池，火焰慢慢地离开熔池，防止产生气孔、夹渣等缺陷。焊接盖面焊时，火焰能率应适当小些，使焊缝表面良好成形。收尾时，应将终焊端和始焊端重叠 10mm 左右，并使火焰慢慢离开熔池	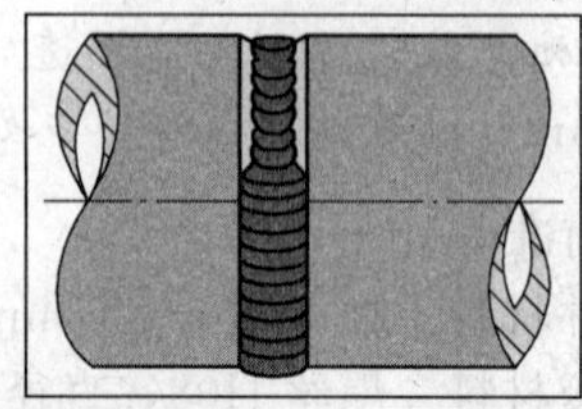 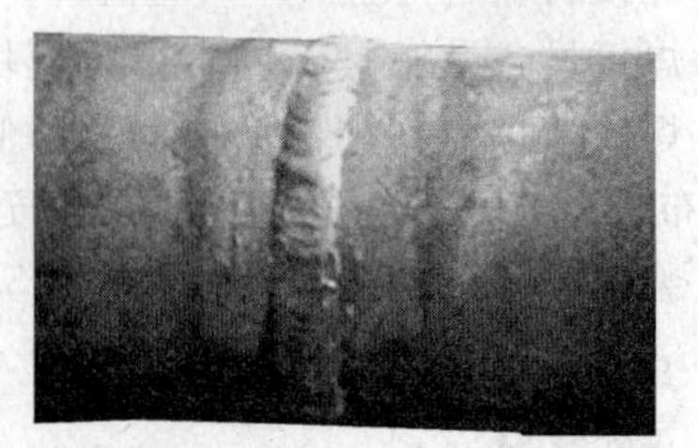 盖面层焊道

4. 焊接质量要求

① 焊缝宽度 10～12mm，正面余高 0～2mm，背面余高 0～3mm；焊缝与母材圆滑过渡，焊缝成形美观。

② 焊缝表面无裂纹、夹渣、咬边、气孔、未熔合或未焊透等缺陷。

③ 通球检验，检验球直径为 85％管内径，通过为合格。

经验点滴

① 管子对接的定位焊：对直径小于 ϕ70mm 的管子，一般只需定位焊 2 处；对直径为 70～300mm 的管子可定位焊 4～6 处；对直径大于 300mm 的管子可定位焊 6～8 处或以上。不论管子直径大小，定位焊的位置要均匀对称布置，焊接时的起焊点应在两个定位焊点中间，如图 2-15 所示。

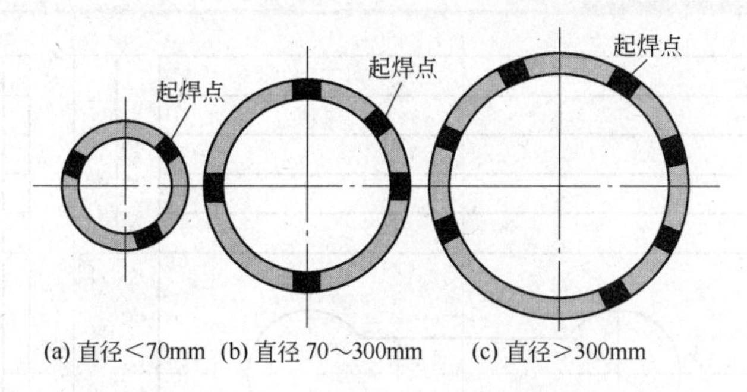

图 2-15 不同管径定位焊及起焊点

② 管子对接水平转动气焊施焊方式：有左向爬坡焊和右向爬坡焊两种。

左向爬坡焊：应始终控制在与管道水平中心线夹角为 50°～70°的范围内进行焊接，如图 2-16 所示。这样可以加大熔深，并易于控制熔池形状，使接头全部焊透；同时被填充的熔滴金属自然流向熔池下边，使焊缝堆高快，有利于控制焊缝的高低，更好地保证焊缝质量。

右向爬坡焊：因火焰吹向熔化金属部分，为了防止熔化金属被火焰吹成焊瘤，熔池应控制在与垂直中心线夹角 10°～30°的范围内进行焊接，如图 2-17 所示。

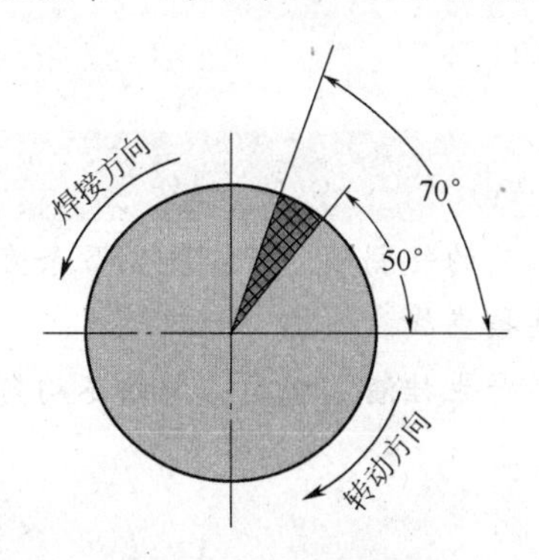

图 2-16 左向爬坡焊

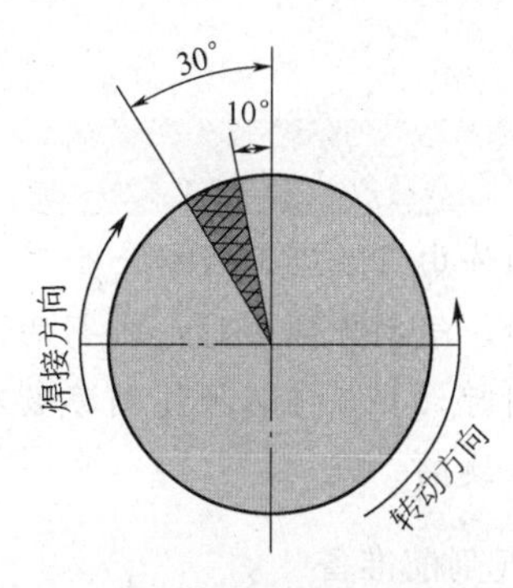

图 2-17 右向爬坡焊

③ 焊接过程中，应始终保持熔池大小一致，才能焊出均匀的焊缝。如发现熔池过小，焊丝不能与焊件熔合，仅敷在焊件表面，表明热量不足，因此应增加焊炬倾斜角度，减慢焊接速度。如发现熔池过大，且没有流动金属时，表明焊件被烧穿。此时应迅速提起火焰或加快焊接速度，减小焊炬倾斜角度，并多加焊丝。

④ 气焊火焰能率是根据每小时可燃气体（乙炔）的消耗量（L/h）来确定的。平焊气焊

低碳钢和低合金钢时，可按下列经验公式来确定火焰能率：

左向焊法乙炔的消耗量=(100～120)×焊件厚度（L/h）

右向焊法乙炔的消耗量=(120～150)×焊件厚度（L/h）

模块四　板手工气割

学习目标及技能要求

能正确选择气割参数及掌握手工气割的操作方法。

气割试件图（图 2-18）

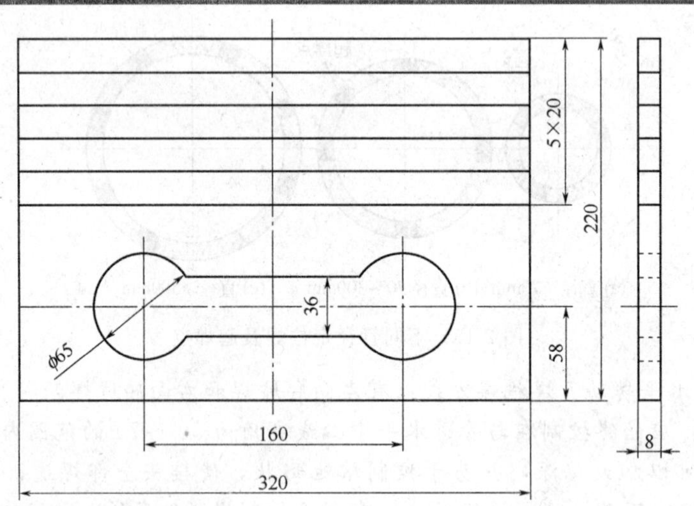

图 2-18　板气割试件图

工艺分析

该割件由五条直割线和一个哑铃气割图形组成，正确的气割顺序是：先割 5 条直线，再割哑铃形；气割哑铃形时，先割两圆孔后割两圆孔的连接直线。

气割时，要正确选择气割参数及熟练操作，否则易产生挂渣、塌角、割纹不均匀、产生后拖量等缺陷。

1. 气割前准备

① 试件材料　Q235、320mm×220mm×8mm。

② 气割设备及工具　氧气瓶、减压阀、乙炔瓶、割炬（G01-30）、2 号环形（或梅花形）割嘴、橡胶软管、护目镜、点火枪、通针、钢丝刷等。

③ 割前清理　用钢丝刷等将试件表面的铁锈和脏污等清理干净，然后将割件用耐火砖架空，便于切割。

2. 气割参数

① 火焰性质为中性焰。

② 气割速度为 400～450mm/min，氧气压力为 0.4～0.5MPa，乙炔压力为 0.05～0.10MPa。

③ 割嘴与工件的距离为 3～4mm，割嘴与工件的倾斜角度为 90°。

3. 气割过程

板气割过程见表 2-11。

表 2-11 板气割过程

气割过程	图示
(1)气割直线 ①点火：先逆时针稍微开启预热氧调节阀，再打开乙炔调节阀并点火，点火时手要避开火焰，防止烧伤，调成中性焰后对割件进行预热	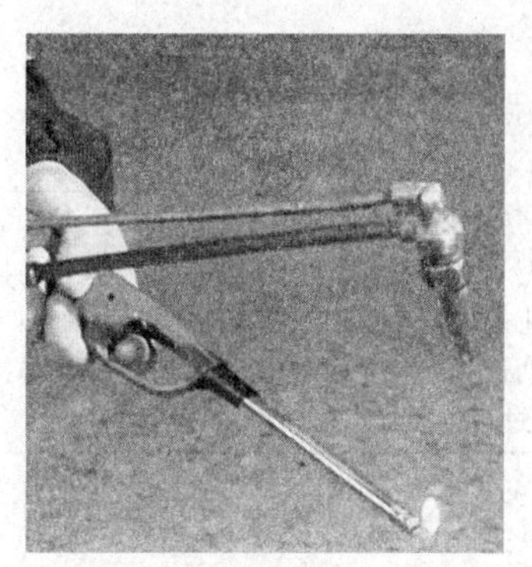 点火枪点火
②起割：开始切割时，由割件边缘棱角处开始预热，待割件预热至燃点时，逆时针方向开启切割氧调节阀，待割件背面飞出鲜红的金属氧化渣时，证明割件已被割穿，开始进入正常气割过程	 预热位置
③气割：正常气割后，为保证割缝的质量，在整个气割过程中，割嘴垂直割件，割嘴离割件表面的距离保持不变，割炬移动速度均匀，若身体需更换位置，应先关闭切割氧调节阀，待身体的位置移好后，再将割嘴对准待割处，适当加热，然后慢慢打开切割氧调节阀，继续向前切割	 正常气割

续表

气割过程	图示
④停割：气割结束时，迅速关闭切割氧调节阀并将割炬抬起，再关闭乙炔调节阀，最后关闭预热氧调节阀	气割结束
(2)气割哑铃图形 ①先气割圆孔。气割圆孔时，预热圆孔内侧，先割穿一起割孔，然后沿孔径线切割圆孔。两圆孔气割后，切割两圆孔的连接直线 ②两圆孔及两圆孔连接直线切割的具体操作方法与气割直线相同，其过程包括起割、气割和停割	

4. 气割质量要求

气割切口表面平整光滑，切割面与割件表面垂直；气割切口缝隙较窄，且宽窄一致；气割切口的钢板边缘棱角没有熔化，且氧化铁熔渣容易去除；割件尺寸符合图纸要求。

经验点滴

1. 气割时产生后拖量的主要原因

① 切口上层金属在燃烧时产生的气体冲淡了气割氧气流，使下层金属燃烧缓慢。

② 下层金属无预热火焰的直接作用，因而使火焰不能充分地对下层金属加热，使割件下层不能剧烈燃烧。

③ 割件下层金属离割嘴距离较远，氧流射线直径增大，吹除氧化物的能力降低。

④ 割速太快，来不及将下层金属氧化而造成后拖量。

2. 常用金属的气割性

不是每种金属都能进行气割的，只有低碳钢和低合金钢才能顺利地进行气割。对于铸铁、高铬钢、铬镍钢、铜及其合金、铝及其合金等不能进行气割的金属材料，常采用等离子弧切割。

第三单元　焊条电弧焊

焊条电弧焊是用手工操作焊条进行焊接的电弧焊方法，适用于碳钢、低合金钢、不锈钢以及铜、铝及其合金等金属材料的焊接，是目前焊接生产中使用最广泛的焊接方法，如图3-1所示。

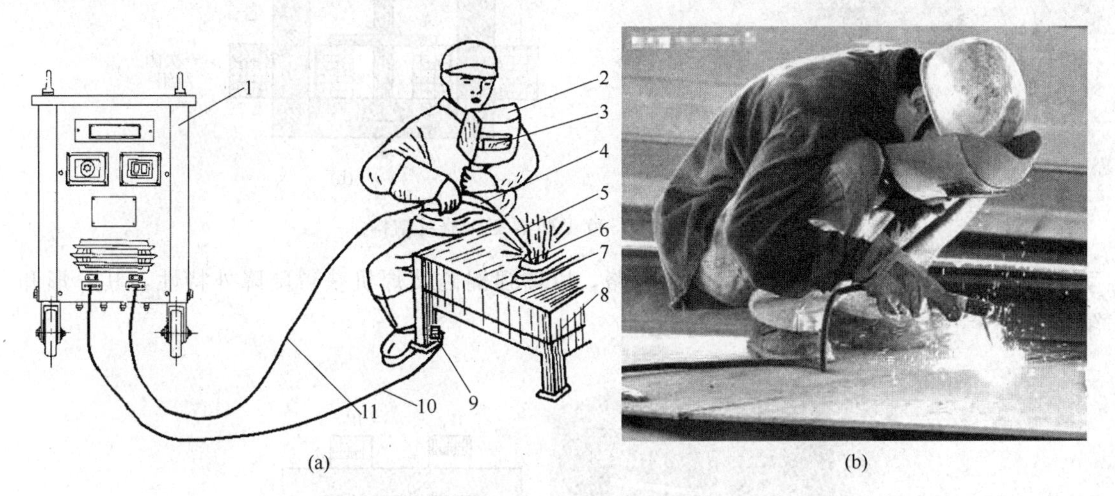

图3-1　焊条电弧焊

1—电弧焊机；2—面罩；3—护目镜；4—焊钳；5—焊条；6—电弧；7—焊件；8—工作台；9—接地线夹具；10—接焊件电缆线；11—接焊钳电缆线

模块一　焊条电弧焊设备及工艺

一、焊条电弧焊设备及工具

1. 焊机

焊机是焊条电弧焊的设备，其作用就是为焊接电弧稳定燃烧提供所需要的、合适的电流和电压。通常所说的电焊机，为了区别其他电源，又称弧焊电源。

焊机按电流性质可分为直流焊机和交流焊机。交流焊机，即弧焊变压器，常见的为BX1和BX3系列；直流焊机常见的为ZX5和ZX7系列。

（1）BX3-300型弧焊变压器

BX3-300型弧焊变压器属于动圈式，是生产中应用最广的一种交流焊机，其外形和结构如图3-2所示。焊接电流的调节有两种方法，即粗调节和细调节。粗调节是通过改变一、二次侧绕组的接线方法（接法Ⅰ或接法Ⅱ），即通过改变一、二次侧绕组的匝数进行调节，当接成接法Ⅰ时，空载电压为75V，焊接电流调节范围为40～125A；当接成接法Ⅱ时，空载电压为60V，焊接电流调节范围为115～400A。细调节是通过手柄来改变一、二次侧绕组的距离进行，一、二次侧绕组距离越大，焊接电流减小；反之，焊接电流越大。

（2）BX1-315型弧焊变压器

BX1-315型属于弧焊变压器动铁式，它有一个“口”字形固定铁芯（Ⅰ）和一个梯形活

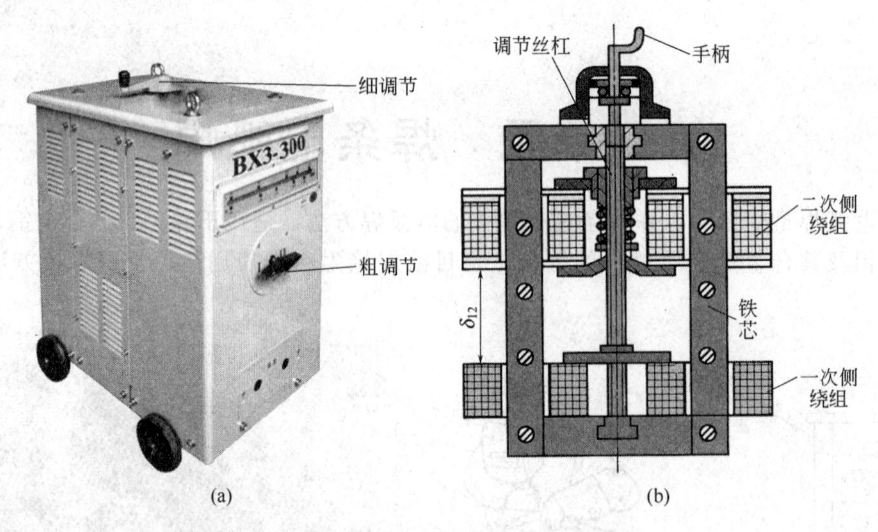

图 3-2 BX3-300 型弧焊变压器及结构

动铁芯（Ⅱ），活动铁芯构成了一个磁分路，以增强漏磁使焊机获得陡降外特性，其外形和结构如图 3-3 所示。

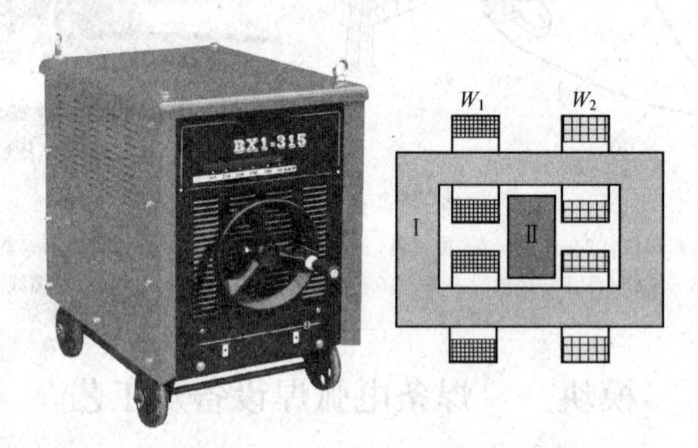

图 3-3 BX1-315 型弧焊变压器及结构

BX1-315 型焊机的焊接电流调节方便，仅需移动铁芯就可满足电流调节要求，其调节范围为 60～380A，调节范围广。当活动铁芯由里向外移动而离开固定铁芯时，焊接电流增大，反之，焊接电流减小。焊接电流调节如图 3-4 所示。

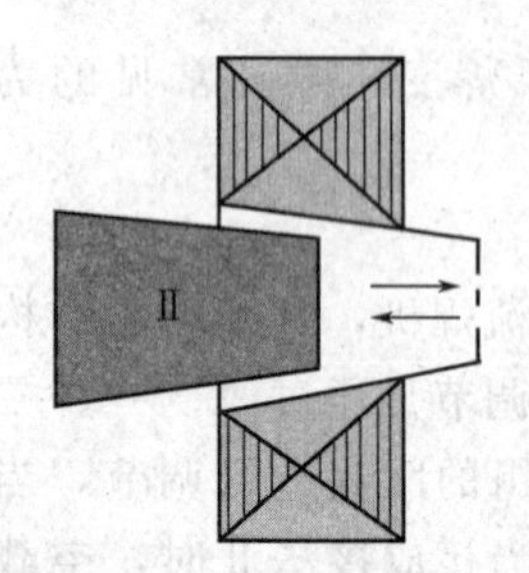

图 3-4 焊接电流调节

(3) 晶闸管弧焊整流器

晶闸管弧焊整流器是一种电子控制的弧焊电源，它是用晶闸管作为整流元件，以获得所需的外特性及焊接参数（电流、电压）的调节，目前已成为一种主要的直流弧焊电源。常用的国产型号有 ZX5-250、ZX5-400、ZX5-630 等。图 3-5 所示为常见的 ZX5-400 晶闸管弧焊整流器。

(4) 弧焊逆变器

将直流电变换成交流电称为逆变，实现这种变换的装置称逆变器。为焊接电弧提供电能，并具有弧焊方法所要求性能的逆变器，即为弧焊逆变器，或称为逆变式弧焊电源。弧焊逆变器具有高效节能，重量轻、体积小，良好的动特性和弧焊工艺性能，所有焊接参数均可无级调整等优点，目前已应用于多种焊接方

图 3-5 ZX5-400 晶闸管弧焊整流器

图 3-6 ZX7-400 弧焊逆变器

法，成为更新换代的重要产品。图 3-6 所示为常见的 ZX7-400 弧焊逆变器。

（5）焊机接法（极性）

在焊接操作前，要选择好焊机。若用直流焊机，要考虑其极性，即焊件与电源输出端正、负极的接法，有正接和反接两种。正接就是焊件接电源正极、电极接电源负极的接线法，正接也称正极性；反接就是焊件接电源负极，电极接电源正极的接线法，反接也称反极性，如图 3-7 所示。对于交流电源来说，由于极性是交变的，所以不存在正接和反接。

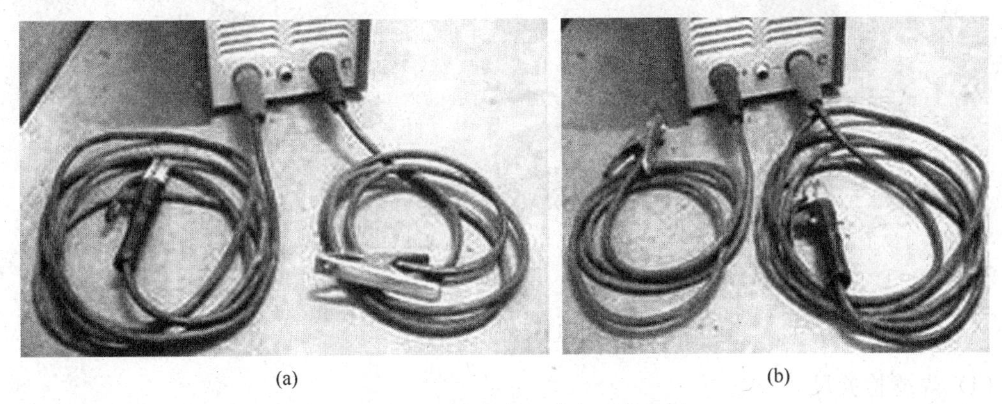

(a) (b)

图 3-7 焊机的正接与反接

2. 焊条电弧焊辅助设备及工具

（1）焊钳

焊钳是用于夹持电焊条并把焊接电流传输至焊条进行电弧焊的工具，如图 3-8 所示，规格有 300A 和 500A 两种。

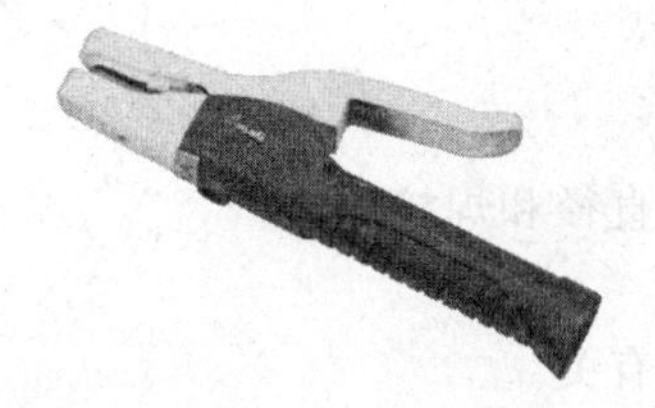

图 3-8 焊钳

(2) 面罩

面罩是防止焊接时的飞溅、弧光及熔池和焊件的高温对焊工面部及颈部灼伤的一种遮蔽工具，有手持式和头盔式两种，如图 3-9 和图 3-10 所示。其正面开有长方形孔，内嵌白色玻璃和黑色滤光玻璃。

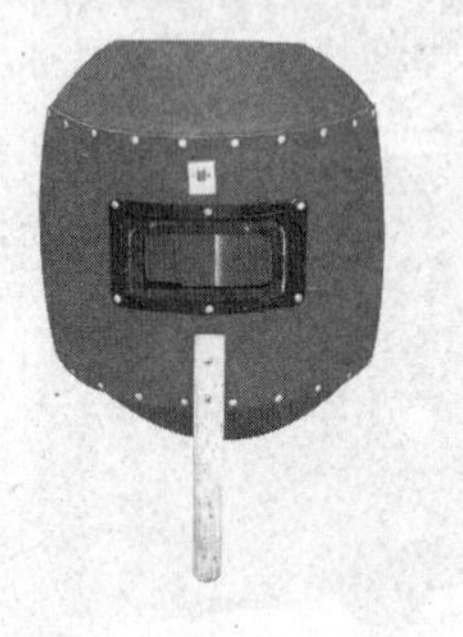

图 3-9 手持式电焊面罩

图 3-10 头盔式电焊面罩

(3) 焊条保温筒

焊条保温筒是焊接时不可缺少的工具，如图 3-11 所示，焊接锅炉压力容器时尤为重要。经过烘干后的焊条在使用过程中易再次受潮，从而使焊条的工艺性能变差和焊缝质量降低。焊条从烘烤箱取出后，应储存在保温筒内，在焊接时随用随取。

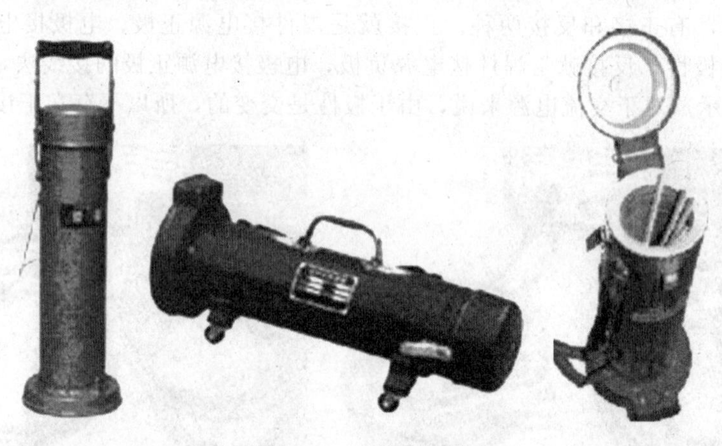

图 3-11 焊条保温筒

(4) 焊缝检验尺

焊缝检验尺是一种精密量规，用来测量焊件焊缝的坡口角度、装配间隙、错边及余高、焊缝宽度和角焊缝焊脚等。焊缝检验尺如图 3-12 所示。

(5) 手工工具

常用的手工工具有清渣用的敲渣锤、錾子、钢丝刷、手锤、锉刀及角向砂轮机等，如图 3-13 所示。

二、焊条电弧焊工艺

1. 焊条电弧焊参数

焊条电弧焊参数主要有焊条直径和焊接电流。

(1) 焊条直径

焊条直径的选择与下列因素有关。

① 工件厚度　厚度较大的工件应选用直径较大的焊条；相反，选用直径较小的焊条。

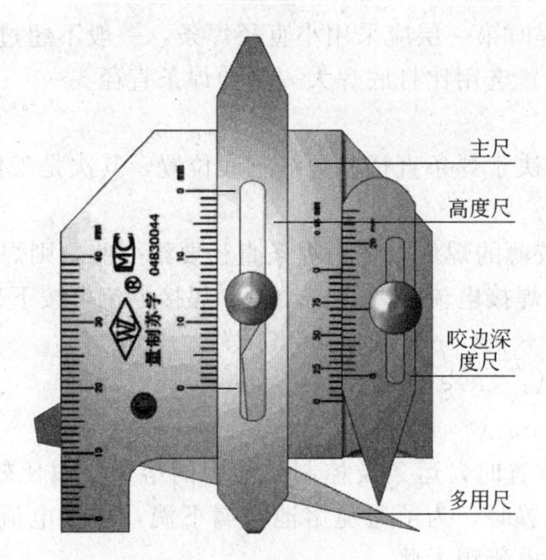

图 3-12 焊缝检验尺

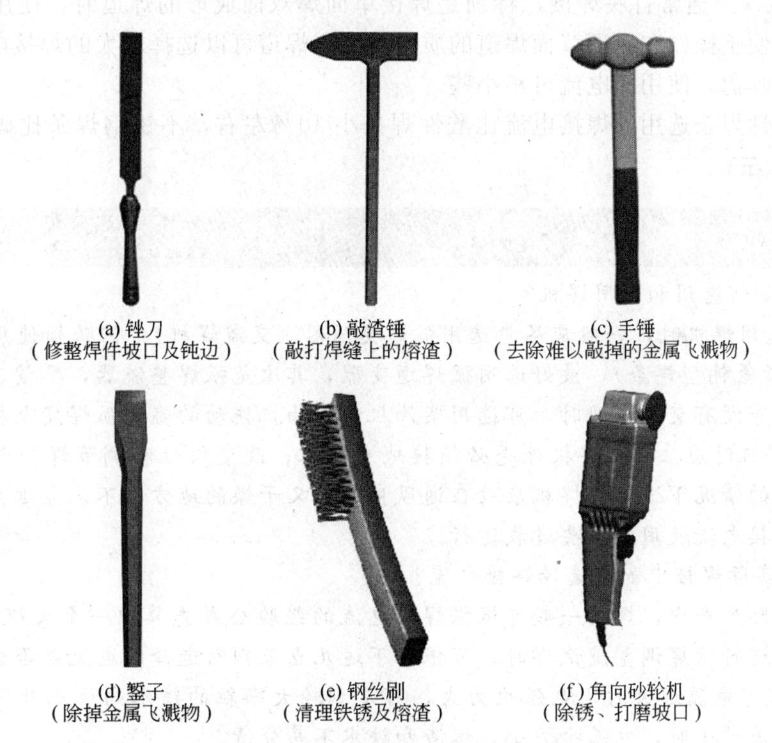

图 3-13 常用焊接手工工具

通常可参考表 3-1 选择。

表 3-1 焊条直径与焊件厚度的关系

焊件厚度/mm	≤2	2～3	4～6	7～12	≥13
焊条直径/mm	2.5	2.5～3.2	3.2～4	3.2～4	4～5

② 焊缝空间位置 平焊位置选择的焊条直径可比其他位置大一些，而仰焊、横焊焊条直径应小些，一般不超过 4mm；立焊最大不超过 5mm，否则熔池金属容易下坠，甚至形成焊瘤。

③ 焊接层次　多层焊时第一层应采用小直径焊条，一般不超过 3.2mm，以保证良好熔合。其他各焊层、焊缝位置选用比打底焊大一些的焊条直径。

(2) 焊接电流

焊接电流大小主要取决于焊条直径和焊缝空间位置，其次是工件厚度、接头形式、焊接层次等。

① 焊条直径　焊接较薄的焊件，选用焊条直径要细一些，则焊接电流也相应小；反之，则应选择大的焊条直径，焊接电流也要相应增大。焊接电流可按下列经验公式选择：

$$I=11d^2$$

式中　I——焊接电流，A；

　　d——焊条直径，mm。

② 焊接位置　平焊位置时，运条及控制熔池中的熔化金属比较容易，可选择较大的焊接电流。横、立、仰焊位置时，为了避免熔池金属下淌，焊接电流应比平焊位置小 10%～20%。平角焊电流比平焊电流稍大些。

③ 焊接层次　通常打底焊接，特别是焊接单面焊双面成形的焊道时，使用的焊接电流要小，这样才便于操作和保证背面焊道的质量；填充焊道可以选择较大的焊接电流；而盖面焊道，为防止咬边，使用的电流可稍小些。

另外，碱性焊条选用的焊接电流比酸性焊条小 10%左右，不锈钢焊条比碳钢焊条选用的电流小 20%左右。

师傅答疑

问题 1　如何选用和使用焊机？

答：① 选用焊机时，一般应尽量选用弧焊变压器（交流焊机）。但必须使用直流电源时（如使用碱性低氢钠型焊条），最好选用弧焊逆变器，其次是弧焊整流器，尽量不用弧焊发电机。对于野外等没有交流电网时，可选用柴油机或汽油机拖动的直流弧焊发电机。

② 使用焊机时应注意：焊机外壳必须接地或接零；改变极性和调节焊接电流必须在空载或切断电源的情况下进行；焊机应放在通风良好而又干燥的地方，不应靠近高热地区；按焊机的额定焊接电流使用，不要过载运行。

问题 2　实际焊接中如何选择焊接电流？

答：在实际生产中，焊工一般可根据焊接电流的经验公式先算出一个大概的焊接电流，然后在钢板上进行试焊调整。试焊时，可根据下述几点来判断选择的电流是否合适。

① 看飞溅　电流过大时，电弧吹力大，可看到较大颗粒的铁水向熔池外飞溅，焊接时爆裂声大；电流过小时，电弧吹力小，熔渣和铁水不易分清。

② 看焊缝成形　电流过大时，熔深大、焊缝余高低、两侧易产生咬边；电流过小时，焊缝窄而高、熔深浅、且两侧与母材金属熔合不好；电流适中时，焊缝两侧与母材金属熔合得很好，呈圆滑过渡。

③ 看焊条熔化状况　电流过大时，当焊条熔化了大半根时，其余部分均已发红；电流过小时，电弧燃烧不稳定，焊条容易粘在焊件上。

2. 基本操作工艺

(1) 操作姿势

平焊时，一般采用蹲式操作，如图 3-14 所示。蹲姿要自然，两脚夹角为 70°～85°，两脚距离为 240～260mm。持焊钳的胳膊半伸开，要悬空无依托地操作。

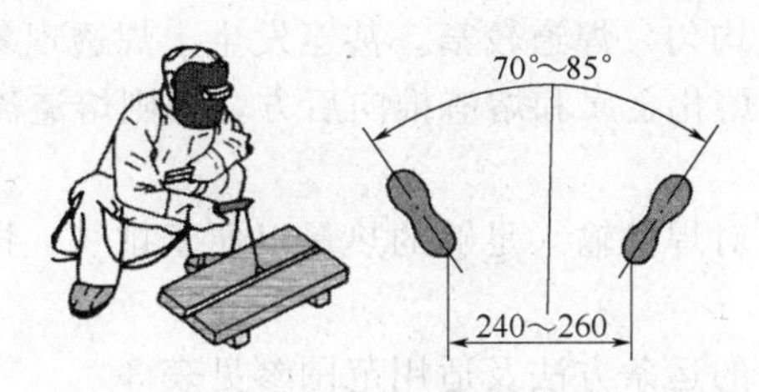

图 3-14 平焊操作姿势

(2) 引弧

引弧操作时首先用防护面罩挡住面部，将焊条末端对准引弧处。焊条电弧焊采用接触法引弧，引弧方法有划擦法和直击法两种。

① 划擦引弧法 先将焊条末端对准引弧处，然后像划火柴似的使焊条在焊件表面利用腕力轻轻划擦一下，划擦距离为 10～20mm，并将焊条提起 2～3mm，如图 3-15(a) 所示，电弧即可引燃。引燃电弧后，应保持电弧长度不超过所用焊条直径。

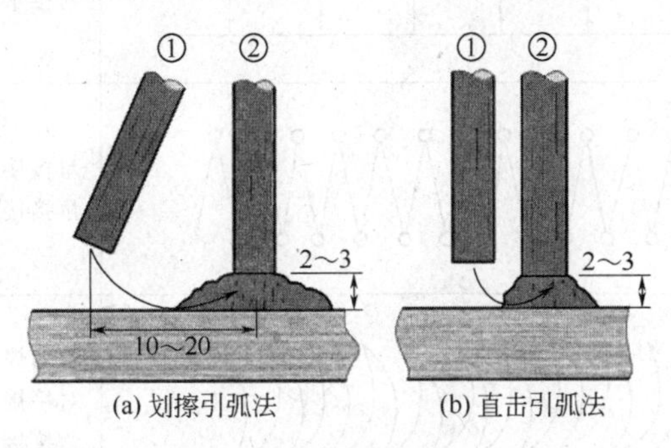

图 3-15 引弧的方法

② 直击引弧法 先将焊条垂直对准焊件待焊部位轻轻触击，并将焊条适时提起 2～3mm，如图 3-15(b) 所示，即引燃电弧。直击法引弧不能用力过大，否则容易将焊条引弧端药皮碰裂，甚至脱落，影响引弧和焊接。

(3) 运条

运条时有三个方向的运动：沿焊条中心线向熔池送进、沿焊接方向均匀移动、横向摆动，如图 3-16 所示。

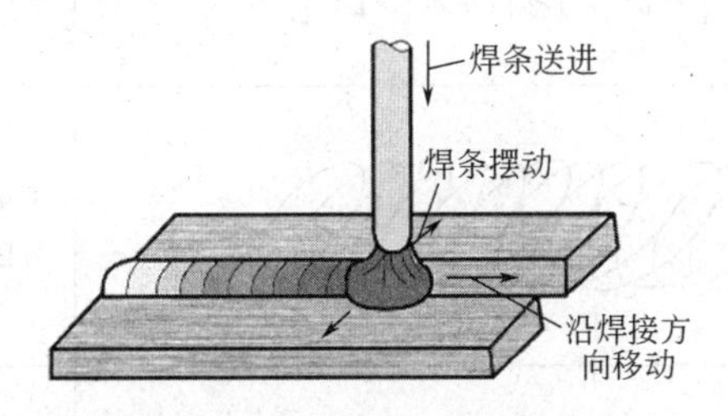

图 3-16 运条的三个基本运动

焊条向熔池方向逐渐送进，既是为了向熔池添加金属，也是为了在焊条熔化后继续保持一定的电弧长度，因此焊条送进的速度应与焊条熔化的速度相同。否则，会断弧或粘在焊件上。

焊条沿焊接方向移动，随着焊条的不断熔化，逐渐形成一条焊道。若焊条移动速度太慢，则焊道会过高、过宽、外形不整齐，焊接薄板时会发生烧穿现象；若焊条的移动速度太快，则焊条与焊件会熔化不均匀，焊道较窄，甚至发生未焊透现象。焊条移动时应与前进方向成 70°～80°的夹角，以使熔化金属和熔渣推向后方，否则熔渣流向电弧的前方，会造成夹渣等缺陷。

焊条的横向摆动是为了对焊件输入足够的热量以便于排气、排渣，并获得一定宽度的焊缝或焊道。

运条的方法很多，常用的运条方法及适用范围参见表 3-2。

表 3-2 常用的运条方法及适用范围

运条方法		运条示意图	适用范围
直线形运条法			薄板对接平焊 多层焊的第一层焊道及多层多道焊
直线往返运条法		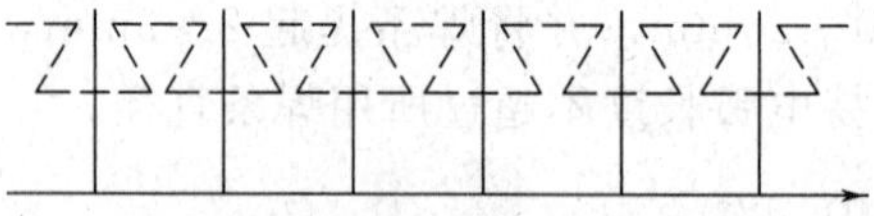	薄板焊 对接平焊(间隙较大)
锯齿形运条法		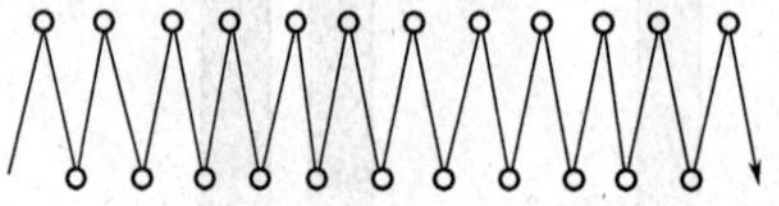	对接接头平、立、仰焊 角接接头立焊
月牙形运条法			管的焊接 对接接头平、立、仰焊 角接接头立焊
三角形运条法	斜三角形	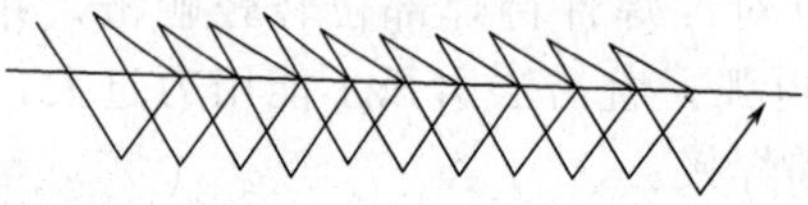	角接接头仰焊 对接接头横焊
	正三角形	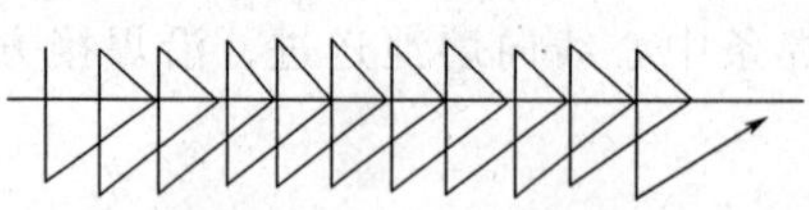	角接接头立焊 对接接头
圆圈形运条法	斜圆圈形		角接接头平、仰焊 对接接头横焊
	正圆圈形	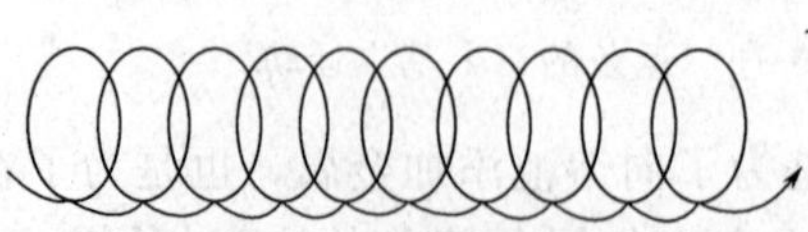	对接接头厚焊件平焊
“8”字形运条法		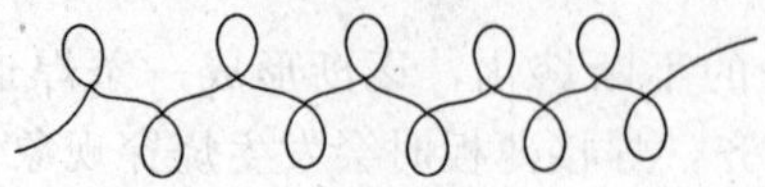	对接接头厚焊件平焊

（4）焊缝的起头、收尾和接头

① 焊缝的起头 即焊缝的开始部分，由于焊件的温度很低，引弧后又不能迅速地使焊件温度升高，一般情况下这部分焊缝余高略高，熔深较浅，甚至会出现熔合不良和夹渣。因此引弧后应稍拉长电弧对工件预热，然后压低电弧进行正常焊接。平焊和碱性焊条多采用回焊法，从距离始焊点 10mm 左右处引弧，回焊到始焊点，如图 3-17 所示，逐渐压低电弧，同时焊条微微摆动，从而达到所需要的焊道宽度，然后进行正常的焊接。

② 焊缝的收尾 焊缝结束时不能立即拉断电弧，否则会形成弧坑，如图 3-18 所示。弧坑不仅减少焊缝局部截面积而削弱强度，还会引起应力集中，甚至产生弧坑裂纹。所以焊接时应填满弧坑后熄弧。

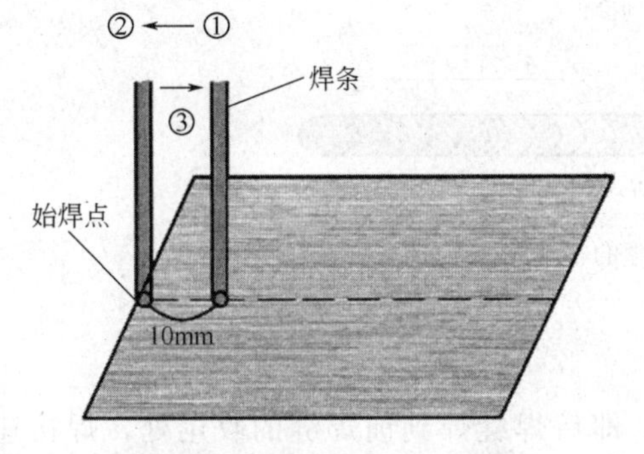

图 3-17 焊缝起头操作示意图

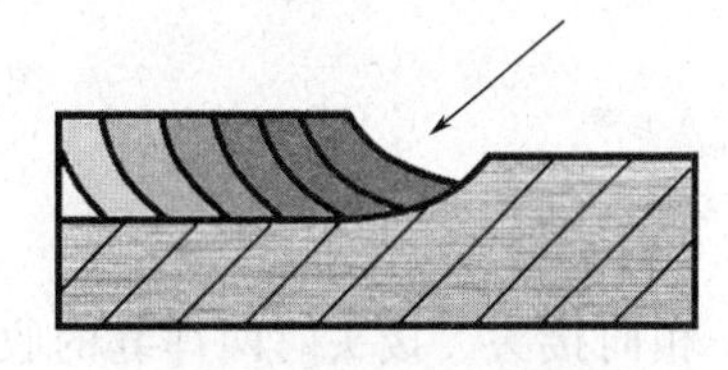
图 3-18 焊接弧坑示意图

收尾方法有反复断弧收尾法、划圈收尾法、回焊收尾法三种，如图 3-19 所示。

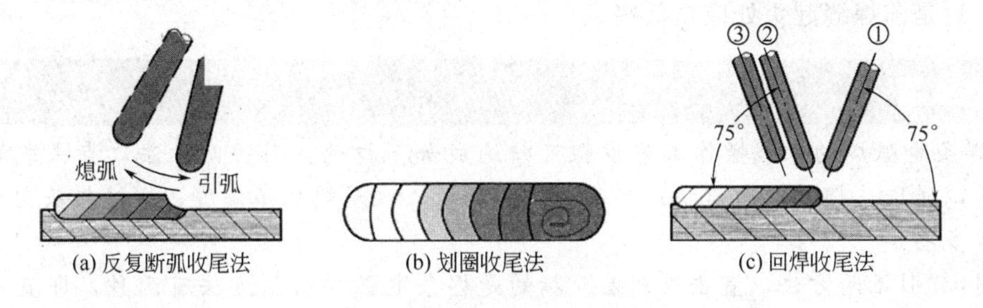

图 3-19 常用焊缝收尾方法

a. 反复断弧收尾法 焊到焊缝终端，在熄弧处反复进行引弧动作填满弧坑为止，该法不适用于碱性焊条。

b. 划圈收尾法 焊到焊缝终端时，焊条作圆圈形摆动，直到填满弧坑再拉断电弧，此法适用于厚板。

c. 回焊收尾法 焊到焊缝终端时在收弧处稍作停顿，然后改变焊条角度向后回焊 20～30mm，再将焊条拉向一侧熄弧，此法适用于碱性焊条。

③ 焊缝的接头 由于焊条长度有限，不可能一次连续焊完长焊缝，因此就有接头问题。焊缝的接头形式分为以下四种，如图 3-20 所示。

a. 中间接头 这是用得最多的一种，接头时在前焊缝弧坑前约 10mm 处引弧。电弧长度可稍大于正常焊接，然后将电弧拉到原弧坑 2～3mm 处待填满弧坑后再向前转入正常焊接。此法适用于单层焊及多层多道焊的盖面层接头。

b. 相背接头 即两焊缝的起头相接。接头时要求前焊缝起头处略低些，在前焊缝起头前方引弧，并稍微拉长电弧运弧至起头处覆盖住前焊缝的起头，待焊平后再沿焊接方向

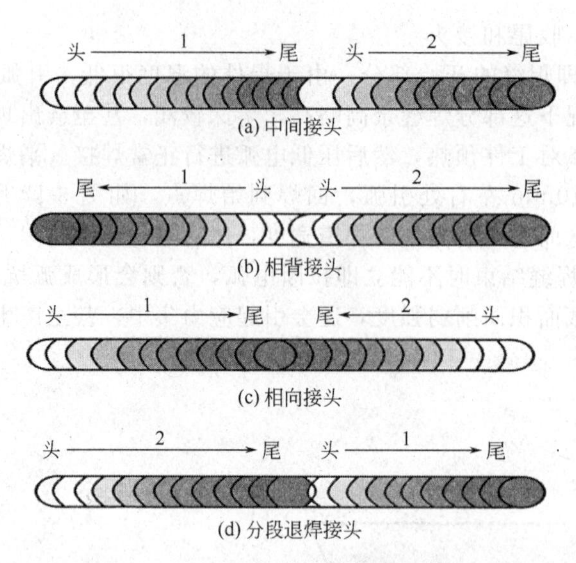

图 3-20 焊缝的接头形式

1—前焊缝；2—后焊缝

移动。

c. 相向接头 接头时两焊缝的收尾相接，即后焊缝焊到前焊缝的收尾处，焊接速度略减慢些，填满前焊缝的弧坑后，再向前运弧，然后熄弧。

d. 分段退焊接头 接头时前焊缝起头和后焊缝收尾相接。接头形式与相向接头情况基本相同，只是前焊缝起头处应略低些。

经验点滴

① 焊条电弧焊的基本操作工艺步骤可归纳成如下口诀：引弧两方法，直击或划擦；运条不能急，送进、摆动、向前移；起头引弧弧稍长，收尾熄弧填满膛；焊缝接头匀连接，头尾相接常多些。

说明：“引弧两方法，直击或划擦”指的是焊条电弧焊引弧方法有两种，即直击法与划擦法。“运条不能急，送进、摆动、向前移”的意思是焊条的运条必须三个方向同时进行，即向熔池送进、焊条横向摆动及沿焊接方向向前移动。“起头引弧弧稍长，收尾熄弧填满膛”意思是起头引弧时电弧稍长起预热作用，收尾熄弧时必须填满弧坑以防止弧坑裂纹等缺陷。“焊缝接头匀连接，头尾相接常多些”意思是焊缝接头力求均匀以防过高、脱节及宽窄不一致，接头方法有头尾相接、头头相接与尾尾相接三种，但头尾相接最常用。

② 在引弧过程中，如果焊条与焊件粘在一起，通过晃动仍不能取下焊条时，应立即松开焊钳，待焊条冷却后，焊条就很容易扳下来了。

③ 为了尽快掌握引弧要领，可采用堆焊引弧和定点引弧。

堆焊引弧：先在焊件的引弧位置用粉笔画出直径为 13mm 的一个圆，然后用直击引弧法在圆圈内直击引弧。引弧后，保持适当电弧长度在圆圈内作划圈动作 2～3 次后灭弧。待熔化的金属凝固冷却后，再在其上面引弧堆焊，这样反复操作直到堆起高度为 50mm 为止，如图 3-21(a) 所示。

定点引弧：用粉笔在焊件上按焊件图要求划直线，操作时在直线的交点处用划擦法引弧。通过不断的引弧—熄弧—再引弧，焊成直径为 13mm 的焊点，如此反复地完成若干个焊点训练，如图 3-21(b) 所示。

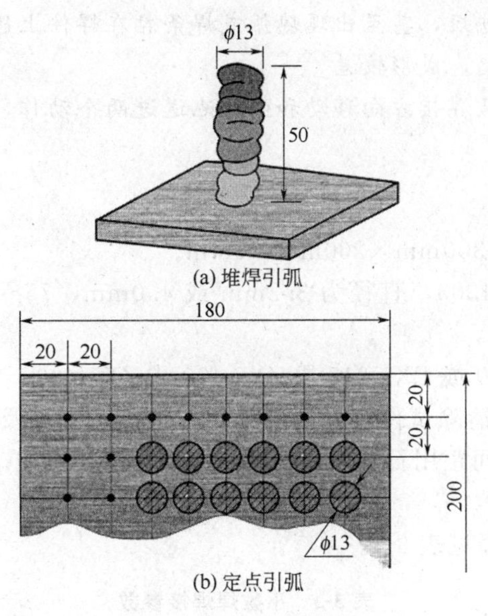

图 3-21 引弧练习

模块二 板平敷焊

学习目标及技能要求

能够正确地选择平敷焊焊接参数及掌握平敷焊的基本操作技能。

焊接试件图（图 3-22）

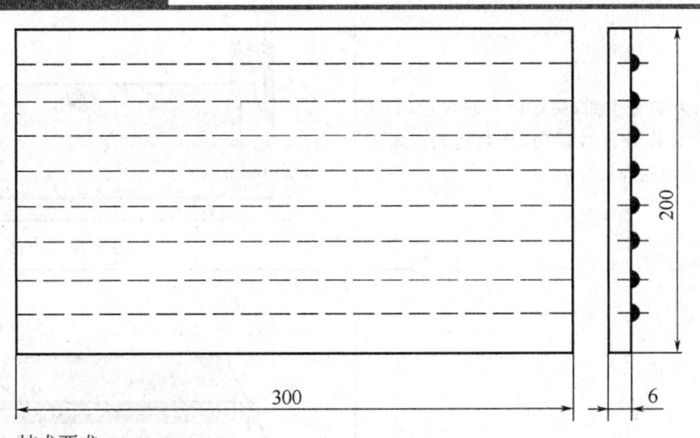

图 3-22 平敷焊试件图

工艺分析

平敷焊是在平焊位置在焊件上堆敷焊道的一种操作方法，其操作关键是运条三个方向运动要配合一致。如焊接速度不均匀，则焊缝会宽窄及高低不一；如焊条向熔池送进过慢或过快，则会出现电弧过长或过短，甚至出现熄弧或焊条粘在焊件上短路；如焊条的横向摆动不均匀，则焊缝会宽窄差过大，成形较差。

建议可先练习做焊条沿焊接方向移动和向熔池送进两个动作，待动作熟练掌握后，再加上焊条的横向摆动。

1. 焊前准备

① 试件材料　Q235，300mm×200mm×6mm。

② 焊接材料　焊条 E4303，直径为 3.2mm 或 4.0mm，75～150℃烘焙，保温 1～2h，随用随取。

③ 焊接设备　BX3-300 或 BX1-315 或 ZX5-400 或 ZX7-400。

④ 试件清理及画线　清除试件表面上的油污、锈蚀、水分及其他污物，直至露出金属光泽；在试件上以 20mm 间距用石笔（或粉笔）画出焊缝位置线。

2. 焊接参数

平敷焊焊接参数的选择见表 3-3。

表 3-3　平敷焊焊接参数

焊条	焊条直径/mm	焊接电流/A
E4303	3.2	100～120
E4303	4.0	160～180

3. 焊接过程

平敷焊焊接过程见表 3-4。

表 3-4　平敷焊焊接过程

操作步骤及要领	图示
(1)起头 从距离起焊点 10mm 左右处引弧，快速回到起焊点，如图所示，逐渐压低电弧，同时焊条微微摆动，从而达到所需要的焊道宽度，然后进行正常的焊接	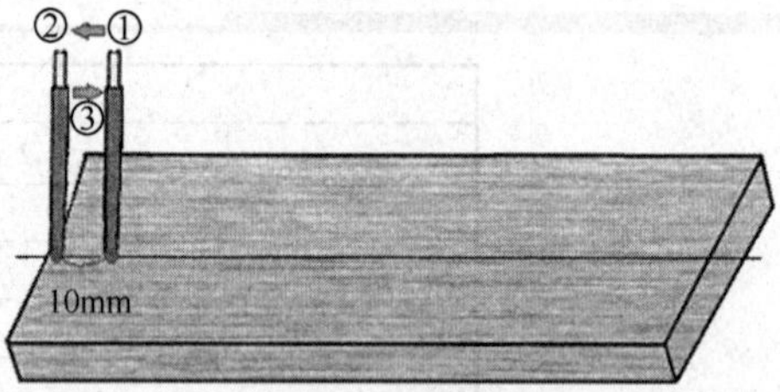 ②←① ③ 10mm 起头操作方法
(2)正常焊接 以焊缝位置线为运条轨迹，采用直线形运条法、月牙形运条法、正圆圈形运条法和“8”字形运条法练习，焊条角度如图所示，进行平敷焊缝焊接技能操作练习	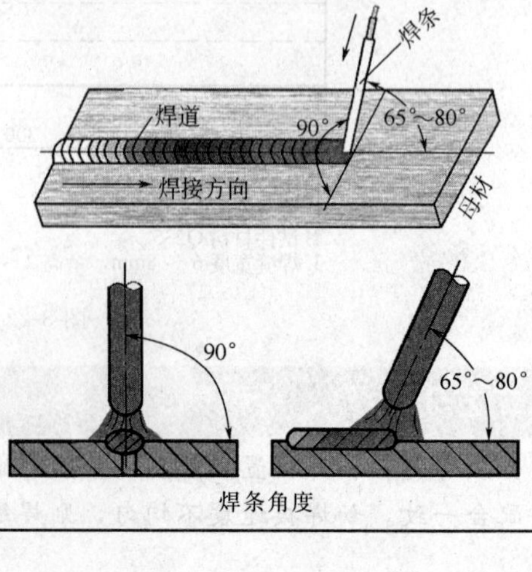 焊条 焊道 90° 65°～80° 焊接方向 母材 90° 65°～80° 焊条角度

续表

操作步骤及要领	图示
(3)接头 从距离弧坑前10mm左右处引弧，快速回到弧坑处，小幅摆动焊条使熔敷金属与弧坑边缘完全重合后，迅速压低电弧，进行正常的焊接	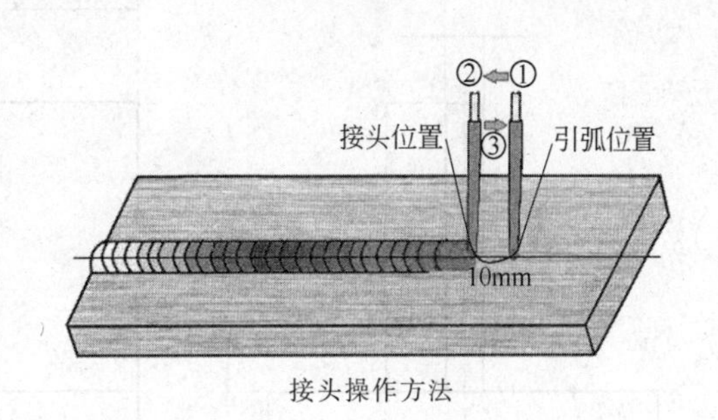 接头操作方法
(4)收尾 待焊到终点时，焊条在弧坑处做数次熄弧-引弧的反复动作，直到填满弧坑 每条焊缝焊完后，清理熔渣，分析焊接过程中产生的问题并总结经验，再进行另一条焊缝的焊接	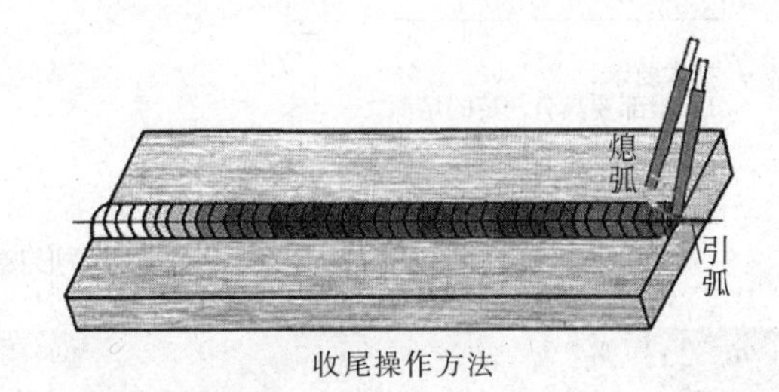 收尾操作方法

4. 焊接质量要求

① 焊缝的起头和连接处平滑过渡，无局部过高现象，收尾处弧坑填满。

② 焊缝表面焊波均匀，无未熔合，咬边深度≤0.5mm。

③ 焊缝直线度在任意300mm连续焊缝长度内≤2mm，焊缝宽窄差和高低差≤2mm。

④ 试件表面非焊道上不得引弧。

师傅答疑

问题1 焊缝时常出现夹渣缺陷，怎样避免？又如何保证焊缝宽窄一致？

答：焊接电流过小，熔渣和熔化金属易混淆分不清，这时很容易产生夹渣。因此一定要调好焊接电流，同时保持焊接速度均匀，就能焊出宽窄一致的焊缝。

问题2 焊缝波纹不细腻，比较粗糙怎么办？

答：焊接电流过大或焊接速度过快，熔渣不能很好地覆盖熔化金属而使熔化金属过于裸露，造成焊缝波纹比较粗糙。因此要调节焊接电流，并控制好合适的焊接速度，保持熔化金属上面的熔渣始终处于半露半敷状态，就可获得波纹细腻的焊缝。

模块三 板平角焊

学习目标及技能要求

能够正确地选择平角焊焊接参数及掌握平角焊的单层焊、多层焊以及多层多道焊技术。

焊接试件图（图 3-23）

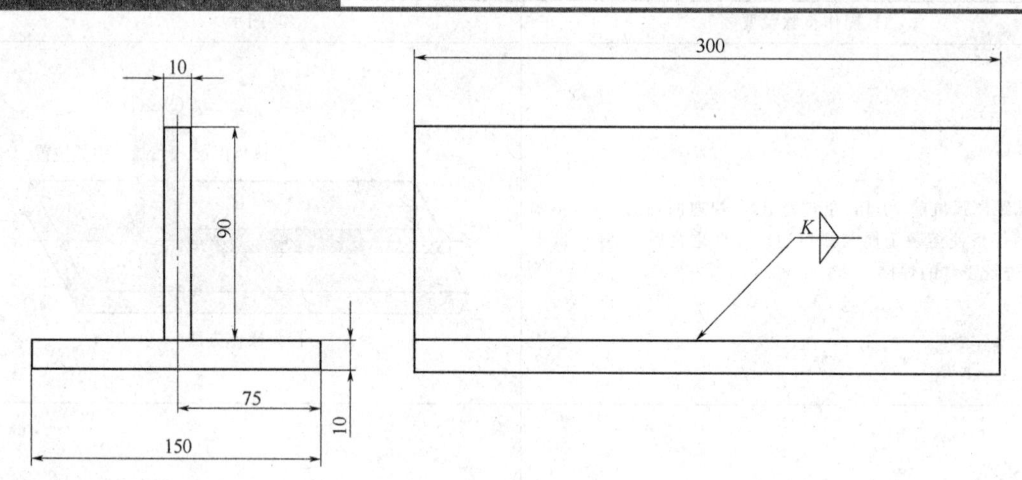

技术要求：
1．根部要具有一定的熔深。
2．组对严密，两板相互垂直。
3．试件材料 Q235。
4．焊脚 12mm。

图 3-23　T 形接头平角焊试件图

工艺分析

平角焊时，由于在立板位置时熔化金属有下淌趋势，若焊条角度不对、运条方法不当，很容易在立板上产生咬边，焊脚偏向底板，使两焊脚大小不对称。此外多层焊时，层间清渣不净，焊道间易产生夹渣缺陷。所以操作时要注意立板熔化情况和液体金属流动情况，适时调整焊条角度和焊条的运条方法。由于焊脚为 12mm，需两层三道焊。

1. 焊前准备

① 试件材料　Q235，300mm×150mm×10mm（一块），300mm×90mm×10mm（一块），I 形坡口。

② 焊接材料　焊条 E4303（J422），直径为 3.2mm 或 4mm；75～150℃烘焙，保温 1～2h，随用随取。

③ 焊接设备　BX3-350 或 ZX7-400。

④ 焊前清理　清理试件待焊部位及两侧各 20mm 范围内的油污、锈蚀、水分及其他污物，直至露出金属光泽。

⑤ 装配定位　装配间隙为 0～2mm；定位焊在试件两端的对称处，长为 10～15mm；保证立板与底板间垂直。

2. 焊接参数

T 形接头平角焊焊接参数的选择见表 3-5。

表 3-5　T 形接头平角焊焊接参数

焊接层次		焊条直径/mm	焊接电流/A	运条方法
第一层(第 1 条焊道)		3.2	125～140	直线形运条法
第二层	第 2 条焊道	4.0	170～180	小锯齿形运条
	第 3 条焊道	4.0	160～170	小锯齿形运条

3. 焊接过程

T 形接头平角焊焊接过程见表 3-6。

表 3-6 T 形接头平角焊焊接过程

操作步骤及要领	图示
(1)第一层焊接(第 1 道) 由于焊脚为 12mm,采用两层三道焊,各焊道的排列顺序如图所示 第一道焊接时,用直径为 3.2mm 的焊条,电流稍大,采用直线形运条法,焊条角度如图所示。收弧时填满弧坑,焊后彻底清渣	两层三道焊各焊道的排列顺序 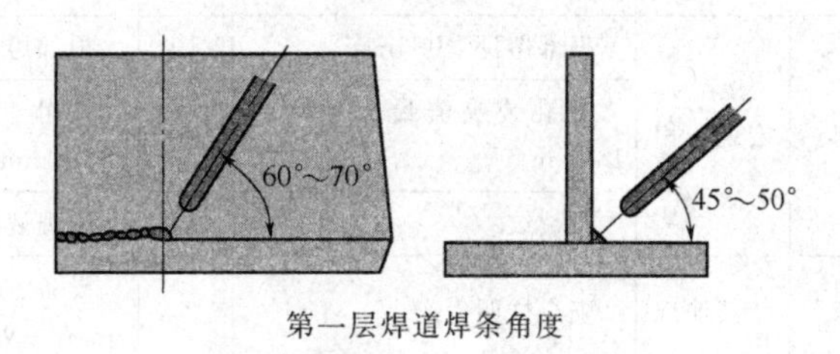 第一层焊道焊条角度
(2)第二层焊接(第 2、3 道) 焊接第 2 道时,应覆盖第 1 条焊道的 1/2～2/3,焊条与水平焊件夹角为 45°～50°,如图所示,以使水平焊件能够较好地熔合焊道,焊条与焊接方向夹角仍为 65°～80°。运条时采用小锯齿形运条法 焊接第 3 道时,对第 2 条焊道覆盖 1/3～1/2,焊条与水平焊件的角度为 40°～45°,如图所示,运条仍用小锯齿形运条。此时,焊道要细些,以控制整体焊缝外形平整圆滑,焊接速度要快些,可避免因温度增高立板产生咬边现象	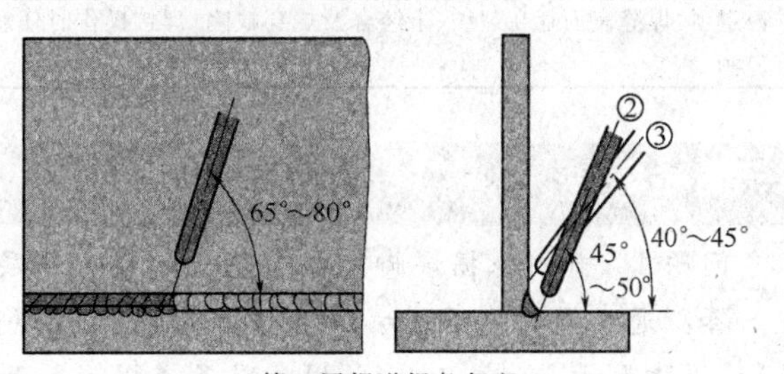 第二层焊道焊条角度

4. 焊接质量要求

焊接质量要求及评分标准见表 3-7。

表 3-7 焊接质量要求及评分标准

序号	考核内容	考核要点	配分	评分标准	检测结果	扣分	得分
1	焊前准备	劳保着装及工具准备齐全,并符合要求,参数设置、设备调试正确	5	劳保着装及工具准备不符合要求,参数设置、设备调试不正确有一项扣 1 分			
2	焊接操作	试件固定的空间位置符合要求	10	试件固定的空间位置超出规定范围不得分			

续表

序号	考核内容	考核要点	配分	评分标准	检测结果	扣分	得分
3	焊缝外观	焊缝表面不允许有焊瘤、气孔、夹渣	10	出现任何一种缺陷不得分			
		焊缝咬边深度≤0.5mm，两侧咬边总长不超过焊缝有效长度的15%	10	焊缝咬边深度≤0.5mm，累计长度每5mm扣1分，累计长度超过焊缝有效长度的15%不得分，咬边深度>0.5mm不得分			
		焊缝凹凸度≤1.5mm	10	超标不得分			
		焊脚 $K=\delta+(0\sim3)$mm，焊脚差≤2mm	10	每种超一处扣5分			
		焊缝成形美观，纹理均匀、细密，高低宽窄一致	5	焊缝平整，焊纹不均匀，扣2分；外观成形一般，焊缝平直，局部高低、宽窄不一致扣3分；焊缝弯曲，高低宽窄明显不得分			
		两板之间夹角90°±2°	5	超差不得分			
4	宏观金相	根部熔深≥0.5mm	10	根部熔深<0.5mm时不得分			
		气孔或夹渣最大尺寸≤1.5mm	10	尺寸≤1.5mm，每处扣3分；尺寸>1.5mm不得分			
		无裂纹	10	发现裂纹不得分			
5	其他	安全文明生产	5	设备、工具复位，试件、场地清理干净，有一处不符合要求扣1分			
6	定额	操作时间		超时停止操作			
合计			100				

否定项：焊缝表面存在裂纹、未熔合及烧穿缺陷；焊接操作时任意更改试件焊接位置；焊缝原始表面被破坏；焊接时间超出定额

师傅答疑

问题1　如何根据焊脚大小选用单层焊、多层焊或多层多道焊？

答：通常焊脚在8mm以下时，采用单层焊；焊脚为8～10mm时，采用多层焊（两层）；焊脚大于10mm时，采用多层多道焊（如两层三道）。

① 单层焊　采用斜圆圈形或直线形运条方法。焊接时，保持短弧焊接，焊接速度要均匀。焊条与底板的夹角为45°，与焊接方向的夹角为70°～80°。

② 多层焊　平角焊的多层焊（两层焊）如图3-24所示，焊接第一层时，采用直线形运条方法焊接，选择直径为3.2mm或4.0mm的焊条，焊接电流应稍大些，以达到一定的熔透深度。以后各层可选择直径为4.0mm或5.0mm焊条，采用斜圆圈形或斜锯齿形运条法焊接。

斜圆圈形运条法如图3-24(b)所示，操作时由 a 至 b 要慢，焊条做微微的往复前移动作，以防熔渣超前；由 b 至 c 稍快，以防熔化金属下淌；在 c 处稍作停顿，以填加适量的熔滴，避免咬边；由 c 至 d 稍慢，并保持各熔池之间1/2～2/3的搭接量，以利于焊道的成形；由 d 至 e 稍快，到 e 处稍作停顿。如此反复运条，直至焊道收尾填满弧坑。

③ 多层多道焊　多层多道焊法见表3-6。

问题2　不等厚板的平角焊如何操作？

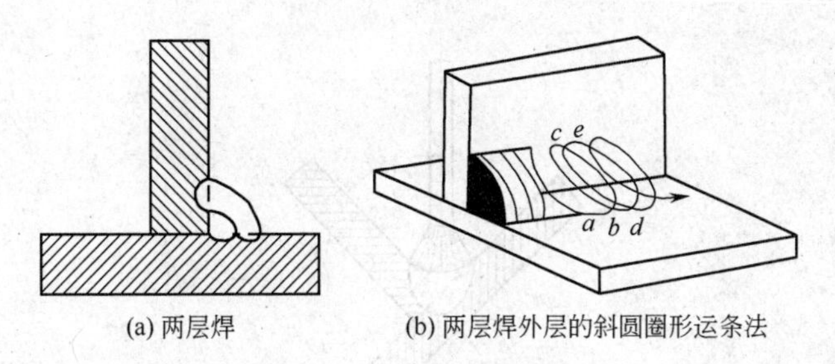

图 3-24 平角焊的多层焊

答：焊接不等厚板的平角焊时，电弧应偏向于厚板的一边，使厚板所受热量增加，通过焊条角度的调节，使厚、薄两板受热趋于均匀，以保证接头熔合良好。等厚板与不等厚板平角焊时的焊条角度如图 3-25 所示。

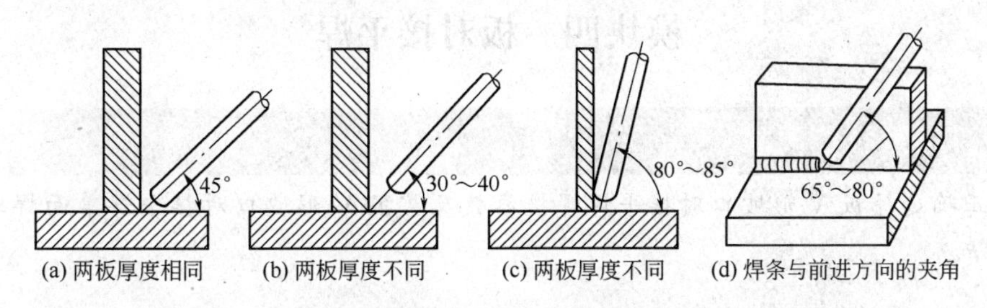

图 3-25 平角焊时的焊条角度

经验点滴

1. 焊脚、焊脚尺寸及焊缝厚度

在焊接生产中，很容易混淆焊脚、焊脚尺寸及焊缝厚度。焊脚是指角焊缝的横截面中，从一个直角面上的焊趾到另一个直角面表面的最小距离，焊脚尺寸则为在角焊缝横截面中画出的最大等腰直角三角形中直角边的长度，而焊缝厚度则是在焊缝横截面中，从焊缝正面到焊缝背面的距离。因此，工艺文件上、焊缝符号中要求的角焊缝外形尺寸是焊脚而不是焊脚尺寸，更不是焊缝厚度。对于平、凸形角焊缝，从理论上说，焊脚等于焊脚尺寸；而对于凹形角焊缝则焊脚尺寸小于焊脚，如图 3-26 所示。

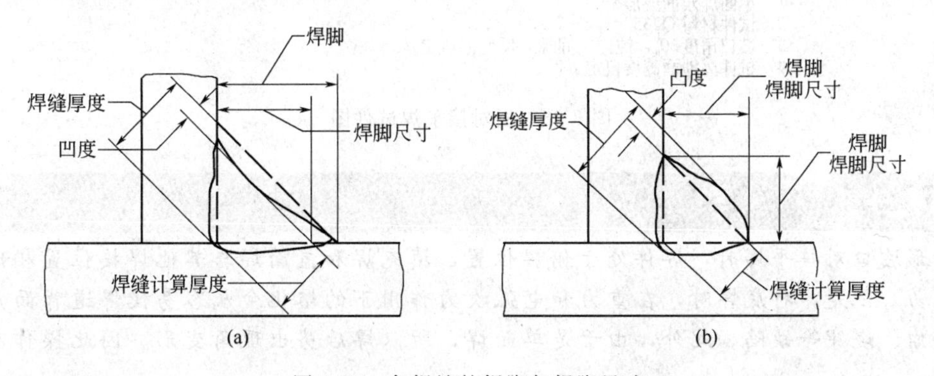

图 3-26 角焊缝的焊脚与焊脚尺寸

2. 船形焊及优点

在实际生产中，如焊件能翻转，应尽可能把焊件放成船形位置焊接（图 3-27），这样能避免产生咬边和焊脚下偏等焊接缺陷，同时操作便利，可使用大直径焊条和大电流焊接，而

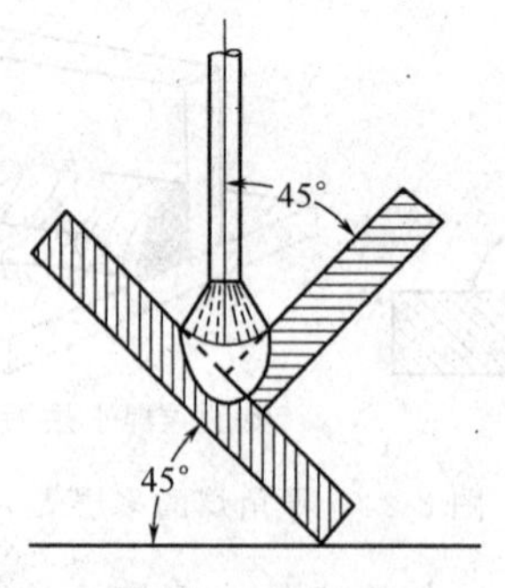

图 3-27 船形焊

且能一次焊成较大截面的焊缝，从而大大提高了焊接生产率。

模块四 板对接平焊

学习目标及技能要求

能够正确选择板 V 形坡口对接平焊焊接参数及掌握 V 形坡口对接平焊单面焊双面成形的操作方法。

焊接试件图（图 3-28）

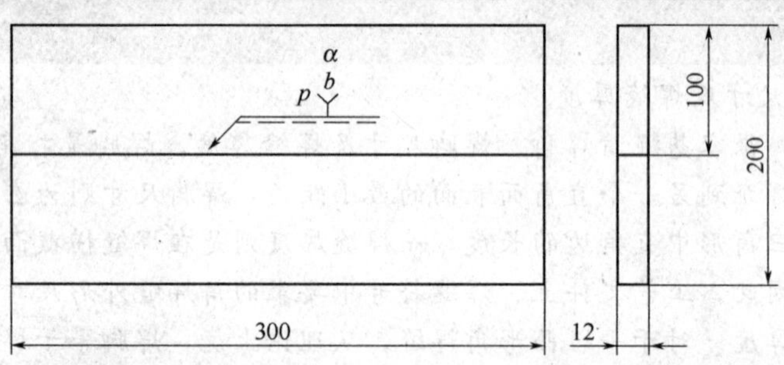

图 3-28 板对接平焊试件图

工艺分析

V 形坡口对接平焊时，焊件处于俯焊位置，填充焊和盖面焊与其他焊接位置相比操作比较容易。但是，打底焊时，在重力和电弧吹力作用下的熔化金属容易使焊道背面产生超高、焊瘤、烧穿等缺陷。此外，由于是单面焊，所以焊后易出现角变形。因此操作有一定难度。

1. 焊前准备

① 试件材料 Q235，300mm×100mm×12mm，两块；坡口形式如图 3-28 所示。

② 焊接材料 焊条 E4303（J422），75～150℃烘焙，保温 1～2h，随用随取。

③ 焊接设备　BX3-300 或 ZX7-400。

④ 焊前清理　清理试件坡口面与坡口正反面两侧各 20mm 范围内的油污、锈蚀、水分及其他污物，直至露出金属光泽。

⑤ 装配定位　始焊端装配间隙为 3.2mm，终焊端装配间隙为 4.0mm，错边量≤0.5mm；在距离试件两端 20mm 以内的坡口面内定位焊，焊缝长度 10～15mm，定位焊如图 3-29 所示；同时预制反变形 3°。

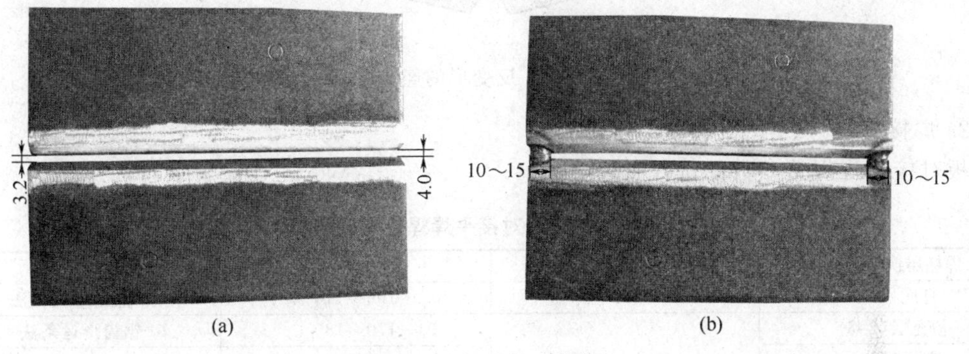

图 3-29　板试件定位焊

经验点滴

① 由于焊缝横向收缩随着焊接的进行越来越大，所以装配时终焊端间隙要大于始焊端，这样就可防止因焊缝收缩而造成后焊段间隙变窄影响施焊，甚至出现未焊透等缺陷。

② 预制反变形量的方法如下。

计算方法：预制反变形如图 3-30 所示，可利用公式 $\Delta = b\sin\theta$ 进行计算，当预留角度 $\theta = 3°$ 时，$\Delta = 100 \times \sin 3° = 5.23\text{mm}$，反变形大小的测量方法如图 3-31 所示。操作方法：将组对好的焊件用两手拿住其中一块钢板的两端，坡口面向下，轻轻磕打另一块，使两板向焊后角变形的相反方向折弯成一定的反变形量即可，如图 3-32 所示。

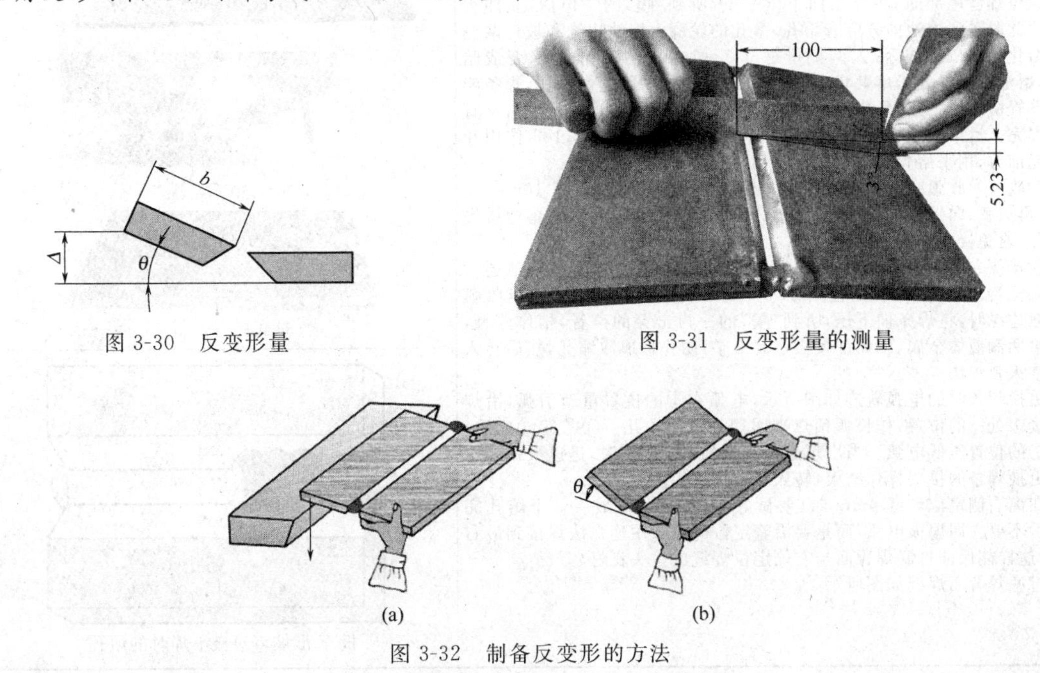

图 3-30　反变形量

图 3-31　反变形量的测量

图 3-32　制备反变形的方法

经验法：反变形量一般凭经验确定，用一水平尺搁在焊件两侧，保证中间的空隙能通过一根焊条（包括药皮）即可，如图 3-33 所示。如板宽度为 100mm 时，放置直径为 3.2mm 焊条；如板宽度为 125mm 时，放置直径为 4mm 焊条。

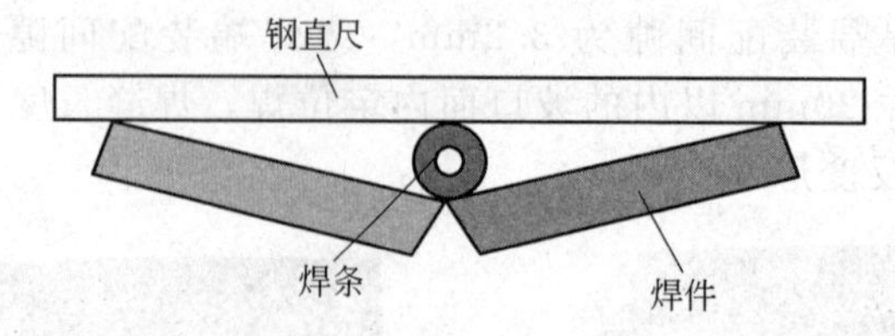

图 3-33 反变形的经验法

2. 焊接参数

板对接平焊焊接参数的选择见表 3-8。

表 3-8 板对接平焊焊接参数

焊接层次(焊道)	焊条直径/mm	焊接电流/A	运条方法
打底层(1)	3.2	100～110	单点击穿灭弧法
填充层(2、3)	4.0	170～180	锯齿形运条法
盖面层(4)		160～170	锯齿形运条法

3. 焊接过程

板材 V 形坡口对接平焊焊接过程见表 3-9。

表 3-9 板材 V 形坡口对接平焊焊接过程

操作步骤及要领	图示
(1)打底焊 打底焊的焊条角度如图所示，具体操作步骤如下： ①引弧　在始端的定位焊缝处引弧，并略抬高电弧稍作预热，运条至定位焊缝尾部时，将焊条向下压一下，听到"噗"的一声后，立即灭弧。此时看到熔池前方应有熔孔，熔孔的轮廓由熔池边缘和坡口两侧被熔化的缺口构成，深入两侧母材 0.5～1mm。当熔池边缘变成暗红，熔池中间仍处于熔融状态时，立即在熔池的中间引燃电弧，焊条略向下轻微地压一下，形成熔池，打开熔孔后立即灭弧，这样反复击穿直到焊完。运条间距要均匀准确，使电弧的 2/3 压住熔池，1/3 作用在熔池前方，用来熔化和击穿坡口根部形成熔池 ②收弧　收弧前，应在熔池前方做一个熔孔，然后回焊 10mm 左右，再灭弧；向熔池的根部送进 2～3 滴熔液，然后灭弧，以使熔池缓慢冷却，避免接头出现冷缩孔 ③接头　采用热接法，接头时换焊条的速度要快，在收弧熔池还没有完全冷却时，立即在熔池后 10～15mm 处引弧。当电弧移至收弧熔池边缘时，将焊条向下压，听到"噗"的一声击穿的声音，稍作停顿，再给两滴液体金属，以保证接头过渡平整，防止形成冷缩孔，然后转入正常灭弧焊法	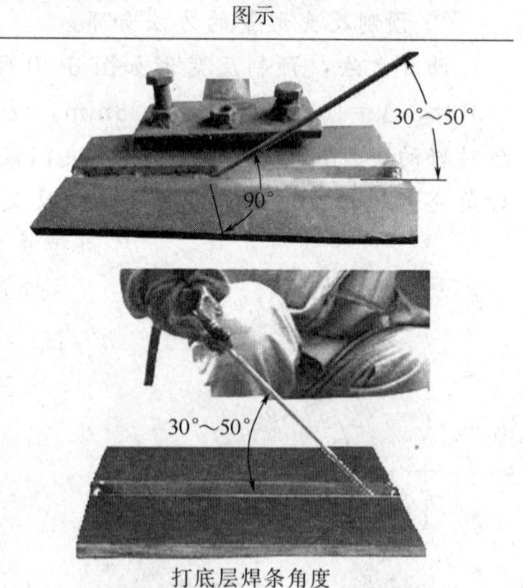 打底层焊条角度
更换焊条时的电弧轨迹如图所示，电弧在①的位置重新引弧，沿焊道接头处②的位置，作长弧预热来回摆动。摆动几下③④⑤⑥之后，在⑦的位置压低电弧。当出现熔孔并听到"噗噗"声时，迅速灭弧。这时更换焊条的接头操作结束，转入正常灭弧焊法 在离右侧定位焊缝 4mm 时，要做好收弧准备，待最后一个熔孔完成后不要立即熄灭电弧，而是要沿着定位焊缝采用连弧法焊接到最右端，这样能保证打底焊背面与右侧定位焊缝的接头良好 打底焊背面焊缝如图所示	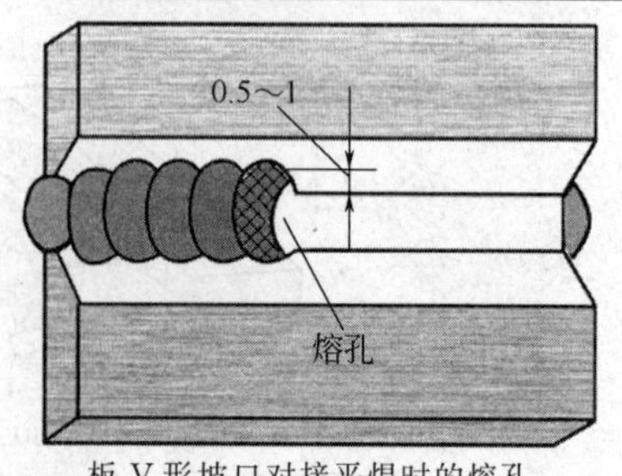 板 V 形坡口对接平焊时的熔孔

续表

操作步骤及要领	图示
(1)打底焊 打底焊的焊条角度如图所示，具体操作步骤如下： ①引弧　在始端的定位焊缝处引弧，并略抬高电弧稍作预热，运条至定位焊缝尾部时，将焊条向下压一下，听到“噗”的一声后，立即灭弧。此时看到熔池前方应有熔孔，熔孔的轮廓由熔池边缘和坡口两侧被熔化的缺口构成，深入两侧母材0.5～1mm。当熔池边缘变成暗红，熔池中间仍处于熔融状态时，立即在熔池的中间引燃电弧，焊条略向下轻微地压一下，形成熔池，打开熔孔后立即灭弧，这样反复击穿直到焊完。运条间距要均匀准确，使电弧的2/3压住熔池，1/3作用在熔池前方，用来熔化和击穿坡口根部形成熔池 ②收弧　收弧前，应在熔池前方做一个熔孔，然后回焊10mm左右，再灭弧；向熔池的根部送进2～3滴熔液，然后灭弧，以使熔池缓慢冷却，避免接头出现冷缩孔 ③接头　采用热接法，接头时换焊条的速度要快，在收弧熔池还没有完全冷却时，立即在熔池后10～15mm处引弧。当电弧移至收弧熔池边缘时，将焊条向下压，听到“噗”的一声击穿的声音，稍作停顿，再给两滴液体金属，以保证接头过渡平整，防止形成冷缩孔，然后转入正常灭弧焊法 更换焊条时的电弧轨迹如图所示，电弧在①的位置重新引弧，沿焊道接头处②的位置，作长弧预热来回摆动。摆动几下③④⑤⑥之后，在⑦的位置压低电弧。当出现熔孔并听到“噗噗”声时，迅速灭弧。这时更换焊条的接头操作结束，转入正常灭弧焊法 在离右侧定位焊缝4mm时，要做好收弧准备，待最后一个熔孔完成后不要立即熄灭电弧，而是要沿着定位焊缝采用连弧法焊接到最右端，这样能保证打底焊背面与右侧定位焊缝的接头良好 打底焊背面焊缝如图所示	更换焊条时的电弧轨迹  打底焊背面焊缝
(2)填充焊 填充层分两层进行焊接。填充焊前应对前一层焊缝仔细清渣，特别是和坡口面的夹角处更要清理干净。填充焊的运条方法为锯齿形运条法，焊条与试件的角度如图所示。填充焊时应注意以下几点： ①摆动到两侧坡口处应稍作停留，保证两侧有一定的熔深，并使填充焊道略向下凹 ②接头方法如图所示，焊缝接头应错开，每焊一层应改变焊接方向，从试件的另一端起焊，并采用锯齿形运条法，各层间熔渣要认真清理，并控制层间温度 ③最后一层的焊缝表面应低于母材约1.0～1.5mm，要注意不能熔化坡口两侧的棱边，最好呈凹形，以便于盖面焊时控制焊缝宽度和焊缝余高	 填充层(2)焊条和焊件的角度 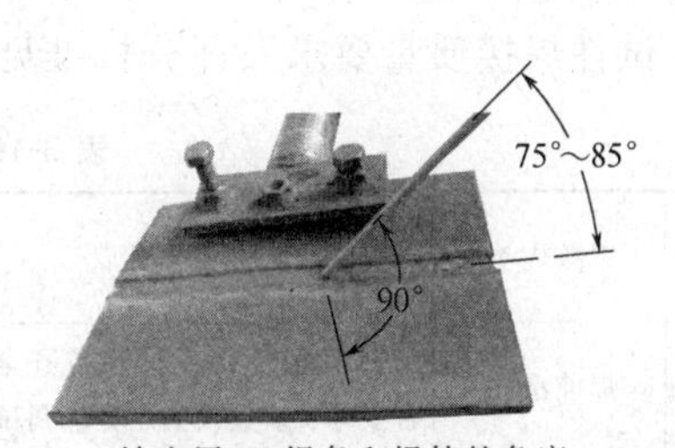 填充层(3)焊条和焊件的角度

续表

操作步骤及要领	图示
(2)填充焊 填充层分两层进行焊接。填充焊前应对前一层焊缝仔细清渣,特别是和坡口面的夹角处更要清理干净。填充焊的运条方法为锯齿形运条法,焊条与试件的角度如图所示。填充焊时应注意以下几点: ①摆动到两侧坡口处应稍作停留,保证两侧有一定的熔深,并使填充焊道略向下凹 ②接头方法如图所示,焊缝接头应错开,每焊一层应改变焊接方向,从试件的另一端起焊,并采用锯齿形运条法,各层间熔渣要认真清理,并控制层间温度 ③最后一层的焊缝表面应低于母材约 1.0～1.5mm,要注意不能熔化坡口两侧的棱边,最好呈凹形,以便于盖面焊时控制焊缝宽度和焊缝余高	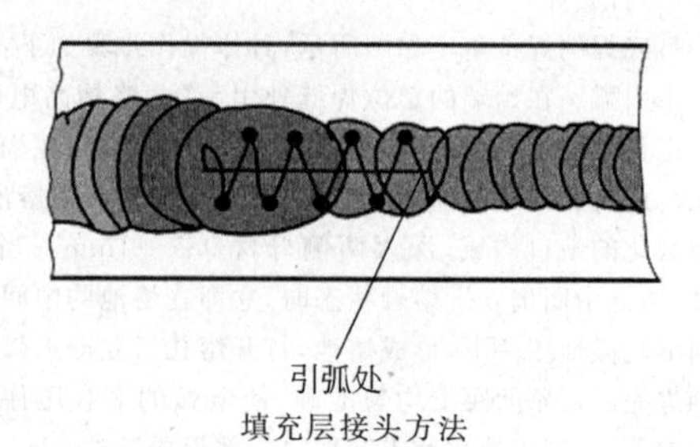 填充层接头方法
(3)盖面焊 盖面焊焊接电流应稍小一些,要使熔池形状和大小保持均匀一致,焊条与焊接方向夹角保持 75°～85°,如图所示。采用锯齿形运条法,焊条摆动到坡口边缘时应稍作停顿,以免产生咬边 更换焊条收弧时应对熔池稍填熔滴,迅速更换焊条,并在弧坑前 10mm 左右处引弧,然后将电弧退至弧坑的 2/3 处,填满弧坑后正常进行焊接。接头时应注意,若接头位置偏后,则接头部位焊缝过高;若偏前,则焊道脱节。焊接时应注意保证熔池边缘不得超过表面坡口棱边 2mm,否则,焊道超宽。盖面层的收弧采用画圈法和灭弧焊法,最后填满弧坑使焊缝平滑过渡,盖面焊焊缝如图所示	 盖面层焊条角度  盖面焊焊缝

4. 焊接质量要求

试件焊接质量要求及评分标准见表 3-10。

表 3-10 焊接质量要求及评分标准

序号	考核内容	考核要点	配分	评分标准	检测结果	扣分	得分
1	焊前准备	劳保着装及工具准备齐全,并符合要求,参数设置、设备调试正确	5	劳保着装不符合要求,参数设置、设备调试不正确有一项扣 1 分			
2	焊接操作	试件固定的空间位置符合要求	10	试件固定的空间位置超出规定范围不得分			

续表

序号	考核内容	考核要点	配分	评分标准	检测结果	扣分	得分
3	焊缝外观	焊缝表面不允许有焊瘤、气孔、夹渣	10	出现任何一种缺陷不得分			
		焊缝咬边深度≤0.5mm，两侧咬边总长不超过焊缝有效长度的15%	8	焊缝咬边深度≤0.5mm，累计长度每5mm扣1分，累计长度超过焊缝有效长度的15%不得分；咬边深度>0.5mm不得分			
		背面凹坑深度≤20%δ，且≤1mm，累计长度不超过焊缝有效长度的10%	8	背面凹坑深度≤20%δ，且≤1mm，累计长度每5mm扣1分，累计长度超过焊缝有效长度的10%不得分；背面凹坑深度>1mm不得分			
		焊缝余高0～3mm，余高差≤2mm；焊缝宽度比坡口每侧增宽0.5～2.5mm，宽度差≤3mm	10	每种尺寸超差一处扣2分			
		焊缝成形美观，纹理均匀、细密，高低、宽窄一致	6	焊缝平整，焊纹不均匀，扣2分；外观成形一般，焊缝平直，局部高低、宽窄不一致扣3分；焊缝弯曲，高低、宽窄明显不得分			
		错边≤10%δ	5	超差不得分			
		焊后角变形≤3°	3	超差不得分			
4	内部质量	X射线探伤	30	Ⅰ级不扣分，Ⅱ级扣10分，Ⅲ级及以下不得分			
5	其他	安全文明生产	5	设备、工具复位，试件、场地清理干净，有一处不符合要求扣1分			
6	定额	操作时间		超时停止操作			
合计			100				
否定项：焊缝表面存在裂纹、未熔合及烧穿缺陷；焊接操作时任意更改试件焊接位置；焊缝原始表面被破坏；焊接时间超出定额							

师傅答疑

问题1　什么是单面焊双面成形操作技术？

答：单面焊双面成形操作技术就是采用普通焊条，以特殊的操作方法，在坡口背面没有任何辅助措施的条件下，在坡口正面进行焊接，焊后保证坡口的正反面都能得到均匀、整齐、成形良好、符合质量要求的焊缝的一种焊接操作方法。

问题2　灭弧（断弧）法和连弧法各有何特点？

答：单面焊双面成形技术根据打底焊操作手法不同，有灭弧（断弧）法和连弧法两种。其原理与特点见表3-11。

表3-11　灭弧法和连弧法的原理及特点

操作方法	原理	特点
灭弧法	焊接过程中，通过控制电弧的燃烧和灭弧的时间以及运条动作来控制熔池形状、温度及熔池中液态金属厚度，以获得良好的背面成形和内部质量的一种操作方法	短弧操作，电弧引燃、熄灭的频率为45～55次/min；坡口间隙稍大，焊接电流范围较宽；对焊件的装配质量及焊接参数的要求较低；操作手法变化大，不容易掌握，很适用于焊工基本功的训练；多用于酸性焊条焊接
连弧法	焊接过程中，电弧连续燃烧不熄弧并作有规则的摆动，使熔滴均匀地过渡到熔池中，从而形成良好的背面焊缝的一种操作方法	短弧操作，电弧连续燃烧；坡口间隙较小，焊接电流较小；对焊件的装配质量和焊接参数有较严格的要求；操作简单，手法变化小，容易掌握；多用于碱性焊条焊接

经验点滴

1. 单面焊双面成形口诀——一弧两用、穿孔成形

单面焊双面成形的关键是打底焊。初学者或技能不高时，往往担心有装配间隙会导致焊穿或背面形成焊瘤，所以操作起来胆小，导致背面常常不会成形，造成未焊透缺陷。究其原因，是没有理解单面焊双面成形的本质——一弧两用、穿孔成形，即一个电弧两面用，1/3在背面燃烧，2/3在正面燃烧，电弧穿过熔孔在背面成形。为了保证背面能焊透，装配组对时都必须留有适当的间隙。根据不同的焊接位置和操作习惯，灭弧焊装配间隙在焊条直径的0.8～1.2倍的范围内选取，连弧焊则为焊芯直径的0.7～1.0倍。

2. 平焊单面焊双面成形操作口诀

“听看二字要记清，焊接规范要适中；短弧焊接是关键，电弧周期要缩短；焊接速度须均匀，熔池保持椭圆形；收弧弧坑要填满，给足铁水防缩孔。”

“听”是听电弧穿透声，当听到“噗噗”声时，说明电弧已击穿钝边形成熔池，这时应立即熄弧，否则熔孔过大甚至烧穿。“看”是看熔池温度和形状变化。熔池温度和形状决定着背面焊缝的宽度、余高及成形。熔池温度过高、熔孔过大，背面焊缝既高又宽不美观，而且容易烧穿。熔池温度过低、熔孔太小，往往焊根熔合不好，甚至未焊透。通常熔池呈椭圆形，熔过坡口两侧0.5～1mm为宜。

模块五　板对接横焊

学习目标及技能要求

能够正确选择板V形坡口对接横焊焊接参数及掌握V形坡口对接横焊单面焊双面成形的操作方法。

焊接试件图(图3-34)

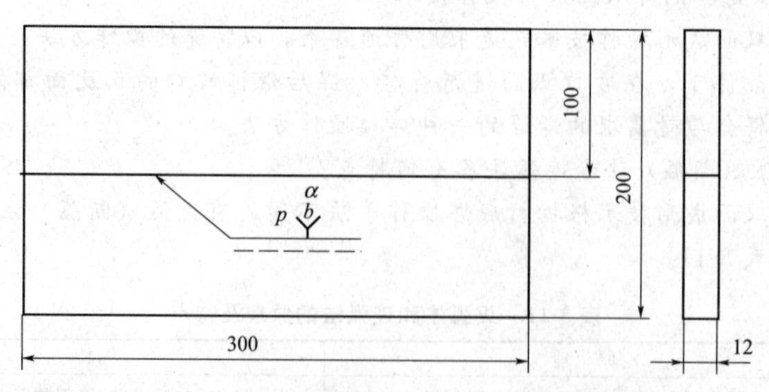

技术要求：
1. 单面焊双面成形。
2. 试件材料Q235。
3. 坡口角度60°，钝边、间隙、反变形自定。
4. 试件的空间位置符合横焊要求。

图3-34　板对接横焊试件图

工艺分析

横焊时，熔化金属在自重的作用下容易下淌，并且在焊缝上侧易出现咬边，下侧易出现下坠而造成未熔合和焊瘤等缺陷。所以，要采用小参数、短弧焊接。灭弧焊打底时，灭弧频率要适当，电弧在坡口根部停留时间要恰当。多道焊时，要根据焊道的不同位置调整合适的焊条角度。

1. 焊前准备

① 试件材料　Q235，300mm×100mm×12mm，两块，坡口形式如图 3-34 所示。

② 焊接材料　焊条 E4315，350～400℃烘焙，保温 1～2h，随用随取。

③ 焊接设备　ZX5-400 或 ZX7-400。

④ 焊前清理　清理试件坡口面与坡口正反面两侧各 20mm 范围内的油污、锈蚀、水分及其他污物，直至露出金属光泽。

⑤ 装配定位　始焊端装配间隙为 3.2mm，终焊端装配间隙为 4.0mm，错边量≤0.5mm。在试件坡口内距两端 20mm 之内定位焊，焊缝长度为 10～15mm，并将试件固定在焊接支架上，使焊接坡口处于水平位置。始焊端处于左侧，坡口上边缘与焊工视线平齐。预制反变形量为 5°～6°。

2. 焊接参数

板对接横焊焊接参数的选择见表 3-12。

表 3-12　板对接横焊焊接参数

焊接层次(焊道)	焊条直径/mm	焊接电流/A	运条方法
打底层:第一层(1)	3.2	80～90	单点击穿灭弧法
填充层: 第二层(2、3) 第三层(4、5、6)	4.0	140～160	直线形运条法
盖面层: 第四层(7、8、9、10)	4.0	130～150	直线形运条法

3. 焊接过程

板对接横焊焊接过程见表 3-13。

表 3-13　板对接横焊焊接过程

操作步骤及要领	图示
(1)打底焊 第一层打底焊采用单点击穿灭弧法，焊条角度如图所示。首先在定位焊前引弧，随后将电弧拉到定位焊点的尾部预热，当坡口钝边即将熔化时，将熔滴送至坡口根部，并压一下电弧，从而使熔化的部分定位焊缝和坡口钝边熔合成第一个熔池。当听到背面有电弧的击穿声时，立即灭弧，这时就形成明显的熔孔。当熔池边缘变成暗红，熔池中间仍处于熔融状态时，立即在熔池的中间引燃电弧，焊条略轻微地压一下，形成熔池后立即灭弧，这样依次反复击穿灭弧焊接。运条间距要均匀准确，使电弧的 2/3 压住熔池，1/3 作用在熔池前方，用来熔化和击穿坡口根部形成熔池 在更换焊条灭弧前，必须向背面补充几滴熔滴，以防止背面出现冷缩孔。然后将电弧拉到熔池的侧后方灭弧。接头时，在原熔池后面 10～15mm 处引弧，焊至接头处稍拉长电弧，借助电弧的吹力和热量重新击穿钝边，然后压低电弧并稍作停顿，形成新的熔池后，再转入正常的反复击穿焊接 打底焊焊缝如图所示	灭弧法运条轨迹 30°～40° 80°～90°

续表

<table>
<tr><th>操作步骤及要领</th><th>图示</th></tr>
<tr><td rowspan="3">(1)打底焊
第一层打底焊采用单点击穿灭弧法，焊条角度如图所示。首先在定位焊前引弧，随后将电弧拉到定位焊点的尾部预热，当坡口钝边即将熔化时，将熔滴送至坡口根部，并压一下电弧，从而使熔化的部分定位焊缝和坡口钝边熔合成第一个熔池。当听到背面有电弧的击穿声时，立即灭弧，这时就形成明显的熔孔。当熔池边缘变成暗红，熔池中间仍处于熔融状态时，立即在熔池的中间引燃电弧，焊条略轻微地压一下，形成熔池后立即灭弧，这样依次反复击穿灭弧焊接。运条间距要均匀准确，使电弧的 2/3 压住熔池，1/3 作用在熔池前方，用来熔化和击穿坡口根部形成熔池
在更换焊条灭弧前，必须向背面补充几滴熔滴，以防止背面出现冷缩孔。然后将电弧拉到熔池的侧后方灭弧。接头时，在原熔池后面 10～15mm 处引弧，焊至接头处稍拉长电弧，借助电弧的吹力和热量重新击穿钝边，然后压低电弧并稍作停顿，形成新的熔池后，再转入正常的反复击穿焊接
打底焊焊缝如图所示</td><td>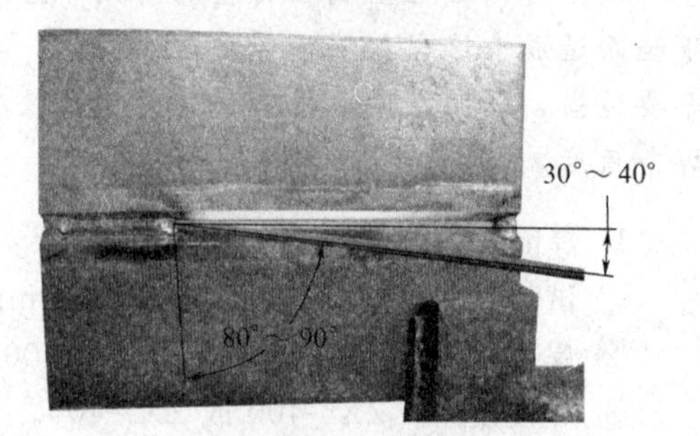

打底焊焊条角度</td></tr>
<tr><td>
打底焊背面焊缝</td></tr>
<tr><td>
打底焊正面焊缝</td></tr>
<tr><td>(2)填充焊
填充层的焊接采用两层焊，第一层分两道完成，第二层分三道完成。层次及焊道次序见表 3-12。每道焊道均采用直线形运条，焊条前倾角为 80°～85°，下倾角根据坡口上下侧与打底焊道间夹角处熔化情况调整（各焊道具体焊条角度如图所示），防止产生未焊透及夹渣等缺陷，并使上焊道覆盖下焊道 1/2～2/3，防止焊层过高或形成沟槽</td><td>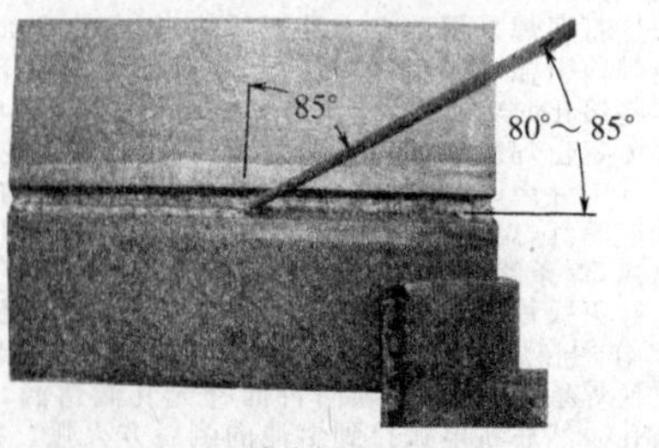

填充层(2)</td></tr>
</table>

续表

<table>
<tr><th>操作步骤及要领</th><th>图示</th></tr>
<tr><td rowspan="4">(2)填充焊
填充层的焊接采用两层焊，第一层分两道完成，第二层分三道完成。层次及焊道次序见表3-12。每道焊道均采用直线形运条，焊条前倾角为80°～85°，下倾角根据坡口上下侧与打底焊道间夹角处熔化情况调整(各焊道具体焊条角度如图所示)，防止产生未焊透及夹渣等缺陷，并使上焊道覆盖下焊道1/2～2/3，防止焊层过高或形成沟槽</td><td>

填充层(3)</td></tr>
<tr><td>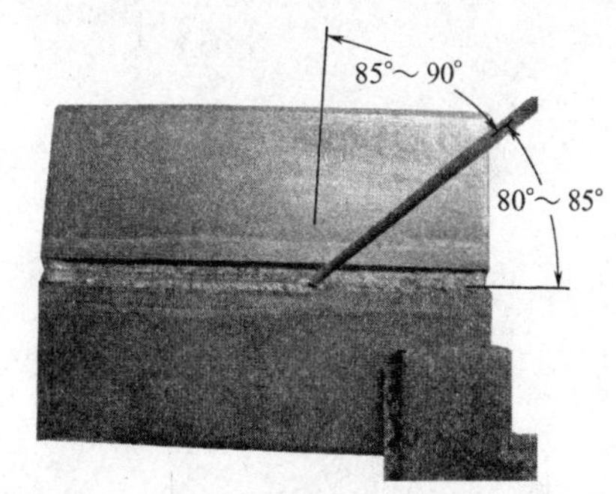

填充层(4)</td></tr>
<tr><td>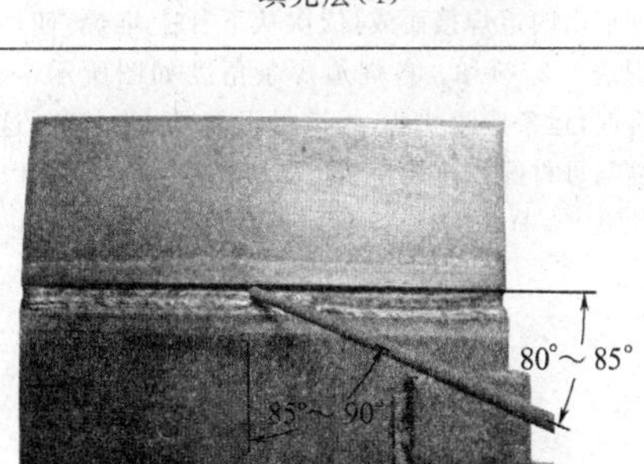

填充层(5)</td></tr>
<tr><td>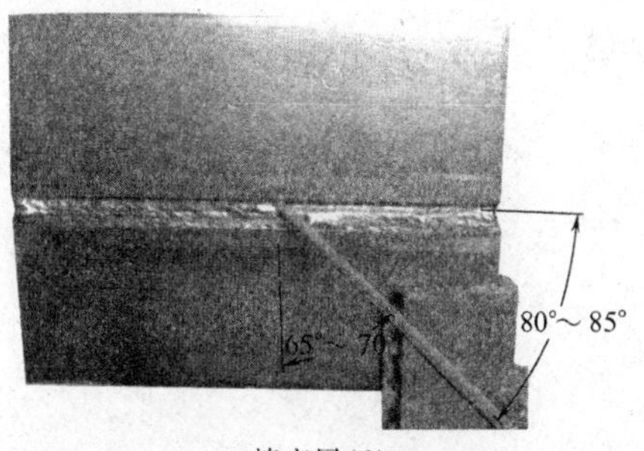

填充层(6)</td></tr>
</table>

续表

<table>
<tr><th>操作步骤及要领</th><th>图示</th></tr>
<tr><td rowspan="5">(3)盖面焊
盖面层由四道焊接而成，依次从下往上堆焊，使后一焊道覆盖前一焊道1/2～1/3。各焊道焊条角度如图所示。上、下边缘焊道施焊时，运条应稍快些，焊道尽可能细、薄一些，这样有利于盖面焊缝与母材圆滑过渡。盖面焊缝的实际宽度以上、下坡口边缘各熔化0.5～1mm为宜。盖面焊焊缝如图所示</td><td>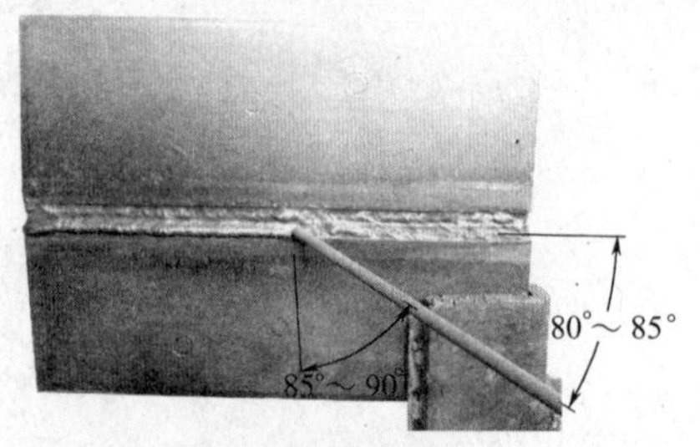

盖面层(7)</td></tr>
<tr><td>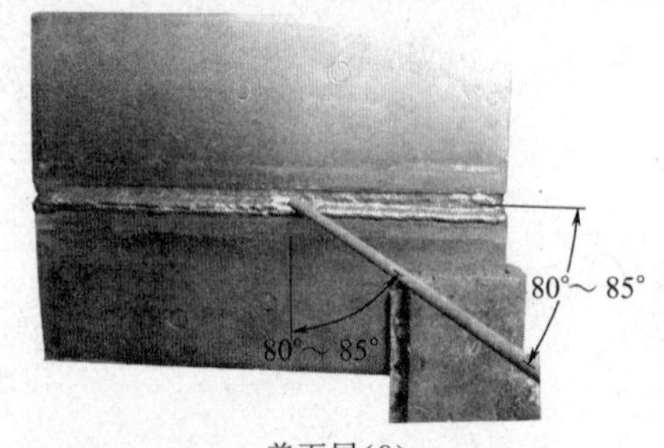

盖面层(8)</td></tr>
<tr><td>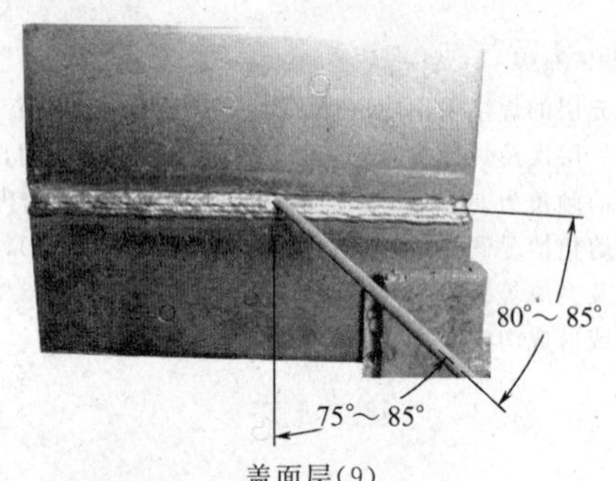

盖面层(9)</td></tr>
<tr><td>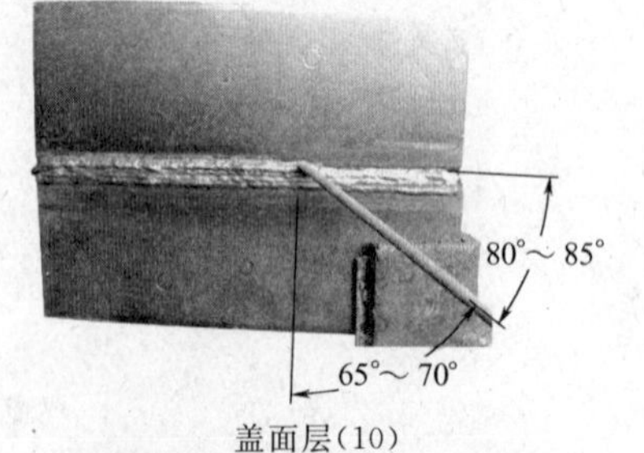

盖面层(10)</td></tr>
<tr><td>
盖面焊焊缝</td></tr>
</table>

4. 焊接质量要求

试件焊接质量要求及评分标准见表3-10。

教师答疑

问题1 对接横焊的打底层操作有哪些技巧？

答：打底层可采用灭弧焊法，每次焊条的落点都要在原熔池的前沿端部（不同于平、立焊打底焊在熔池的1/2或2/3处），有利于熔渣分流到坡口正、反面，既可以保护前、后熔池，又减少正面过多熔渣的堆积以避免夹渣缺陷。

每次向熔池送入的液态金属要少，送入熔滴的时间为0.5～1s，熄弧间断频率要快，在1～1.5s的范围内，焊成的焊道要薄，焊道厚度约为3mm。

问题2 为什么盖面层的多道焊过程中不敲渣？

答：盖面层多道焊时，每道焊道焊后不宜马上敲渣，待盖面焊缝形成之后，一起除渣，这样有利于盖面焊缝的成形及保持表面的金属光泽。

问题3 盖面层的多道焊要注意哪些问题？

答：每条焊道之间的搭接要适宜，避免脱节、重叠过多、夹渣及焊瘤等缺陷。焊接过程中，保持熔渣对熔池的保护作用，防止熔池裸露而出现粗糙的焊缝波纹。

模块六 板对接立焊

学习目标及技能要求

能够正确选择板V形坡口对接立焊焊接参数及掌握V形坡口对接立焊单面焊双面成形操作方法。

焊接试件图（图3-35）

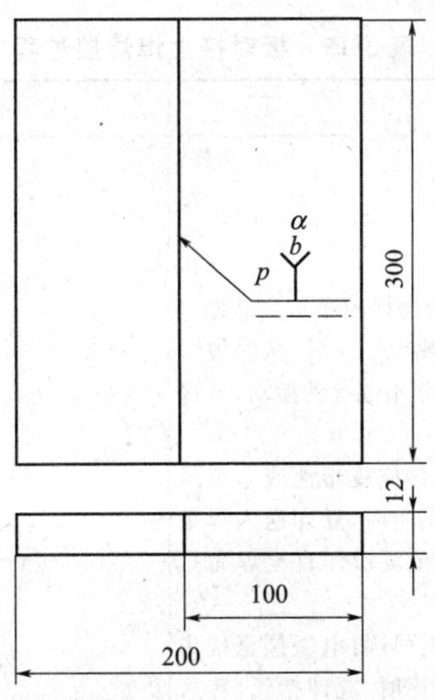

技术要求：
1. 单面焊双面成形。
2. 试件材料Q235。
3. 坡口角度60°，钝边、间隙、反变形自定。
4. 试件的空间位置符合立焊要求。

图3-35 板对接立焊试件图

工艺分析

V形坡口对接立焊时，由于受重力影响，熔池金属容易下淌，所以要控制好熔池大小，此外为避免打底焊缝形成“凸”形，在坡口与焊道间形成夹角，产生夹渣及影响填充与盖面层焊接，焊条运到坡口两侧时必须适当停留，以保证坡口两侧熔合良好。

1. 焊前准备

① 试件材料　Q235，300mm×100mm×12mm，两块，坡口形式如图 3-35 所示。

② 焊接材料　焊条 E4303，直径 3.2mm 或 4mm。

③ 焊接设备　BX3-300 或 ZX7-400。

④ 焊前清理　清理试件坡口面与坡口正反面两侧各 20mm 范围内的油污、锈蚀、水分及其他污物，直至露出金属光泽。

⑤ 装配定位　始焊端装配间隙为 3.2mm，终焊端装配间隙为 4.0mm，错边量≤0.5mm；在试件坡口面内距两端 20mm 之内进行，焊缝长度为 10～15mm，并将试件固定在焊接夹具上；预制反变形量为 3°～4°。

2. 焊接参数

板对接立焊焊接参数的选择见表 3-14。

表 3-14　板对接立焊焊接参数

焊接层次(焊道)	焊条直径/mm	焊接电流/A	运条方法
打底层(1)	3.2	100～120	单点击穿灭弧法
填充层(2、3)	3.2	110～130	反月牙形运条法
盖面层(4)	3.2	100～120	锯齿形运条法

3. 焊接过程

板对接立焊焊接过程见表 3-15。

表 3-15　板对接立焊焊接过程

操作步骤及要领	图示
(1)打底焊 采用灭弧法进行打底焊，打底焊时焊条角度如图所示。电弧引燃后迅速将电弧拉至定位焊缝上，长弧预热 2～3s 后，压向坡口根部，当听到击穿声后，即向坡口根部两侧作小幅度的摆动，形成第一个熔孔，坡口根部两边熔化 0.5～1mm 当第一个熔孔形成后，立即熄弧，熄弧试件应视熔池液态金属凝固的状态而定，当液态金属的颜色由亮变暗时，立即送入焊条施焊约 0.8s，进而形成第二个熔池。依次重复操作直至焊完打底焊道 换焊条接头时，在熔孔上方 10mm 位置引弧，将电弧拉至接头处稍加预热，迅速压向熔孔，当听到“噗噗”声时，立即抬弧，转入正常灭弧打底焊 打底焊焊缝背面如图所示	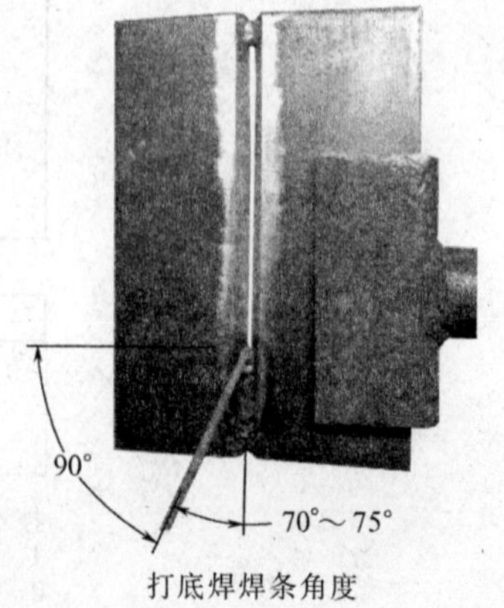 打底焊焊条角度

续表

操作步骤及要领	图示 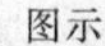
(1)打底焊 采用灭弧法进行打底焊,打底焊时焊条角度如图所示。电弧引燃后迅速将电弧拉至定位焊缝上,长弧预热 2～3s 后,压向坡口根部,当听到击穿声后,即向坡口根部两侧作小幅度的摆动,形成第一个熔孔,坡口根部两边熔化 0.5～1mm 当第一个熔孔形成后,立即熄弧,熄弧试件应视熔池液态金属凝固的状态而定,当液态金属的颜色由亮变暗时,立即送入焊条施焊约 0.8s,进而形成第二个熔池。依次重复操作直至焊完打底焊道 换焊条接头时,在熔孔上方 10mm 位置引弧,将电弧拉至接头处稍加预热,迅速压向熔孔,当听到"噗噗"声时,立即抬弧,转入正常灭弧打底焊 打底焊焊缝背面如图所示	 打底焊背面焊缝
(2)填充焊 填充焊时,应对打底层焊道的熔渣及飞溅物仔细清理,并特别注意打底焊缝和坡口面处的死角的焊渣清理 填充层焊条角度如图所示 填充焊时,在距离焊缝始端 10mm 处引弧后,将电弧拉回到始焊端,为了防止填充层形成凸形焊缝,采用反月牙形运条法横向摆动运条进行施焊。每次都应按此法操作,并注意焊缝两边的停留时间,避免焊道两边出现未熔合 最后一层填充层的厚度,应使其比母材表面低 1～1.5mm,且应呈凹形,不得熔化坡口棱边,以利于盖面层良好成形	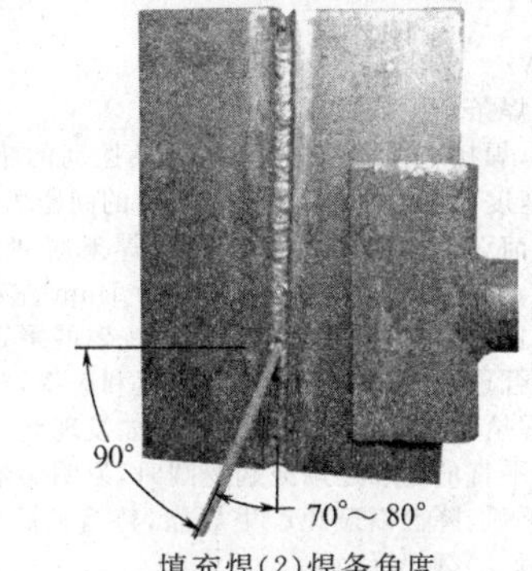 填充焊(2)焊条角度 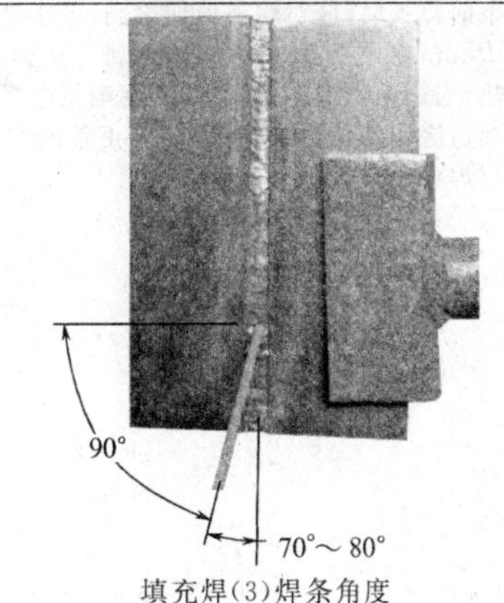 填充焊(3)焊条角度 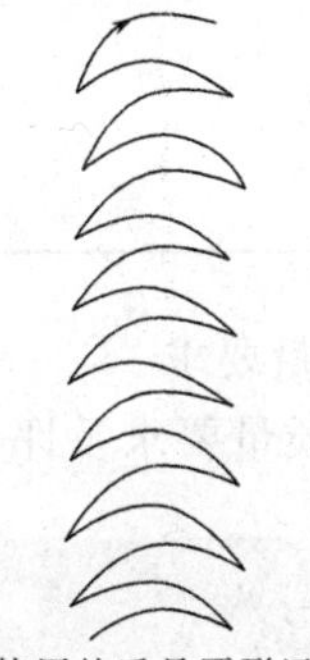 填充焊使用的反月牙形运条方法

续表

<table>
<tr><th>操作步骤及要领</th><th>图示</th></tr>
<tr><td rowspan="3">(3)盖面焊
盖面焊时焊条角度如图所示
盖面焊时，焊接电弧要控制短些，焊条摆动的幅度比填充焊时大些，运条速度要均匀一致，向上运条时的间距力求相等，使每个新熔池覆盖前一个熔池的 2/3～3/4。焊条摆动到坡口边缘时，要稍作停留，始终控制电弧熔化棱边为 1mm 左右，保持熔池对坡口边缘的良好熔合，可有效获得宽度一致的平直焊缝
焊接时要合理地运用焊条的摆动幅度和频率，并控制焊条上移的速度，掌握熔池温度和形状的变化。如发现椭圆形熔池的下部边缘由比较平直的轮廓逐渐鼓起变圆时，说明熔池温度稍高或过高，应立即灭弧、降温以避免产生焊瘤，待熔池瞬时冷却后，在熔池处重新引弧继续焊接
更换焊条前收弧时，应对熔池填加熔滴，迅速更换焊条后，再在弧坑上方 10mm 左右的填充层焊缝金属上引弧，并拉至原弧坑处稍加预热，当熔池出现熔化状态时，逐渐将电弧压向弧坑，使新形成的熔池边缘与弧坑边缘吻合，转入正常的锯齿形运条，直至完成盖面层焊接</td><td>
盖面焊焊条角度</td></tr>
<tr><td>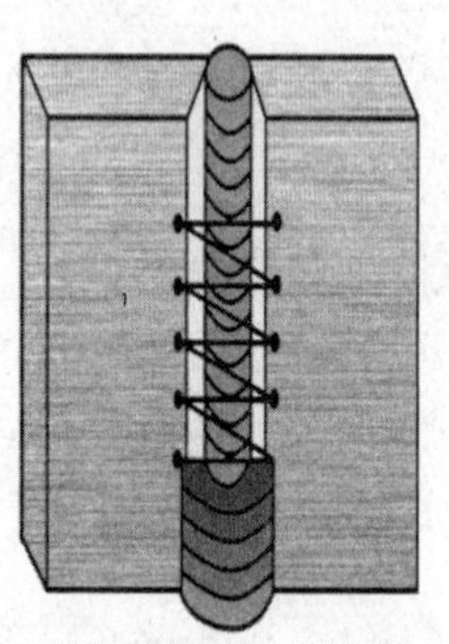
锯齿形摆动两边停留</td></tr>
<tr><td>
盖面焊焊缝</td></tr>
</table>

4. 焊接质量要求

试件焊接质量要求及评分标准见表 3-10。

教师答疑

问题　板 V 形坡口对接立焊，如何用连弧法打底？

答：在试件定位焊上引弧，下拉至定位焊下端后，以小锯齿形向上摆动预热至定位焊上端，这时焊条角度调整为 90°～105°，迅速压低电弧，稍作停顿，击穿钝边形成熔孔。然后焊条角度调整为 75°～85°，采用锯齿形运条法，做到摆动幅度、上移尺寸大小相等，摆到坡口两侧时稍作停顿，保证后一个熔池覆盖前一个熔池 2/3，如此反复直至焊完整条焊缝。

焊接过程中要注意观察、控制熔孔大小一致，熔池形状相同，使正反两面焊缝高低宽窄一致。一根焊条即将用完时，将电弧向左或右坡口面下方移动 10～15mm 并逐渐抬高电弧以降低冷却速度，待熔池变小时迅速拉断电弧。碱性焊条连弧焊打底引弧、运条、焊条角度如图 3-36 所示。

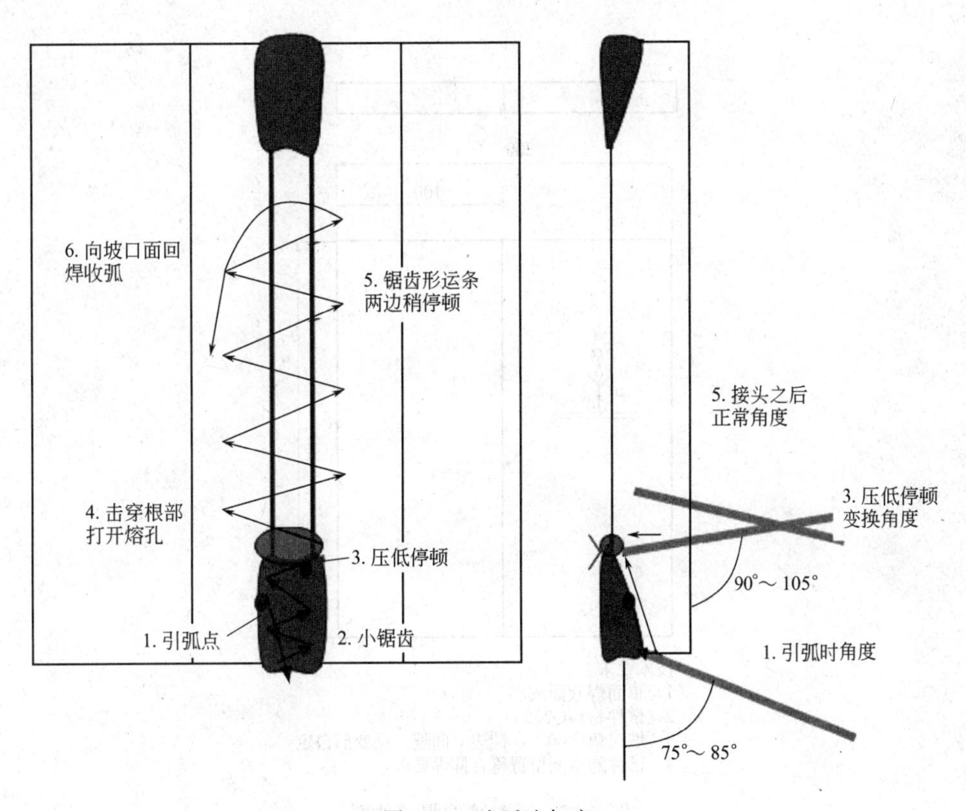

图 3-36 连弧法打底

经验点滴

① 施焊时，焊接电弧要控制短些，焊条摆动的频率应比平焊时稍快些，运条速度要均匀一致，向上运条时的间距力求相等，使每个新熔池覆盖前一个熔池的 2/3～3/4。焊条摆动到坡口边缘时，要稍作停留，始终控制电弧熔化棱边 1mm 左右。这样可有效地获得宽窄一致的平直焊缝。

② 在每层焊道焊接过程中，焊条角度要基本保持一致，才能获得均匀一致的焊道波纹。但是操作者往往在更换焊条之后或焊至焊道上部手臂伸长时，焊条角度或运条节奏发生变化，这会影响焊道成形。

③ 立焊口诀：“熔池尺寸要适当，熔渣铁水要分清；熄弧铁水要给足，防止背面出缩孔；运条动作要灵活，接头要听电弧声；坡口两侧熔合好，防止缺陷保成形。”

模块七　板对接仰焊

学习目标及技能要求

能够正确选择板V形坡口对接仰焊焊接参数及掌握V形坡口对接仰焊单面焊双面成形的操作方法。

焊接试件图（图3-37）

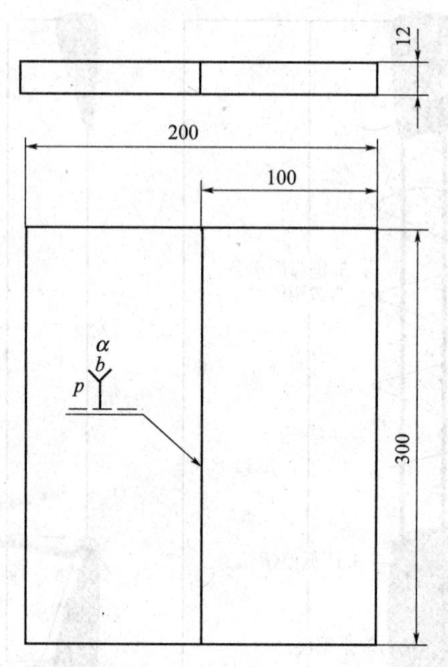

图3-37　板对接仰焊试件图

工艺分析

仰焊是各种焊接位置中操作难度最大的焊接位置。由于熔池倒悬在焊件下面，受重力作用而下坠，所以仰焊时焊缝背面易产生凹陷，正面易出现焊瘤，焊缝成形较为困难。所以仰焊除采用短弧、小的焊接参数外，操作时可借助电弧吹力作用将熔滴往上“顶”。

1. 焊前准备

① 试件材料　Q235，300mm×100mm×12mm，两块，坡口形式如图3-37所示。

② 焊接材料　焊条E4303，75～150℃烘焙，恒温1～2h，随用随取。

③ 焊接设备　BX3-300或ZX7-400。

④ 焊前清理　清理试件坡口面及坡口正反面两侧各20mm范围内的油污、锈蚀、水分及其他污物，直至露出金属光泽。

⑤ 装配定位　始焊端装配间隙为 3.2mm，终焊端装配间隙为 4.0mm；错边量≤0.5mm；在试件反面距两端 20mm 处定位焊，焊缝长度为 10～15mm，并将试件固定在焊接支架上；预制反变形量为 3°～4°。

2. 焊接参数

板对接仰焊焊接参数的选择见表 3-16。

表 3-16　板对接仰焊焊接参数

焊接层次(焊道)	焊条直径/mm	焊接电流/A	运条方法
打底层(1)	3.2	100～110	单点击穿灭弧法
填充层(2、3)	3.2	110～120	锯齿形运条法
盖面层(4)	3.2	105～115	锯齿形运条法

3. 焊接过程

板对接仰焊焊接过程见表 3-17。

表 3-17　板对接仰焊焊接过程

操作步骤及要领	图示
(1)打底焊 将焊件固定在距离地面 800～900mm 的高度。焊条角度如图所示 打底焊时，在定位焊缝处引弧，然后焊条在始焊部位坡口内快速横向摆动，当焊至定位焊缝尾部时，稍作预热后将焊条向上顶一下，听到"噗噗"声时，表明坡口根部已被熔透，第一个熔池已形成，并在熔池前方形成向坡口两侧各深入 0.5～1mm 的熔孔，然后焊条向斜下方灭弧。为控制熔池温度，要观察熔池颜色，当颜色由明稍变暗时，再重新燃弧形成熔孔后再熄弧，如此不断地使每一个形成的新熔池覆盖前一熔池的 1/2～2/3 焊接过程中，灭弧与接弧时间要短，灭弧频率为 40～50 次/min，每次接弧位置要准确，焊条中心对准熔池前端与母材的交界处 更换焊条前，应在熔池前方做一熔孔，然后回带约 10mm 再熄弧，并使其形成斜坡。迅速更换焊条后，在弧坑后面 10～15mm 坡口内的斜坡上引弧，此时不灭电弧运条到弧坑根部时，在收弧时形成的熔孔的前方边沿向上顶一下，听到"噗噗"声后稍作停顿，在熔池中部斜下方灭弧，随即恢复原来的灭弧手法焊接 打底焊焊缝背面如图所示	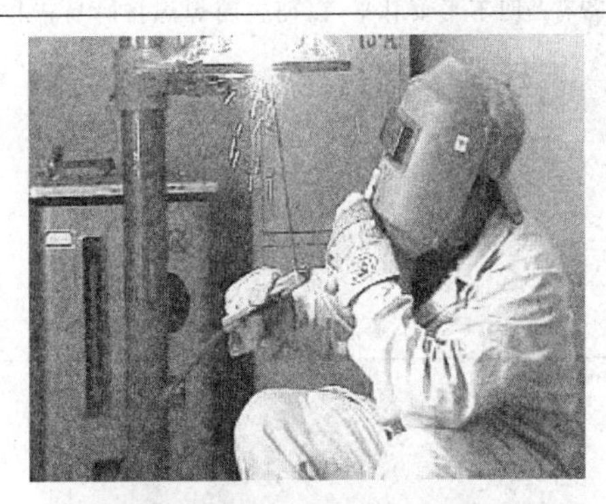 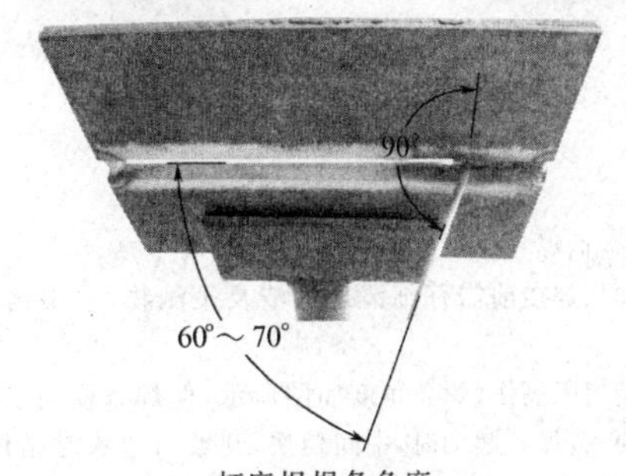 打底焊焊条角度  打底焊焊缝背面

续表

<table>
<tr><th>操作步骤及要领</th><th>图示</th></tr>
<tr><td rowspan="2">(2)填充焊
填充焊前,应将打底层熔渣、飞溅物彻底清除干净,焊瘤应铲平或用电弧割掉,在距离试件始端 10mm 左右处引弧,然后将电弧拉回起始端施焊(每次接头都应如此)。采用短弧锯齿形运条法施焊,焊条角度如图所示。当运条至坡口两侧时应稍停、稳弧,中间摆动速度要尽量快,以形成较平的焊道,保证让熔池呈椭圆形,大小一致,防止形成凸形焊道
第二道填充焊时,要注意不得熔化坡口边缘,并且通过运条控制形成中间凹形的焊道。填充层焊完应比焊件表面低 1mm 左右,若有凸凹不平要补平,以便盖面焊焊接时易于控制焊缝的成形</td><td>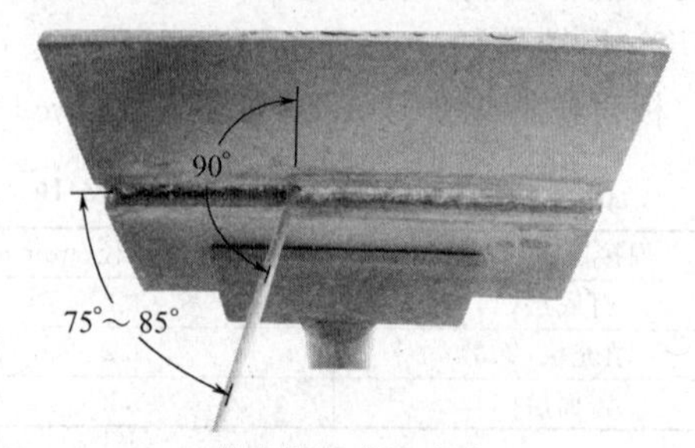

填充焊(2)焊条角度</td></tr>
<tr><td>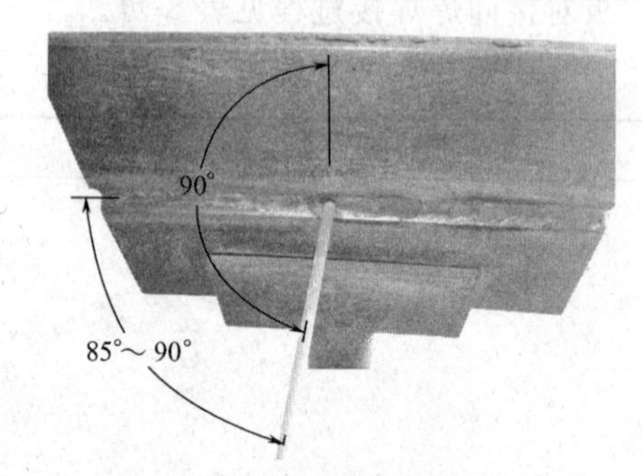

填充焊(3)焊条角度</td></tr>
<tr><td rowspan="2">(3)盖面焊
盖面层焊接前需仔细清理熔渣及飞溅物,采用锯齿形运条法运条
采用短弧操作,焊条角度如图所示,但焊条横向摆动幅度比填充层要大,焊条摆动时,中间稍快,到坡口边缘时稍作停顿,以坡口两侧熔化 1～1.5mm 为准,防止咬边,中间稍快的目的是避免表面产生焊瘤。盖面层焊缝如图所示
更换焊条时采用热接法。更换焊条前,应对熔池填充几滴熔滴金属,迅速更换焊条后,在弧坑前 10mm 左右处引弧,再把电弧拉到弧坑处划一小圆圈,使弧坑重新熔化,随后转入正常焊接</td><td>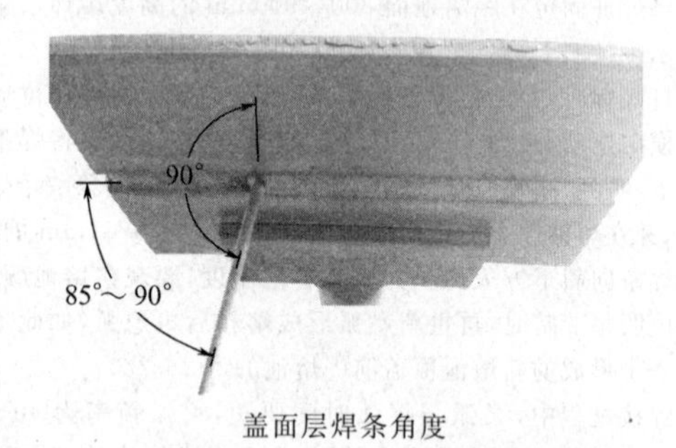

盖面层焊条角度</td></tr>
<tr><td>
盖面层焊缝</td></tr>
</table>

4. 焊接质量要求

试件焊接质量要求及评分标准见表 3-18。

表 3-18 焊接质量要求及评分标准

序号	考核内容	考核要点	配分	评分标准	检测结果	扣分	得分
1	焊前准备	劳保着装及工具准备齐全,并符合要求,参数设置、设备调试正确	5	劳保着装及工具准备不符合要求,参数设置、设备调试不正确有一项扣 1 分			
2	焊接操作	试件固定的空间位置符合要求	10	试件固定的空间位置超出规定范围不得分			
3	焊缝外观	焊缝表面不允许有焊瘤、气孔、夹渣	10	出现任何一种缺陷不得分			
		焊缝咬边深度≤0.5mm,两侧咬边总长不超过焊缝有效长度的15%	8	焊缝咬边深度≤0.5mm,累计长度每 5mm 扣 1 分,累计长度超过焊缝有效长度的 15%不得分;咬边深度>0.5mm 不得分			
		背面凹坑深度≤25%δ,且≤1mm	8	背面凹坑深度≤25%δ,且≤1mm,累计长度每 10mm 扣 1 分;背面凹坑深度>1mm 不得分			
		正面焊缝余高 0～3mm,余高差≤2mm;焊缝宽度比坡口每侧增宽 0.5～2.5mm,宽度差≤3mm	10	每种尺寸超差一处扣 2 分			
		焊缝成形美观,纹理均匀、细密,高低、宽窄一致	6	焊缝平整,焊纹不均匀,扣 2 分;外观成形一般,焊缝平直,局部高低、宽窄不一致扣 3 分;焊缝弯曲,高、低宽窄明显不得分			
		错边≤10%δ	5	超差不得分			
		焊后角变形≤3°	3	超差不得分			
4	内部质量	X 射线探伤	30	Ⅰ级不扣分,Ⅱ级扣 10 分,Ⅲ级扣 20 分,Ⅳ级不得分			
5	其他	安全文明生产	5	设备、工具复位,试件、场地清理干净,有一处不符合要求扣 1 分			
6	定额	操作时间		超时停止操作			
	合计		100				

否定项:焊缝表面存在裂纹、未熔合及烧穿缺陷;焊接操作时任意更改试件焊接位置;焊缝原始表面被破坏;焊接时间超出定额

师傅答疑

问题 1 仰焊打底层有哪些操作要点?

答:① 采用短弧施焊,利用电弧吹力把熔化金属托住,并将部分熔化金属送到焊件背面。

② 新熔池应覆盖前一熔池的 1/2～2/3,并适当加快焊接速度,以减少熔池面积和形成薄焊道,从而达到减轻焊缝金属自重的目的。

③ 焊层表面要平整,避免下凸,否则将给下一层焊接带来困难,并易产生夹渣、未熔合等缺陷。

问题 2 仰焊底层如何接头?

答:仰焊底层接头可采用热接法和冷接法。

① 热接法时，在弧坑后面10mm的坡口内引弧，当运条到弧坑根部时，应缩小焊条与焊接方向的夹角，同时将焊条顺着熔孔向坡口上部顶一下，听到“噗噗”声后稍停，再恢复正常手法焊接。热接法更换焊条动作越快越好。

② 冷接法时，在弧坑冷却后，用砂轮或锉刀对收弧处修一个10～15mm的斜坡，在斜坡上引弧并长弧预热，使弧坑温度逐步升高，然后将焊条顺着熔孔迅速上顶，听到“噗噗”声后，稍作停顿，在熔池中部斜下方灭弧，随即恢复正常手法焊接。

问题3　为什么仰焊操作要特别注意安全？

答：仰焊是指所焊部位处于焊件下方，焊工仰视焊件进行的焊接，所以仰焊时熔滴在重力作用下飞溅极易灼伤人体，所以要十分注意劳动保护用品的穿戴，注意防止灼伤等事故发生。仰焊时一般采用反握焊钳进行操作，若采用正握焊钳，熔滴和熔渣很容易将握焊钳的手烧伤。

经验点滴

① 仰焊操作多为蹲姿或坐姿，反握焊钳，头部左倾注视焊接部位。操作时，焊条的摆动要用手腕的作用，且随焊条的熔化胳臂要逐渐上举并向前方移动，极易疲劳，一旦臂力不支，身手就会松弛，导致运条不均匀、不稳定，影响焊接质量。为减轻胳臂的负担，往往将焊接电缆搭在临时设置的挂钩上，以减小焊接电缆的坠力。

② 仰焊的单面焊双面成形的关键就是一个“顶”字。即仰焊引弧后，迅速给焊条一个向上的顶力，压低电弧熔化钝边，既保证坡口填满铁水以防背面塌腰，又防止正面铁水下淌形成焊瘤。

模块八　管对接水平固定焊

学习目标及技能要求

能正确选择管对接水平固定焊焊接参数及掌握管对接水平固定焊焊接操作技术。

焊接试件图（图3-38）

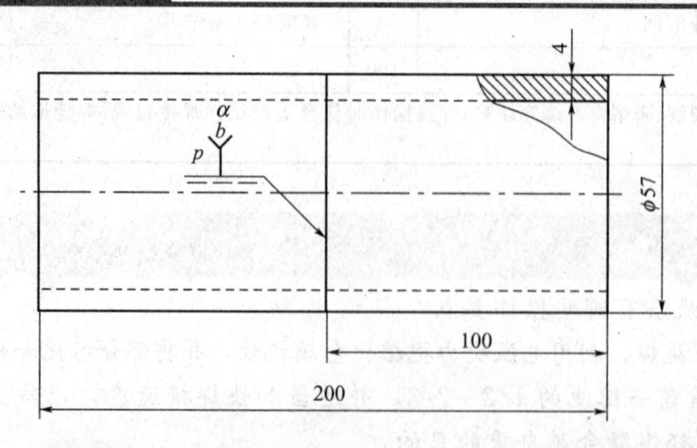

技术要求：
1．单面焊双面成形。
2．试件材料20。
3．坡口角度60°，钝边、间隙自定。
4．试件的空间位置符合管对接水平固定焊要求。

图3-38　管对接水平固定焊试件图

工艺分析

管对接水平固定焊要经历仰、立、平焊等几种位置，也称全位置焊。由于焊缝是环形的，焊接过程中要随焊缝空间位置的变化而相应地调整焊条角度，才能保证正常操作，因此焊接时有一定难度。在仰位容易出现夹渣、未熔合和焊瘤等缺陷，在平位容易产生下凹，管内往往成形不均匀或形成焊瘤。焊接过程分两个半周完成。

1. 焊前准备

① 试件材料 20钢管，ϕ57mm×100mm×4mm，两段。坡口形式如图3-38所示。

② 焊接材料 焊条E4303，直径2.5mm、100～150℃烘焙，保温1～2h，随用随取。

③ 焊接设备 BX3-300或ZX5-400。

④ 焊前清理 清理坡口及其两侧内（内表面使用内磨机清理）、外表面各20mm范围内的油污、锈蚀、水分及其他污物，直至露出金属光泽。

⑤ 装配定位 在试件上半部时钟10点和2点的位置进行定位焊，焊缝长度约10mm，控制装配间隙为1.5～2.0mm，即上部（平焊位）为2.0mm，下部（仰焊位）为1.5mm，如图3-39所示。

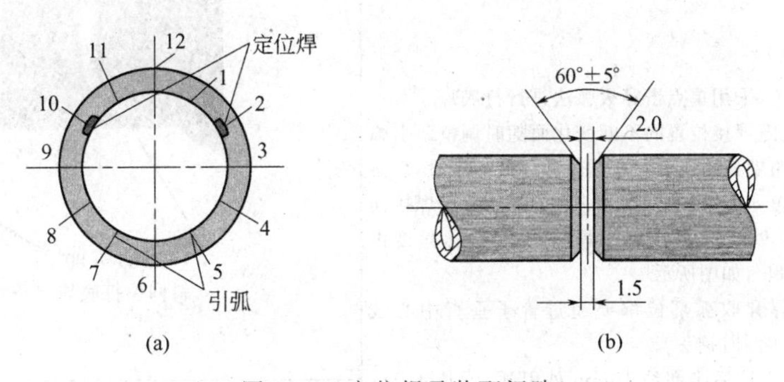

图3-39 定位焊及装配间隙

2. 焊接参数

管对接水平固定焊焊接参数的选择见表3-19。

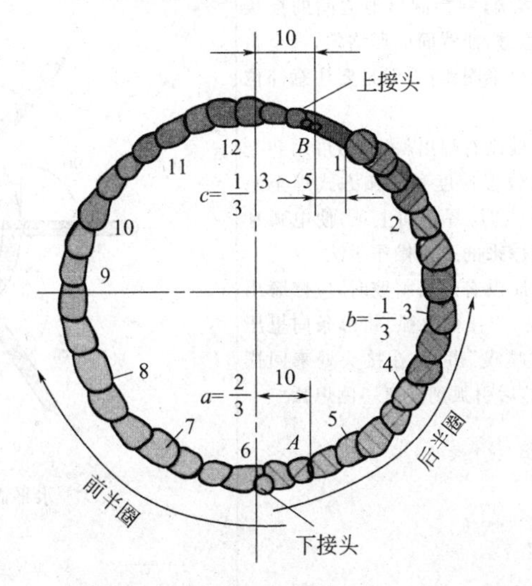

图3-40 水平固定管的焊接顺序

表 3-19 管对接水平固定焊焊接参数

焊接层次(焊道)	焊条直径/mm	焊接电流/A	运条方法
打底层(1)	2.5	75～85	单点击穿灭弧法
盖面层(2)	2.5	70～80	锯齿形或月牙形运条法

3. 焊接过程

水平固定管的焊接常从管子仰位开始分两半周焊接。为便于叙述，将试件按时钟面分成两个相同的半周进行焊接，如图 3-40 所示。先按顺时针方向焊前半周，称为前半圈；后按逆时针方向焊后半周，称为后半圈。

管对接水平固定焊焊接过程见表 3-20。

表 3-20 管对接水平固定焊焊接过程

<table>
<tr><th>操作步骤及要领</th><th>图示</th></tr>
<tr><td rowspan="2">(1)打底焊
为了使坡口根部焊透,采用单点击穿灭弧法进行打底焊
焊接时,焊条角度应随焊接位置的不断变化而随时调整。引弧的斜仰位打底焊焊条角度如图所示。在仰焊和斜仰焊区段,焊条与管子切线的夹角应由 80°～85°变化为 100°～105°,随着焊接向上进行,在立焊区段为 90°。当焊至斜平焊和平焊区段,角度由 85°～90°变化为 80°～85°,如图所示
先焊前半圈时,起焊和收弧部位都要超过管子垂直中心线 10mm,以便于焊接后半圈时接头
前半圈焊接从仰位靠近后半圈约 10mm 处引弧,预热 1.5～2s,使坡口两侧接近熔化状态,立即压低电弧,使弧柱透过内壁熔化并击穿坡口根部,听到背面电弧的击穿声,立即熄弧,形成第一个熔池。当熔池降温,颜色变暗时,再压低电弧向上顶,形成第二个熔池,如此反复均匀地点射送进熔滴,并控制熔池之间的搭接量,向前施焊。这样逐步地将钝边熔透,使背面成形均匀,直至将前半圈焊完。后半圈的操作方法与前半圈相似,但是要注意仰位和平位的两处接头
①仰焊位(下方)的接头。当接头处没有焊出斜坡时,可用磨光机打磨成斜坡,从 6 点处引弧时,以较慢速度和连弧方式焊至 A 点,把斜坡焊满,当焊至接头末端 A 点时,焊条向上顶,使电弧穿透坡口根部,并有"噗噗"声后,恢复原来的正常操作手法
②平焊位(上方)的接头。当前半圈没有焊出斜坡时,应修磨出斜坡。当运条到距 B 点 3～5mm 时,应压低电弧,将焊条向里压一下,听到电弧穿透坡口根部发出"噗噗"声后,在接头处来回摆动几下,保证充分熔合,填满弧坑,然后引弧到坡口一侧熄弧</td><td>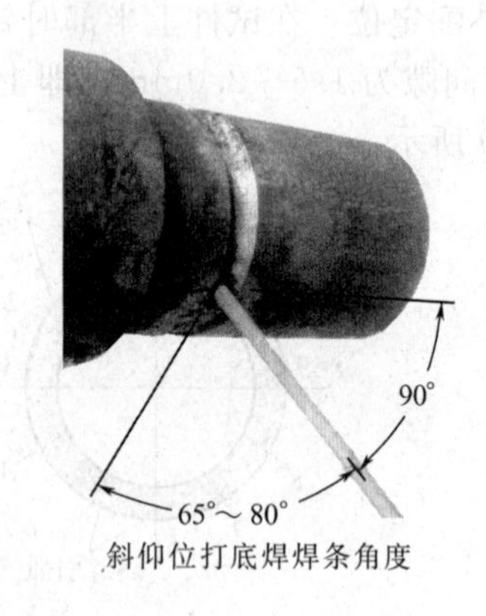

斜仰位打底焊焊条角度</td></tr>
<tr><td>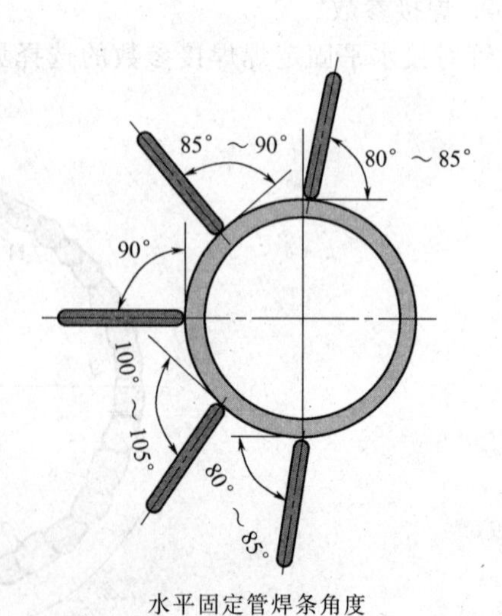

水平固定管焊条角度</td></tr>
</table>

续表

操作步骤及要领	图示
(2)盖面焊 清除打底焊熔渣及飞溅物，修理局部凸起接头 盖面焊与打底焊一样，也分前、后两半圈进行。在打底焊道上引弧，采用月牙形或横向锯齿形运条法。焊条角度比相同位置打底焊稍大5°左右，如图所示。焊条摆动到坡口两侧时，要稍作停留，熔化两侧坡口边缘各1～1.5mm，并严格控制弧长，即可获得宽窄一致、波纹均匀地焊缝成形 前半圈收弧时，对弧坑少填一些液体金属，使弧坑呈斜坡状，以利于后半圈接头；在后半圈焊前，需将前半圈两端接头部位渣壳去除约10mm左右，最好采用砂轮打磨成斜坡 盖面层焊接前、后两半圈的操作要领基本相同，注意收口要填满弧坑	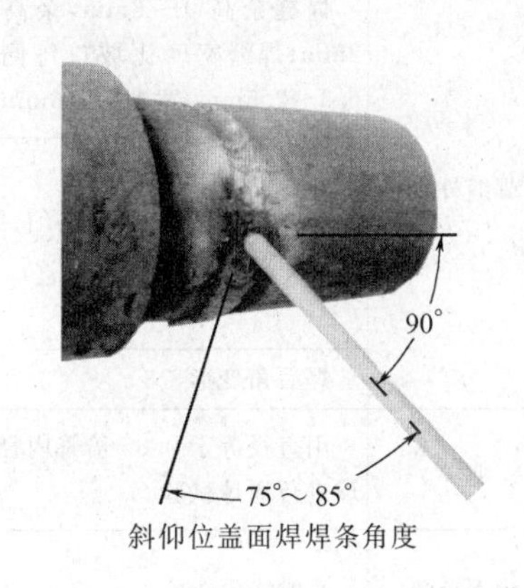 斜仰位盖面焊焊条角度 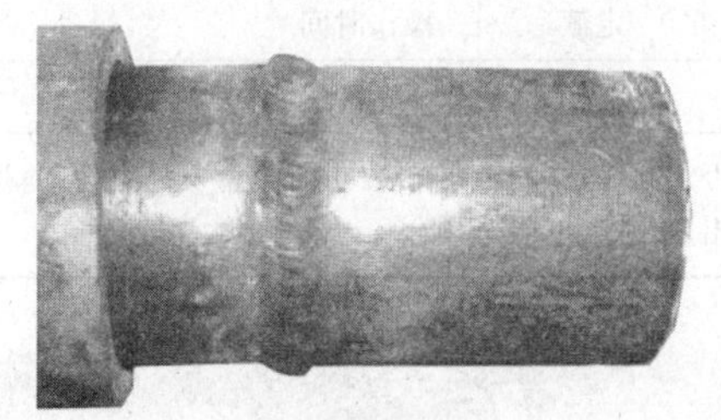 盖面焊焊缝

4. 焊接质量要求

试件焊接质量要求及评分标准见表3-21。

表3-21 焊接质量要求及评分标准

序号	考核内容	考核要点	配分	评分标准	检测结果	扣分	得分
1	焊前准备	劳保着装及工具准备齐全，并符合要求，参数设置、设备调试正确	5	劳保着装及工具准备不符合要求，参数设置、设备调试不正确有一项扣1分			
2	焊接操作	试件固定的空间位置符合要求	10	试件固定的空间位置超出规定范围不得分			
3	焊缝外观	焊缝表面不允许有焊瘤、气孔、夹渣	10	出现任何一种缺陷不得分			
		焊缝咬边深度≤0.5mm，两侧咬边总长不超过焊缝有效长度的15%	10	焊缝咬边深度≤0.5mm，累计长度每5mm扣1分，累计长度超过焊缝有效长度的15%不得分；咬边深度>0.5mm不得分			

续表

序号	考核内容	考核要点	配分	评分标准	检测结果	扣分	得分
3	焊缝外观	焊缝余高 0～3mm，余高差≤2mm；焊缝宽度比坡口每侧增宽0.5～2.5mm，宽度差≤3mm	10	每种尺寸超差一处扣2分			
		焊缝成形美观，纹理均匀、细密，高低、宽窄一致	6	焊缝平整，焊纹不均匀，扣2分；外观成形一般，焊缝平直，局部高低、宽窄不一致扣4分；焊缝弯曲，高低、宽窄明显不得分			
		焊后角变形≤3°	4	超差不得分			
4	通球	用直径等于0.85倍管内径的钢球进行通球试验	10	通球不合格不得分			
5	内部质量	X射线探伤	30	Ⅰ级不扣分，Ⅱ级扣10分，Ⅲ级及以下不得分			
6	其他	安全文明生产	5	设备、工具复位，试件、场地清理干净，有一处不符合要求扣1分			
7	定额	操作时间		超时停止操作			
合计			100				
否定项：焊缝表面存在裂纹、未熔合及烧穿缺陷；焊接操作时任意更改试件焊接位置；焊缝原始表面被破坏；焊接时间超出定额							

经验点滴

① 管径不同时，定位焊缝所在位置和数目也不同。小管（$<\phi51$mm）定位焊一处［图3-41(a)］；中管（$\phi51\sim133$mm）定位焊两处［图3-41(b)］；大管（$>\phi133$mm）定位焊三处［图3-41(c)］。

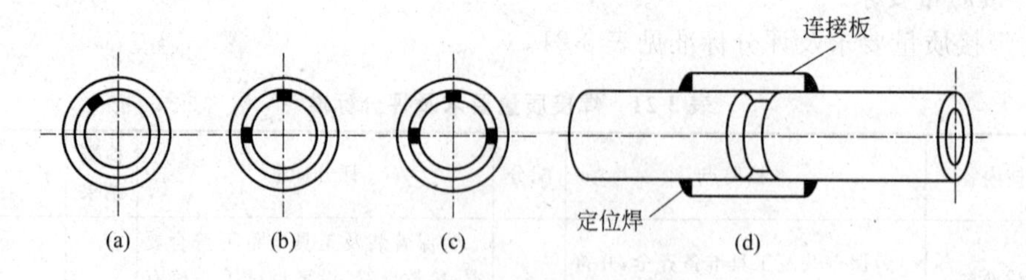

图3-41　固定管装配定位焊

有时为避免定位焊缝给打底焊带来不便，也可以不在坡口根部进行定位焊，而利用连接板在管外壁装配临时定位［图3-41(d)］。

② 打底层灭弧焊时，熄弧动作要干净利落，不要拉长电弧，熄弧和燃弧的频率为：平焊区段35～40次/min，立焊区段40～50次/min。

③ 打底焊时熔池间的搭接量会直接影响焊件的背面成形，为避免出现仰位管内焊缝凹陷、平位管内焊缝过高或焊瘤等缺陷，仰位、斜仰位处搭接量为1/3，立位处搭接量为1/2，斜平位、平位处搭接量为2/3。

模块九　插入式管板垂直固定焊

学习目标及技能要求

能正确选择插入式管板垂直固定单面焊双面成形的焊接参数及掌握插入式管板垂直固定单面焊双面成形操作技能。

焊接试件图（图 3-42）

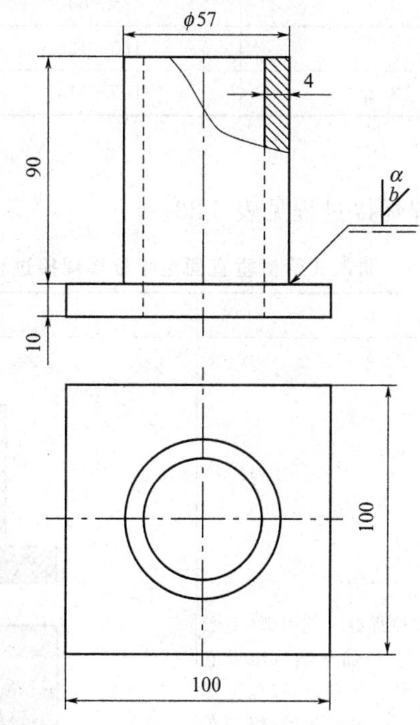

技术要求：
1. 单面焊双面成形。
2. 试件材料，板Q235、管20。
3. 组对严密，管板相互垂直，钝边、间隙自定。
4. 试件的空间位置符合管板垂直固定焊要求。

图 3-42　插入式管板垂直固定焊试件图

工艺分析

垂直固定俯位管板焊接时，由于垂直管管壁较薄，孔板较厚，如果操作不当，焊件受热不均，容易在管侧产生咬边，在板侧产生夹渣、未焊透和未熔合以及焊脚偏向板侧等缺陷。因此应加强手臂和手腕转动灵活性训练，以适应焊接时的焊条角度的变化。

1. 焊前准备

① 试件材料　20 钢管 ϕ57mm×4mm×100mm；Q235 钢板 100mm×100mm×10mm，加工 ϕ60mm 通孔并开 35°～45°单边 V 形坡口。

② 焊接材料　焊条 E4303（J422）、100～150℃烘焙或焊条 E4315、350～400℃烘焙，保温 1～2h，随用随取。

③ 焊接设备　BX3-300 或 ZX5-400。

④ 焊前清理　清理试件板材坡口及坡口正反面两侧 20mm 和管子端部 30mm 范围内的油污、锈蚀、水分及其他污物，直至露出金属光泽。

⑤ 装配定位　将钢管插入孔板中，保证孔板与管子相互垂直，留 1.5mm 间隙；采取两点定位，焊缝长度不超过 10mm。

2. 焊接参数

插入式管板垂直固定焊焊接参数的选择见表 3-22。

表 3-22　插入式管板垂直固定焊焊接参数

焊接层次(焊道)	焊条直径/mm	焊接电流/A	运条方法
打底层(1)	2.5	75～80	直线形运条法
填充层(2)	3.2	100～120	月牙形或锯齿形运条法
盖面层(3、4)	3.2	100～110	直线形运条法

3. 焊接过程

插入式管板垂直固定平位焊焊接过程见表 3-23。

表 3-23　插入式管板垂直固定平位焊焊接过程

操作步骤及要领	图示
(1)打底焊 ①引弧　打底层焊道采用连弧法。在定位焊缝一端引弧，引燃电弧后，拉弧到始焊部位(定位焊缝另一端)稍加预热后压低电弧，使电弧的 2/3 落在孔板坡口根部，1/3 贴在管壁上，以保证管板两侧焊接热量均衡，待孔板坡口根部击穿形成熔孔后，焊条在坡口内直线形运条向前移动转入正常焊接，并保持熔池大小和形状基本一致。由于管子为弧形，所以焊接时要不断地转动手臂和手腕，以保持正确的焊条角度，焊条与管子外壁的夹角为 10°～15°，与管子的切线成 60°～70° ②更换焊条的方法　一般采用热接法。熄弧前回焊 10mm 左右，并逐渐拉长电弧至熄灭，迅速更换焊条，在熄弧处引燃并拉长电弧继续加热，移至接头处，压低电弧，当根部有击穿声后，形成熔孔，稍停片刻，转入正常焊接 ③焊缝接头　焊至定位焊缝接头处，应压低电弧稍停片刻，再快速移动电弧至定位焊缝另一端，稍停片刻，然后恢复正常焊接。当焊至封闭焊缝接头时，也要稍停片刻，并与始焊部位重叠约5～10mm，填满弧坑即可熄弧	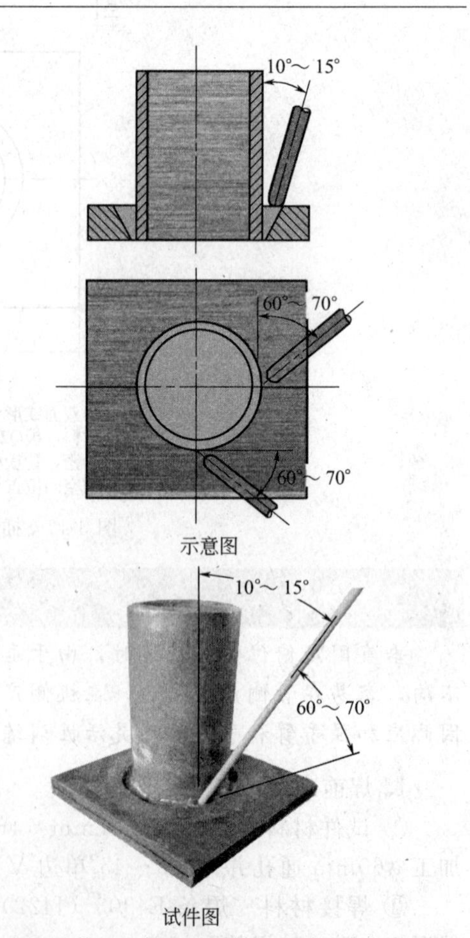 插入式管板垂直固定平位打底焊的焊条角度

续表

操作步骤及要领	图示
(2)填充焊 填充层焊接采用小锯齿形运条法，保证坡口两侧熔合良好，焊条与管壁夹角为15°～25°，前进方向与管子的切线夹角为80°～85°。速度均匀，保证熔渣对熔池的覆盖保护，不超前或拖后，基本填平坡口，但不能熔化孔板坡口边缘，以免影响盖面层的焊接	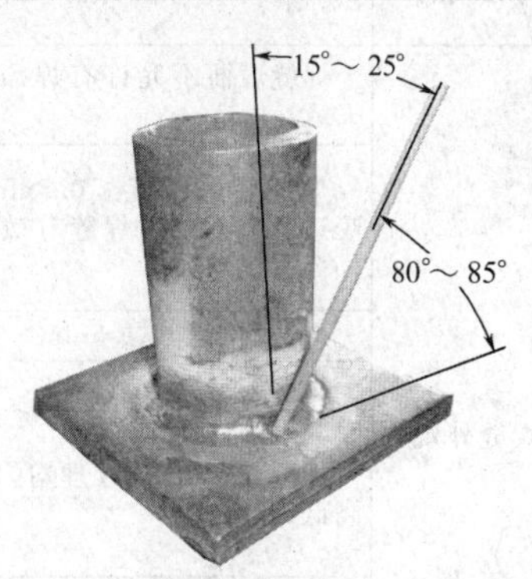 填充焊焊条角度
(3)盖面焊 盖面层焊接必须保证焊脚大小。采用两道焊，焊条角度如图所示。第一条焊道紧靠板面与填充焊道的夹角处，熔化坡口边缘1～2mm，保证焊道外边整齐。第二条焊道应与第一条焊道重叠1/2～2/3，并根据焊道需要的宽度适当增加焊条摆动和焊接速度，避免焊道间形成凹槽或凸起，并防止管壁咬边	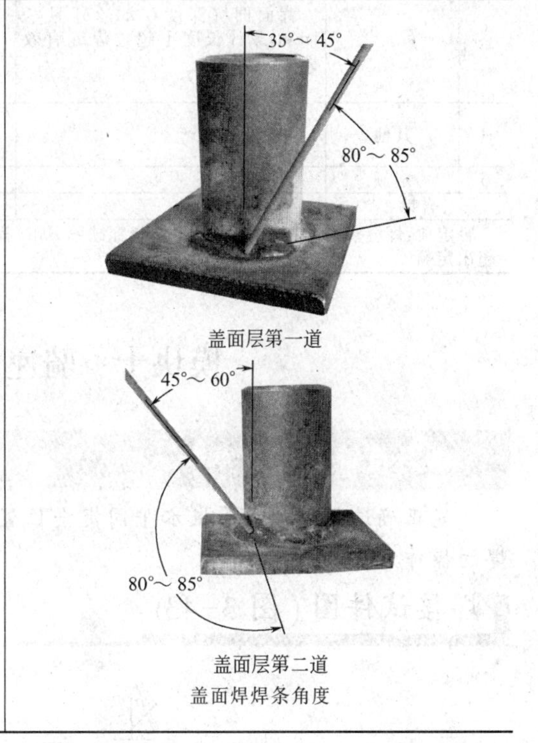 盖面层第一道 盖面层第二道 盖面焊焊条角度

4. 焊接质量要求

试件焊接质量要求及评分标准见表3-24。

表 3-24 焊接质量要求及评分标准

序号	考核内容	考核要点	配分	评分标准	检测结果	扣分	得分
1	焊前准备	劳保着装及工具准备齐全，并符合要求，参数设置、设备调试正确	5	劳保着装及工具准备不符合要求，参数设置、设备调试不正确有一项扣1分			
2	焊接操作	试件固定的空间位置符合要求	10	试件固定的空间位置超出规定范围不得分			

续表

序号	考核内容	考核要点	配分	评分标准	检测结果	扣分	得分
3	焊缝外观	焊缝表面不允许有焊瘤、气孔、夹渣	10	出现任何一种缺陷不得分			
		焊缝咬边深度≤0.5mm，两侧咬边总长不超过焊缝有效长度的15%	10	焊缝咬边深度≤0.5mm，累计长度每5mm扣1分，累计长度超过焊缝有效长度的15%不得分；咬边深度>0.5mm不得分			
		焊缝凹凸度≤1.5mm	10	超标不得分			
		焊脚差≤2mm	20	每超一处扣5分			
		焊缝成形美观，纹理均匀、细密，高低、宽窄一致	20	焊缝平整，波纹不均匀，扣5分；外观成形一般，焊缝平直，局部高低、宽窄不一致扣10分；焊缝弯曲，高低、宽窄明显不得分			
		管板之间夹角90°±2°	5	超差不得分			
		背面凹坑深度≤20%δ，且≤1mm，累计长度不超过焊缝有效长度的10%	5	背面凹坑深度≤20%δ，且≤1mm，累计长度每5mm扣1分，累计长度超过焊缝有效长度的10%不得分；背面凹坑深度>1mm不得分			
4	其他	安全文明生产	5	设备、工具复位，试件、场地清理干净，有一处不符合要求扣1分			
5	定额	操作时间		超时停止操作			
合计			100				
否定项：焊缝表面存在裂纹、未熔合及烧穿缺陷；焊接操作时任意更改试件焊接位置；焊缝原始表面被破坏；焊接时间超出定额							

模块十　骑座式管板水平固定焊

学习目标及技能要求

能正确选择骑座式管板水平固定全位置焊的焊接参数及掌握骑座式管板水平固定全位置焊的操作方法。

焊接试件图（图3-43）

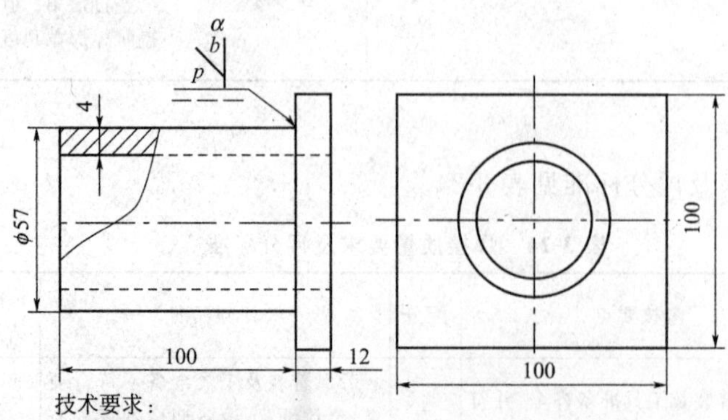

图3-43　骑座式管板水平固定焊试件图

工艺分析

焊接水平固定管板时，有两方面问题：一是管壁较薄，孔板较厚，易使焊件受热不均，这时电弧应偏于孔板，并且在孔板侧停留时间稍长，以避免在管侧出现焊缝堆积，孔板侧出现咬边等缺陷；二是焊接过程中需经过仰角焊、立角焊、平角焊等几种位置，所以焊条角度应随焊缝空间位置的变化而相应改变。

1. 焊前准备

① 试件材料 管材：20、ϕ57mm×4mm×100mm，端部开 50°单边 V 形坡口，钝边 0.5～1mm。板材：Q235、100mm×100mm×12mm，板中心按管子内径加工通孔。

② 焊接材料 焊条 E4303（J422），100～150℃烘焙，保温 1～2h，随用随取。

③ 焊接设备 BX3-300 或 ZX5-400。

④ 焊前清理 清理试件板材正反面通孔两侧 20mm 和管子端部 30mm 范围内的油污、锈蚀、水分及其他污物，直至露出金属光泽。

⑤ 装配定位 装配间隙试件上部平位留 3.2mm，下部仰位留 2.5mm；管子内径与板孔同心，错边量≤0.5mm，管子与管板相垂直。在时钟 2 点和 10 点位置两点定位，焊缝长度为 5～10mm，两端修磨成斜坡，便于接头。

2. 焊接参数

骑座式管板水平固定全位置焊焊接参数的选择见表 3-25。

表 3-25 骑座式管板水平固定全位置焊焊接参数

焊接层次(焊道)	焊条直径/mm	焊接电流/A	运条方法
打底层(1)	2.5	70～80	单点击穿或锯齿形连弧法
填充层(2)	3.2	110～120	锯齿形或月牙形运条法
盖面层(3)	3.2	100～110	月牙形运条法

3. 焊接过程

管板水平固定焊施焊时分前半圈（左）和后半圈（右）两个半圈，每半圈都存在仰、立、平三种不同位置的焊接。生产中为表述方便，常将焊接位置处于焊件接口的部位用时钟位置来表示，水平固定管板的焊接位置及焊条角度变化如图 3-44 所示。

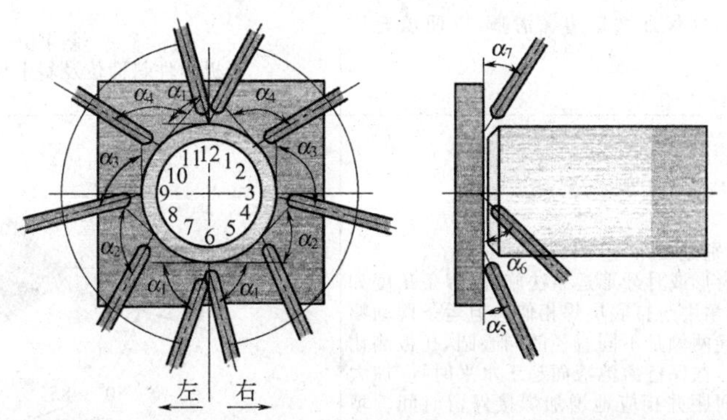

图 3-44 水平固定管板的焊接位置及焊条角度

骑座式管板水平固定全位置焊焊接过程见表 3-26。

表 3-26 骑座式管板水平固定全位置焊焊接过程

<table>
<tr><th>操作步骤及要领</th><th>图示</th></tr>
<tr><td>(1)打底焊
打底层的焊接可以采用连弧焊法，也可采用灭弧焊法进行
①前半圈焊接(左侧)时，在仰焊 6 点钟位置前 5～10mm(5 点处)处的坡口内引弧，焊条在坡口根部管与板之间作微小横向摆动预热(熔滴下落 1～2 滴)后，向上顶送焊条，待坡口根部熔化形成熔孔后，稍拉出焊条，然后沿顺时针方向短弧操作直至焊道超过 12 点钟 5～10mm 处熄弧
需注意的是，焊条向坡口根部送进，仰位要大于立位，而立位又大于平位
②连弧焊采用月牙形或锯齿形运条法。当采用灭弧焊时，灭弧动作要快，不要拉长电弧，同时灭弧与接弧时间间隔要短，灭弧频率为 50～60 次/min。每次重新引燃电弧时，焊条中心要对准熔池前沿焊接方向的 2/3 处，每接触一次，焊缝增长 2mm 左右
③因管与板厚度差较大，焊接电弧应偏向孔板，并保证板孔边缘熔合良好。一般焊条与孔板的夹角为 25°～30°，与焊接方向的夹角随着焊接位置的不同而改变。另外在管板试件的 6 点钟至 4 点钟及 2 点钟至 12 点钟处，要保持熔池液面趋于水平，不使熔池金属下淌，其运条轨迹如图所示
④焊接过程中，要使熔池的形状和大小保持一致，使熔池中的熔液清晰明亮，熔孔始终深入每侧母材 0.5～1mm。同时应始终伴有电弧击穿根部所发出的“噗噗”声，以保证根部焊透
⑤当运条到定位焊缝根部时，焊条要向管内压一下，听到“噗噗”声后，快速运条到定位焊缝另一端，再次将焊条向下压一下，听到“噗噗”声后，稍作停留，恢复原来的操作手法
⑥收弧时，将焊条逐渐引向坡口斜前方，或将电弧往回拉一小段，再慢慢提高电弧，使熔池逐渐变小，填满弧坑后熄弧
⑦更换焊条时接头有两种方法
热接：当弧坑尚保持红热状态时，迅速更换焊条，在熔孔下面 10mm 处引弧，然后将电弧拉到熔孔处，焊条向里推一下，听到“噗噗”声后，稍作停留，恢复原来的操作手法
冷接：当熔池冷却后，必须将收弧处打磨出斜坡方向接头。更换焊条后，在打磨处附近引弧；运条到打磨斜坡根部时，焊条向里推一下，听到“噗噗”声后，稍作停留，恢复原来的操作手法
⑧后半圈的焊接方法与前半圈基本相同，但需在仰焊接头和平焊接头处多加注意
一般在上、下两接头处，均打磨出斜坡，引弧后在斜坡后端起焊，运条到斜坡根部时，焊条向上顶，听到“噗噗”声后，稍作停顿，再进行正常手法焊接。当焊缝即将封闭收口时，焊条向下压一下，听到“噗噗”声后，稍作停留，然后继续向前焊接 10mm 左右，填满弧坑后收弧
⑨打底焊道应尽量平整，并保证坡口边缘清晰，以便填充层焊接</td><td>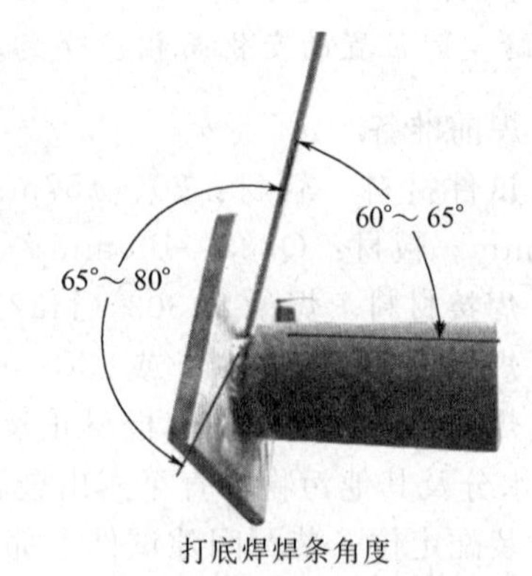

打底焊焊条角度
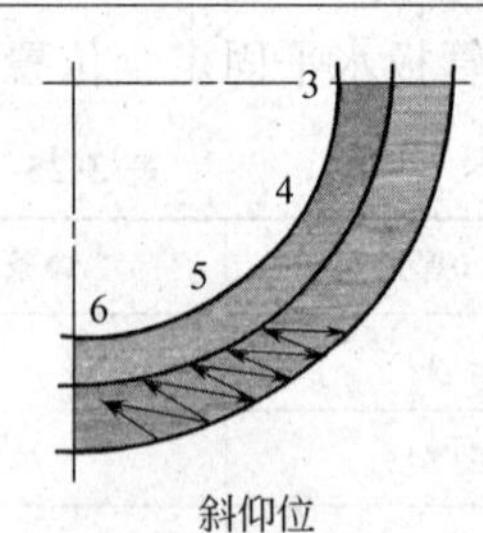

斜仰位
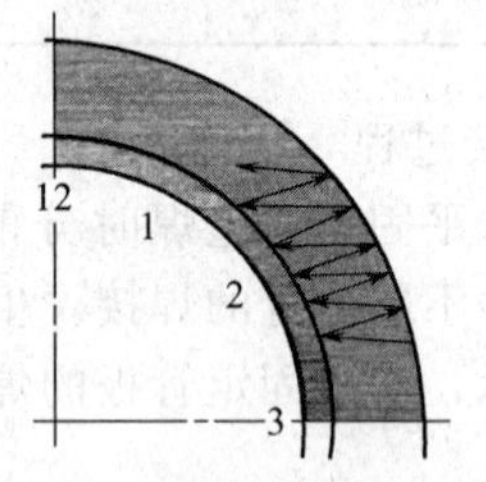

斜平位
管板焊件斜仰位及斜平位处的运条轨迹</td></tr>
<tr><td>(2)填充焊
①清除打底焊道熔渣，特别是死角
②填充层焊接可采用锯齿形或月牙形运条法施焊，焊条角度如图所示。其焊接顺序、焊条角度与打底层焊相似。但运条摆动幅度比打底层稍宽。由于焊缝两侧是不同直径的同心圆，孔板侧比管子侧圆周长，所以运条时，在保持熔池液面趋于水平时，应加大焊条在孔板侧的向前移动间距并相应地增加焊接停留时间。填充层的焊道要薄一些，管子一侧坡口要填满，孔板一侧要超出管壁约 2mm，使焊道形成一个斜面，保证盖面层焊缝焊后焊脚对称</td><td>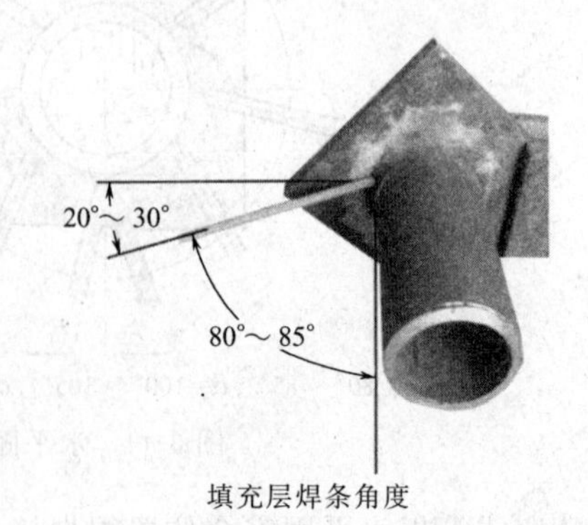

填充层焊条角度</td></tr>
</table>

续表

操作步骤及要领	图示
(3)盖面焊 盖面层焊接既要考虑焊脚大小和对称性，又要使焊缝表面焊波均匀，无表面缺陷，焊缝两侧不产生咬边。盖面层焊接前，应仔细清理填充层焊道的熔渣，特别是死角。焊接时，可采用连弧焊手法或灭弧焊手法施焊 ①连弧焊时，采用月牙形横拉短弧施焊。在仰焊部位6点钟前10mm左右焊趾处引弧后，使熔池呈椭圆形，上、下轮廓线基本处于水平位置，焊条摆动到管与板侧时要稍作停留，而且在板侧停留的时间要长些，以避免咬边。焊条与孔板的夹角如图所示，焊条与焊接方向的夹角随管子的弧度变化而改变。焊缝收口时要填满弧坑后收弧 ②灭弧焊时，在仰焊部位6点钟前10mm左右的前一道焊缝上引弧，将熔化金属从管侧带到钢板上，向右推熔化金属，形成第一个浅的熔池。以后都是从管向板作斜圆圈形运条。焊缝收口时，要和前半圈收尾焊道吻合好，并填满弧坑后收弧 盖面焊焊缝如图所示	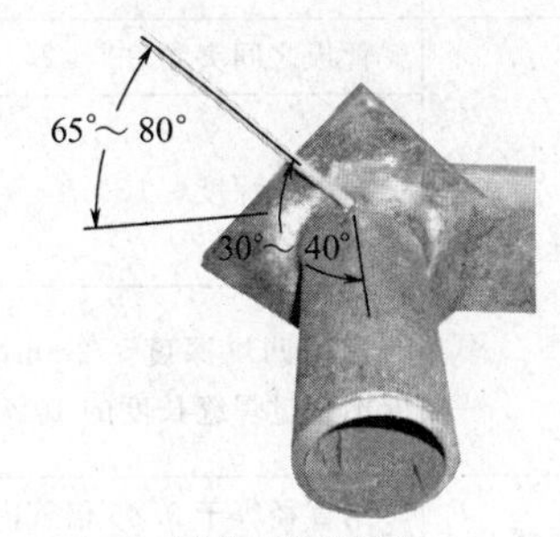 盖面焊焊条角度  盖面焊焊缝

4. 焊接质量要求

试件焊接质量要求及评分标准见表3-27。

表 3-27 焊接质量要求及评分标准

序号	考核内容	考核要点	配分	评分标准	检测结果	扣分	得分
1	焊前准备	劳保着装及工具准备齐全，并符合要求，参数设置、设备调试正确	5	劳保着装及工具准备不符合要求，参数设置、设备调试不正确有一项扣1分			
2	焊接操作	试件固定的空间位置符合要求	10	试件固定的空间位置超出规定范围不得分			
3	焊缝外观	焊缝表面不允许有焊瘤、气孔、夹渣	10	出现任何一种缺陷不得分			
		焊缝咬边深度≤0.5mm，两侧咬边总长不超过焊缝有效长度的15%	10	焊缝咬边深度≤0.5mm，累计长度每5mm扣1分，累计长度超过焊缝有效长度的15%不得分；咬边深度>0.5mm不得分			
		焊缝凹凸度≤1.5mm	10	超标不得分			
		焊脚$K=\delta+(3\sim5)$mm	10	每超一处扣5分			
		焊缝成形美观，纹理均匀、细密，高低、宽窄一致	5	焊缝平整，焊纹不均匀，扣2分；外观成形一般，焊缝平直，局部高低、宽窄不一致扣3分；焊缝弯曲，高低、宽窄明显不得分			

续表

序号	考核内容	考核要点	配分	评分标准	检测结果	扣分	得分
3	焊缝外观	管板之间夹角90°±2°	5	超差不得分			
		未焊透深度≤15%δ	10	未焊透深度≤15%δ时，未焊透累计长度每5mm扣2分，未焊透深度>15%δ不得分			
		背面凹坑深度≤2mm，累计长度不超过焊缝长度的10%	10	背面凹坑深度≤2mm，累计长度每5mm扣2分，超过焊缝长度的10%不得分			
4	通球	用直径等于0.85倍管内径的钢球进行通球试验	10	通球不合格不得分			
5	其他	安全文明生产	5	设备、工具复位，试件、场地清理干净，有一处不符合要求扣1分			
6	定额	操作时间		超时停止操作			
合计			100				
否定项：焊缝表面存在裂纹、未熔合及烧穿缺陷；焊接操作时任意更改试件焊接位置；焊缝原始表面被破坏；焊接时间超出定额							

师傅答疑

问题1　为保证水平固定管板背面良好成形，应掌握哪些要领？

答：打底焊时熔池间的搭接量会直接影响焊件的背面成形，为避免出现管内仰位凹陷、平位凸起等缺陷，在仰位、斜仰位处搭接量为1/3、立位处搭接量为1/2、斜平位、平位处搭接量为2/3。同时，应保证熔池的形状和大小基本一致，熔化坡口两侧始终为0.5～1mm；熔池的温度控制得当，始终保持液态金属清晰明亮。

问题2　怎样才能获得水平固定管板盖面焊缝良好成形？

答：水平固定管板盖面层焊接时，仰焊、斜仰焊区段液态金属易下坠，焊缝易超高，故尽可能使焊缝焊薄些；而斜平焊、平焊区段，熔敷金属不易凸起，焊缝偏低，则要求焊缝焊厚些。再者水平固定管板的焊缝两侧是两个直径不同的同心圆，管子侧较孔板侧周长短，因此焊接时要在孔板侧加大向上摆动间距，才能形成均匀的焊缝。

第四单元　埋　弧　焊

埋弧焊是电弧在颗粒状焊剂下燃烧的一种熔焊方法，如图 4-1 所示。焊接时，焊机的启动、引弧、焊丝的送进及热源的移动全由机械控制，是一种以电弧为热源的高效的机械化焊接方法。现已广泛用于锅炉、压力容器、石油化工、船舶、桥梁、冶金及机械制造工业中。埋弧焊一般只适用于平焊或倾斜度不大的位置及角焊位置焊接，主要用于直的长焊缝和环形焊缝焊接。

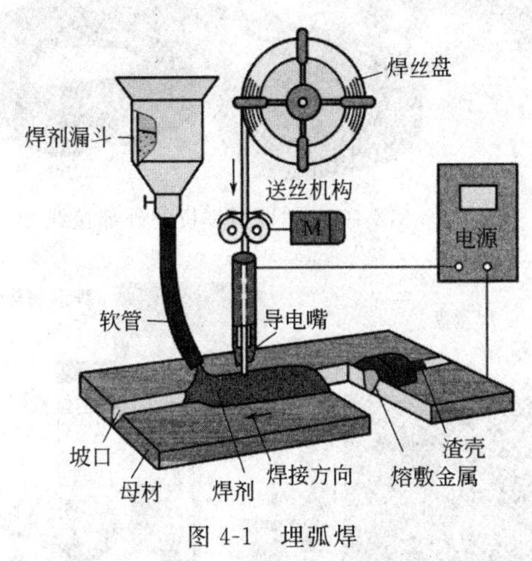

图 4-1　埋弧焊

模块一　埋弧焊设备及工艺

一、埋弧焊设备

1. 埋弧焊机组成

埋弧焊机由焊接电源、机械系统（包括送丝机构、行走机构、导电嘴、焊丝盘、焊剂漏斗等）、控制系统（控制箱、控制盘）等部分组成。此外，埋弧焊还有辅助设备，主要有焊接操作机、焊接滚轮架、焊剂回收装置等。

埋弧焊机按弧长自动调节的方式不同，有电弧自身调节的等速送丝式埋弧焊机（如 MZ1-1000）和电弧电压自动调节的变速送丝式埋弧焊机（如 MZ-1000）。其中应用最广的是变速送丝式埋弧焊机。

MZ-1000 型埋弧焊机主要由 MZT-1000 型焊接小车和 MZP-1000 型控制箱及焊接电源组成，其外部接线如图 4-2 所示。MZT-1000 型焊接小车由机头、控制箱、焊丝盘、焊剂漏斗和台车等组成，如图 4-3 所示。

MZ-1000 型埋弧焊机自动调节灵敏度较高，而且对焊机送丝速度和焊接速度的调节方便，可使用交流和直流焊接电源，主要用于水平位置或倾斜不大于 10°的各种坡口的对接、搭接和角焊缝的焊接，并可借助焊接操作机及焊接滚轮架等辅助设备焊接筒形焊件的内、外环缝，如图 4-4 所示。

定值。

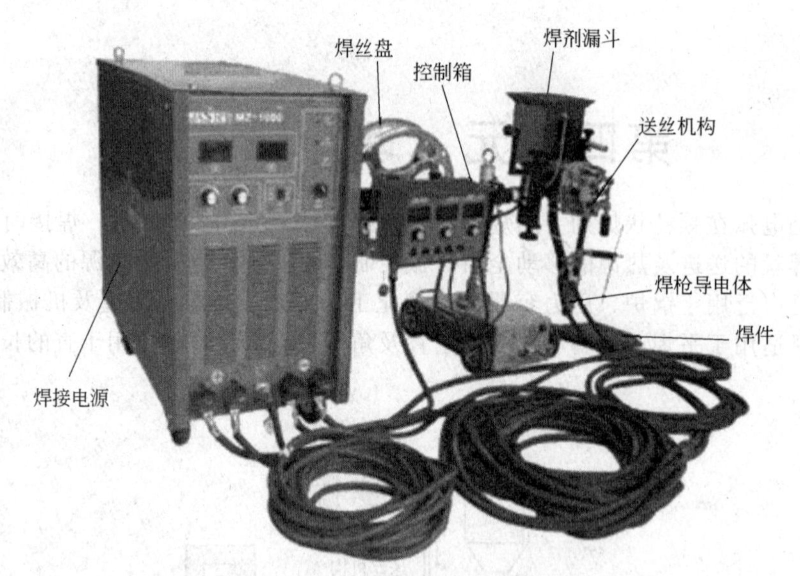

图 4-2 MZ-1000 型埋弧焊机的外部接线

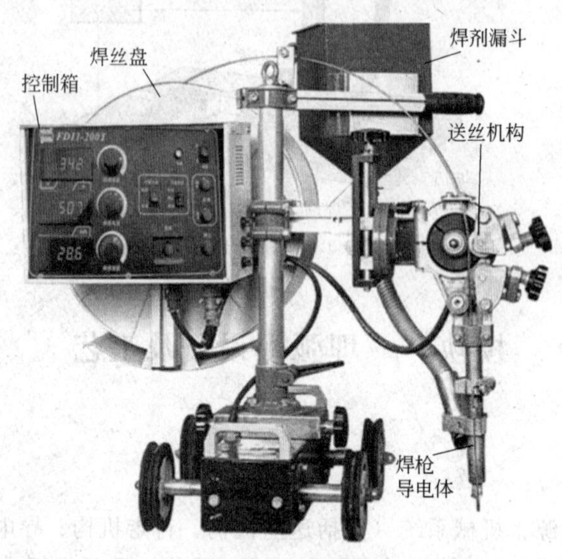

图 4-3 MZT-1000 型焊接小车

2. MZ-1000 埋弧焊机操作与使用

(1) 电源控制箱面板操作与使用

MZ-1000 埋弧焊机电源控制箱面板如图 4-5 所示，其操作方法如下。

① 将电源开关 SW1 拨至“开”位置，将状态选择开关 SW2 拨至“埋弧”位置。

② 调节开关 SW3 选择恒压焊接或恒流焊接，调节开关 SW4 选择控制面板控制或遥控控制。

③ 恒流（恒压）焊接时调节电流（电压）调节旋钮，使电流（电压）表显示所需的设定值。

④ 选择合适直径的焊丝进行焊接。

(2) 焊接小车控制箱面板操作与使用

焊接小车控制箱面板如图 4-6 所示，其操作方法如下。

图 4-4 埋弧焊机配焊接操作机及焊接滚轮架焊接筒体纵、环缝

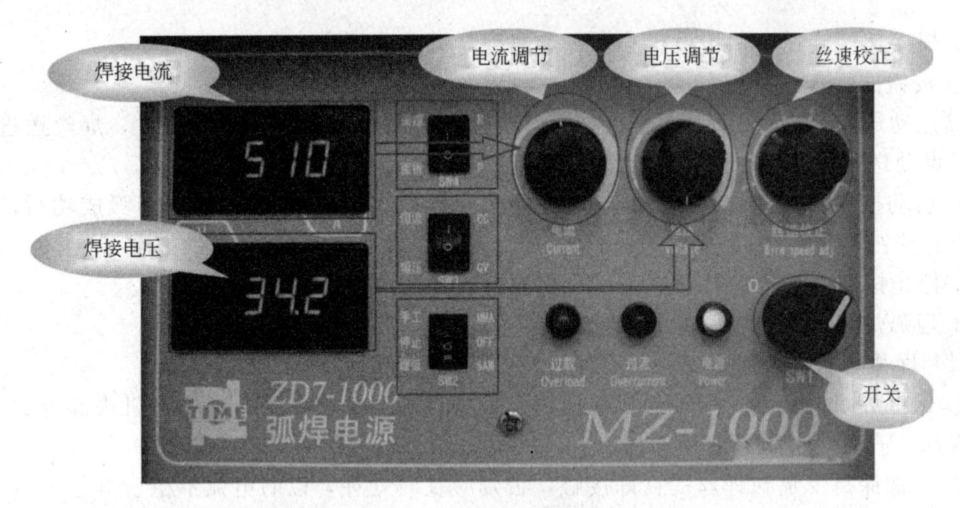

图 4-5 电源控制箱面板

SW1—开关（0 关/1 开）；SW2—状态选择（手工/停止/埋弧）；
SW3—模式选择（恒流/恒压）；SW4—控制方式（遥控/面板）

① 开关的操作

a. 行走方式选择开关处于电控状态（即小车离合器接入）时，可使小车工作于手动/停止/自动三个状态。

b. 行走方向选择开关可控制小车前进/后退。

c. 电源开关控制小车电源的开/关。

② 旋钮的操作

a. 焊接电压旋钮：当电源控制箱面板 P/R 开关处于遥控（R）方式时，此旋钮用于调节焊接电压；处于面板（P）方式时，此旋钮不起作用，此时电压的调整通过调节电源控制箱面板上的焊接电压旋钮完成。

b. 焊接电流旋钮：当电源控制箱面板 P/R 开关处于遥控（R）方式时，此旋钮用于调节焊接电流；处于面板（P）方式时，此旋钮不起作用，此时电流的调整通过调节电源控制箱面板上的焊接电流旋钮完成。

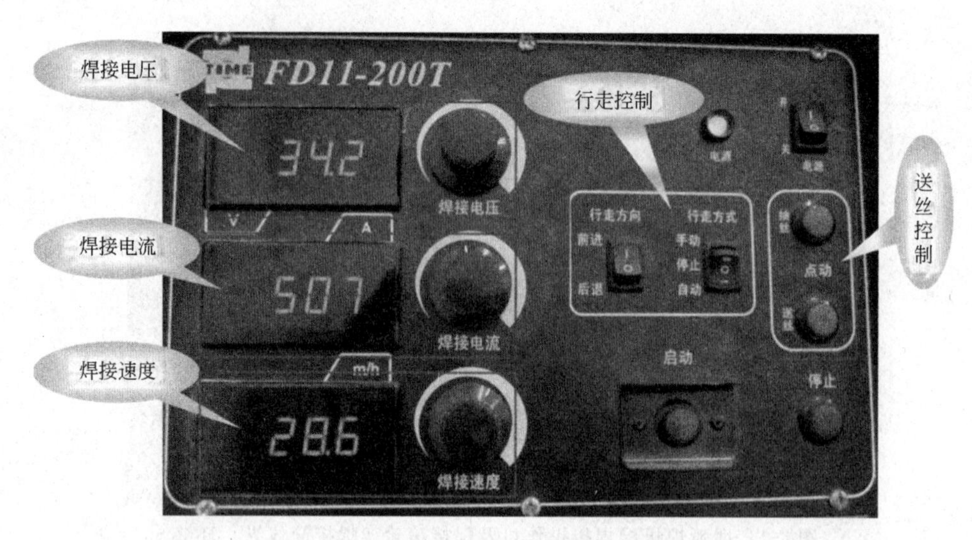

图 4-6　焊接小车控制面板

c. 焊接速度旋钮：用于设定小车行走速度，调节范围为 20～62m/h。

③ 按钮的操作

a. 点动送丝/抽丝按钮：用于点动送丝或抽丝。当焊丝可靠接触工件时，焊丝送进自动停止，点动送丝按钮此时工作于无效状态。

b. 启动按钮：焊接过程开始控制（必须保证焊丝与工件可靠接触）。引弧成功后，控制系统对此按钮实现自锁。

c. 停止按钮：按下此按钮，系统自动执行收弧回抽返烧熄弧程序。

3. 埋弧焊机的维护及常见故障处理

（1）埋弧焊机的维护

① 保持焊机的清洁，保证焊机在使用过程中各部分动作灵活，特别是机头部分的清洁，避免焊剂、渣壳碎末阻塞活动部件。

② 经常保持焊嘴与焊丝的良好接触，否则应及时处理，以防电弧不稳。

③ 定期检查焊丝输送滚轮磨损情况，并及时更换。

④ 对小车、焊丝输送机构减速箱内各运动部件应定期加润滑油。

⑤ 电缆的连接部分要保证接触良好。

（2）埋弧焊机的常见故障及处理方法

埋弧焊机的常见故障及处理方法见表 4-1。

表 4-1　埋弧焊机的常见故障及处理方法

故障特征	可能产生的原因	排除方法
焊接过程中焊剂停止输送或输送量很小	①焊剂已用完 ②焊剂漏斗闸门处被渣壳或杂物堵塞	①添加焊剂 ②清理并疏通焊剂漏斗
焊接过程中一切正常，而焊车突然停止行走	①焊车离合器已脱开 ②焊车轮被电缆等物阻挡	①锁紧离合器 ②排除车轮的阻挡物
焊丝没有与焊件接触，焊接回路有电	焊车与焊件之间绝缘被破坏	①检查焊车车轮绝缘情况 ②检查焊车下面是否有金属与焊件短路
焊接过程中，机头或导电嘴的位置不时改变	焊车有关部件有游隙	检查消除游隙或更换磨损零件

续表

故障特征	可能产生的原因	排除方法
焊机启动后,焊丝末端周期地与焊件粘住或常常断弧	①粘住是因为电弧电压太低、焊接电流太小或网路电压太低 ②常常断弧是因为电弧电压太高、焊接电流太大或网路电压太高	①增加电弧电压或焊接电流 ②减小电弧电压或焊接电流
焊丝在导电嘴中摆动,导电嘴以下的焊丝不时发红	①导电嘴磨损 ②导电不良	更换新导电嘴
导电嘴末端随焊丝一起熔化	①电弧太长,焊丝伸出太短 ②焊丝送进和焊车均已停止,电弧仍在燃烧 ③焊接电流太大	①增加焊丝送进速度和焊丝伸出长度 ②检查焊丝和焊车停止的原因 ③减小焊接电流
焊接电路接通时,电弧未引燃,而焊丝粘接在焊件上	焊丝与焊件之间接触太紧	使焊丝与焊件轻微接触
焊接停止后,焊丝与焊件粘住	①"停止"按钮按下速度太快 ②不经"停止 1"而直接按下"停止 2"	①慢慢按下"停止"按钮 ②先按"停止 1",待电弧自然熄灭后,再按"停止 2"

二、埋弧焊工艺

1. 埋弧焊焊接参数

埋弧焊的焊接参数有焊接电流、电弧电压、焊接速度、焊丝直径、焊丝伸出长度、焊丝倾角等。其中对焊缝成形和焊接质量影响最大的是焊接电流、电弧电压和焊接速度。

(1) 焊接电流

一般焊接条件下，焊缝熔深与焊接电流成正比。随着焊接电流的增加，熔深和焊缝余高都有显著增加，而焊缝的宽度变化不大，如图 4-7 所示。同时，焊丝的熔化量也相应增加。随着焊接电流的减小，熔深和余高都减小。

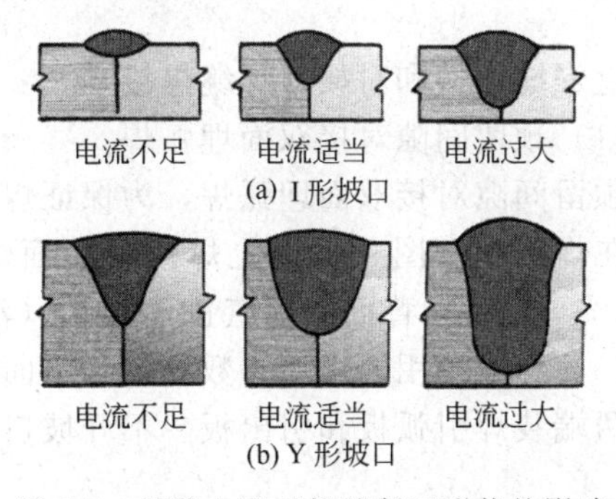

图 4-7 焊接电流对焊缝断面形状的影响

(2) 电弧电压

随着电弧电压的增加，焊接宽度明显增加，而熔深和焊缝余高则有所下降，如图 4-8 所示。为了获得满意的焊缝，焊接电流与电弧电压应匹配好。焊接电流与电弧电压的匹配关系见表 4-2。

表 4-2 焊接电流与电弧电压的匹配关系

焊接电流/A	600～700	700～850	850～1000	1000～1200
焊接电压/V	36～28	38～40	40～42	42～44

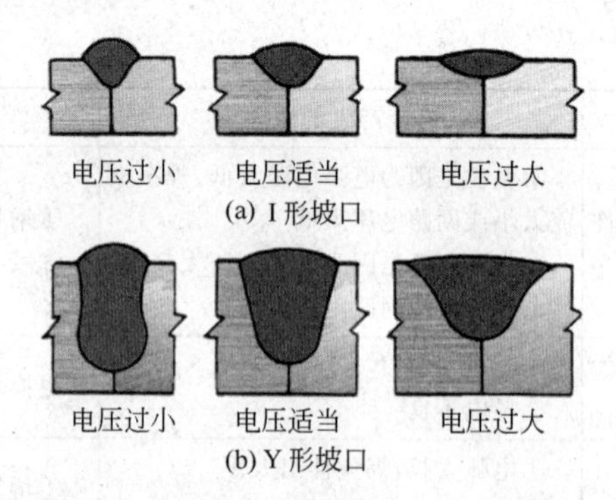

图 4-8 电弧电压对焊缝断面形状的影响

(3) 焊接速度

当其他焊接参数不变而焊接速度增加时，焊接热输入量相应减小，从而使焊缝的熔深也减小，如图 4-9 所示。为保证焊接质量，必须保证一定的焊接热输入量，即为了提高生产率而提高焊接速度的同时，应相应提高焊接电流和电弧电压。

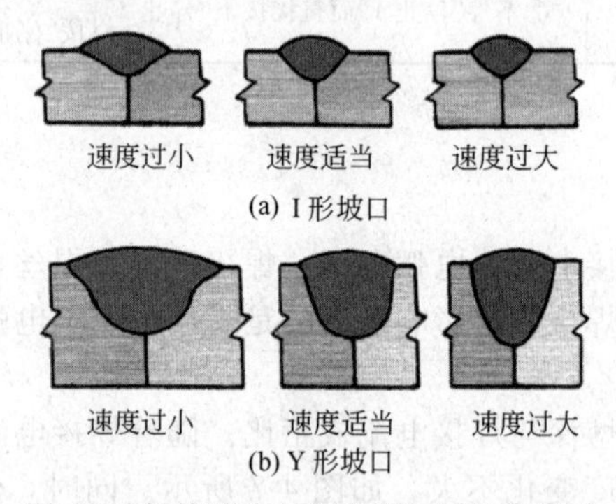

图 4-9 焊接速度对焊缝断面形状的影响

2. 埋弧焊操作工艺

埋弧焊主要应用于对接直焊缝焊接和对接环焊缝焊接。

(1) 不开坡口（Ⅰ形坡口）预留间隙对接双面埋弧焊

不开坡口（Ⅰ形坡口）预留间隙对接双面埋弧焊，为保证焊透，钢板厚度越大，其间隙也应越大。焊接顺序是：先在焊剂垫（图 4-10）上焊接第一面焊缝，且保证第一面焊缝的厚度达工件厚度的 60%～70%，然后在背面碳弧气刨清根后（清根与否视具体情况而定），再进行第二面焊缝焊接，第二面焊缝使用的焊接参数可与第一面焊缝相同或稍许减小。为保证焊接质量，焊前需在焊件两端装焊引弧板和引出板。不开坡口（Ⅰ形坡口）预留间隙双面埋弧焊参数的选用见表 4-3。

表 4-3 不开坡口（Ⅰ形坡口）预留间隙双面埋弧焊参数

焊件厚度 /mm	装配间隙 /mm	焊丝直径 /mm	焊接电流 /A	电弧电压 /V	焊接速度 /(m/h)
10	2～3	4	550～600	32～34	32
12	2～3	4	600～650	32～34	32
14	3～4	4	650～700	34～36	30
16	3～4	5	700～750	34～36	28
20	4～5	5	850～900	36～40	27
24	4～5	5	900～950	38～42	25
28	5～6	5	900～950	38～42	20

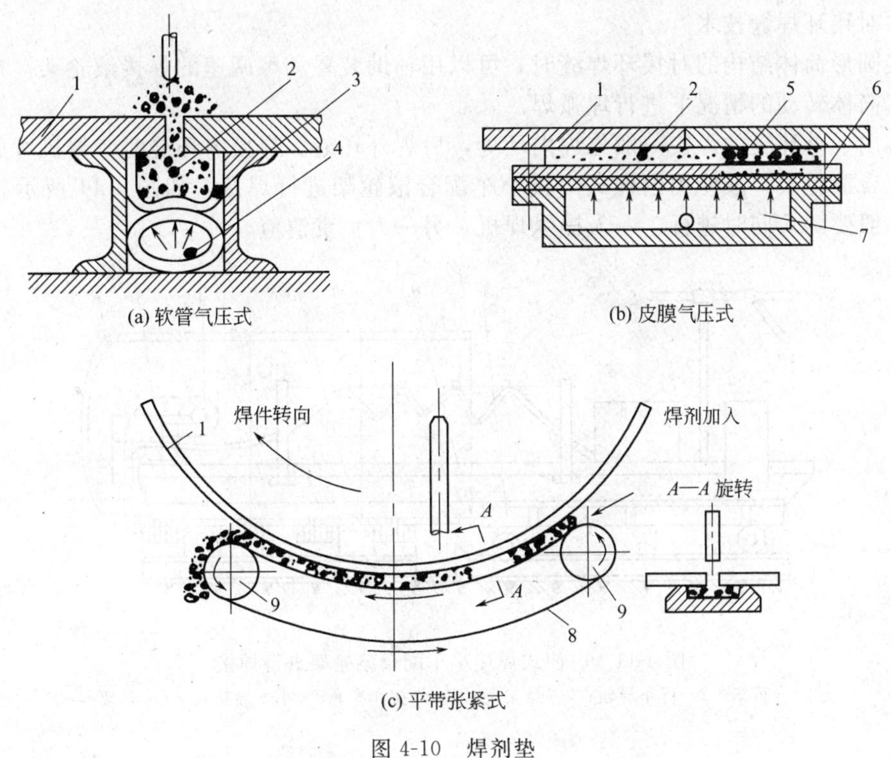

图 4-10 焊剂垫

1—焊件；2—焊剂；3—帆布；4—充气软管；5—橡胶膜；
6—压板；7—气室；8—平带；9—带轮

(2) 开坡口预留间隙对接双面埋弧焊

对于厚度较大的焊件，由于材料或其他原因，当不允许使用较大的热输入焊接，或不允许焊缝有较大的余高时，采用开坡口焊接，坡口形式由板厚决定。表 4-4 为这类焊缝单道焊常用的焊接参数。

表 4-4 开坡口预留间隙双面埋弧焊参数

焊件厚度/mm	坡口形式	焊丝直径/mm	焊缝顺序	焊接电流/A	电弧电压/V	焊接速度/(m/h)
14	70°, 3, 3	5	正	830～850	36～38	25
		5	反	600～620	36～38	45
16		5	正	830～850	36～38	20
		5	反	600～620	36～38	45
18		5	正	830～860	36～38	20
		5	反	600～620	36～38	45
22		6	正	1050～1150	38～40	18
		5	反	600～620	36～38	45
24	70°, 3, 3, 70°	6	正	1100	38～40	24
		5	反	800	36～38	28
30		6	正	1000～1100	36～40	18
		6	反	900～1000	36～38	20

（3）对接环焊缝技术

焊接圆形筒体结构的对接环焊缝时，可以用辅助装置和可调速的焊接滚轮架，在焊接小车固定、筒体转动的情况下进行埋弧焊。

筒体内、外环缝的焊接一般先焊内环缝，后焊外环缝。焊接内环缝时，焊机可放在筒体底部，配合滚轮架，或使用内伸式焊接小车配合滚轮架进行焊接，如图 4-11 所示。焊接操作时，一般要两人同时进行，一人操纵焊机，另一人负责清渣。

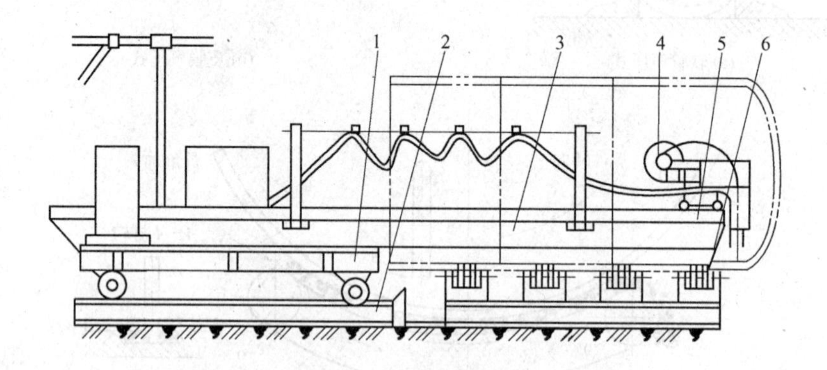

图 4-11 内伸式焊接小车配合滚轮架进行焊接

1—行车；2—行车导轨；3—悬架梁；4—焊接小车；5—小车导轨；6—滚轮架

经验点滴

焊接环缝时常使焊丝逆筒体旋转方向相对于筒体圆形断面中心有一个偏移量，如图4-12所示。焊接内环缝时，焊丝的偏移是使焊丝处于上坡焊的位置，其目的是使焊缝有足够的熔透程度；焊接外环缝时，焊丝的偏移是使焊丝处于下坡焊的位置，这样，一则可避免烧穿，二则使焊缝成形美观。

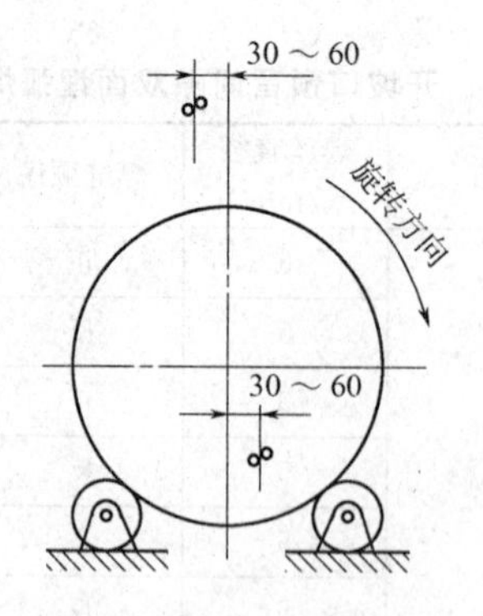

图 4-12 环缝焊接焊丝的偏移量

环缝自动焊焊丝的偏移量与筒体焊件的直径、焊接速度有关。一般筒体直径越大，焊接速度越大，焊丝偏移量越大。焊丝偏移量根据筒体直径选用见表 4-5。

表 4-5 焊丝偏移量的选用

筒体直径/mm	800～1000	1000～1500	1500～2000	2000～3000
焊丝偏移量/mm	25～30	30～35	35～40	40～60

模块二 Ⅰ形坡口对接平焊

学习目标及技能要求

能正确选择埋弧焊焊接参数及掌握Ⅰ形坡口对接平焊的操作方法。

焊接试件图（图 4-13）

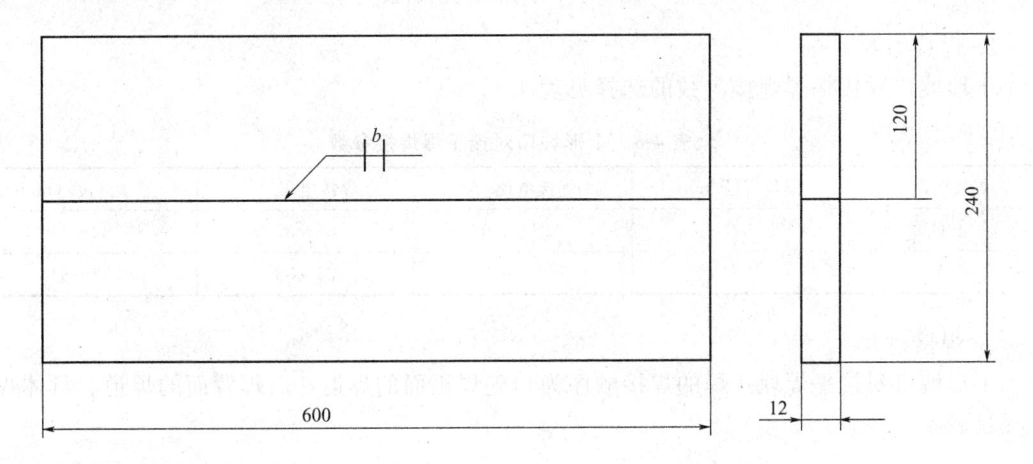

技术要求：
1. 双面埋弧焊。
2. 材料Q235，焊缝宽度18～20mm，间隙自定。
3. 背面碳弧气刨清根后焊接。

图 4-13 Ⅰ形坡口对接平焊试件图

工艺分析

埋弧自动焊焊接参数的稳定由设备来保证，所以操作者必须正确选择焊接参数，同时保证焊件装配质量。焊接过程中应密切注意焊接状况，如电压、电流、小车运行速度等，以便根据具体情况及时作出适当调整，以保证焊接质量。为了保证根部质量，采用碳弧气刨清根。

1. 焊前准备

① 试件材料 Q235，600mm×120mm×12mm，两块。引弧板、引出板各一块，尺寸为 100mm×100mm×12mm。

② 焊接材料 焊丝 H08A 或 H08MnA，直径 4mm，焊前除锈。焊剂 HJ431，使用前在 250℃下烘干 2h。定位焊用焊条 E4303（J422），直径 3.2mm。

③ 焊机 MZ-1000 型埋弧焊机。

④ 焊前清理 清理试件坡口面及坡口正反两侧各 30mm 范围内的油污、锈蚀、水分及其他污物，直至露出金属光泽。

⑤ 装配定位 装配间隙为 2.0～3.0mm，错边量≤1.2mm；定位焊，并在试板两端分别焊接引弧板与引出板，如图 4-14 所示。

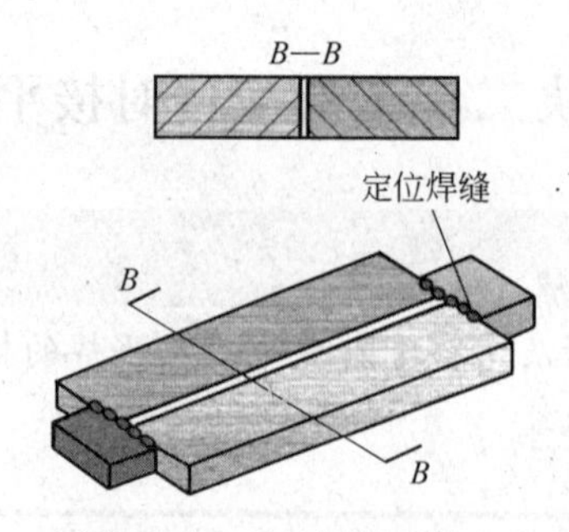

图 4-14 引弧板与引出板

2. 焊接参数

Ⅰ形坡口对接平焊焊接参数的选择见表 4-6。

表 4-6 Ⅰ形坡口对接平焊焊接参数

焊接层次	焊丝直径/mm	焊接电流/A	焊接电压/V	焊接速度/(m/h)
正面	4.0	620～650	35～37	32～34
背面	4.0	600～620	34～36	32～34

3. 焊接过程

Ⅰ形坡口对接平焊埋弧焊的焊接顺序为：先焊正面的焊道，后焊背面的焊道。具体焊接过程见表 4-7。

表 4-7 Ⅰ形坡口对接平焊埋弧焊焊接过程

焊接过程	图示
(1)试件安放 焊前将试件放在水平的焊剂垫上，保证试板背面与焊剂完全贴紧。焊剂垫内的焊剂必须与焊接工艺要求的焊剂相同。焊接过程中，要注意防止因试件受热变形与焊剂脱开，产生焊漏、烧穿等缺陷	焊件 引弧板 引出板 焊剂 焊件 简易焊剂垫示意图
(2)焊丝对中 调整焊丝位置，使焊丝头对准试件间隙，但不与试件接触。拉动焊接小车往返几次，以使焊丝能在整个试件上对准间隙	 焊丝对中

续表

焊接过程	图示
(3)准备引弧 将焊接小车拉到引弧板处，调整好小车行走方向开关位置，锁紧小车行走离合器。然后按下送丝及抽丝按钮，使焊丝端部与引弧板可靠接触，焊剂堆积高度为40～50mm。最后，将焊剂漏斗下面的门打开，让焊剂覆盖住焊丝头	 打开焊剂漏斗门
(4)引弧 按下启动按钮，引燃电弧，焊接小车沿轨道行走，开始焊接。此时要注意观察控制盘上的电流表与电压表，检查焊接电流、电弧电压与工艺规定的参数是否相符。如果不相符则迅速调整相应的旋钮至规定参数值为止	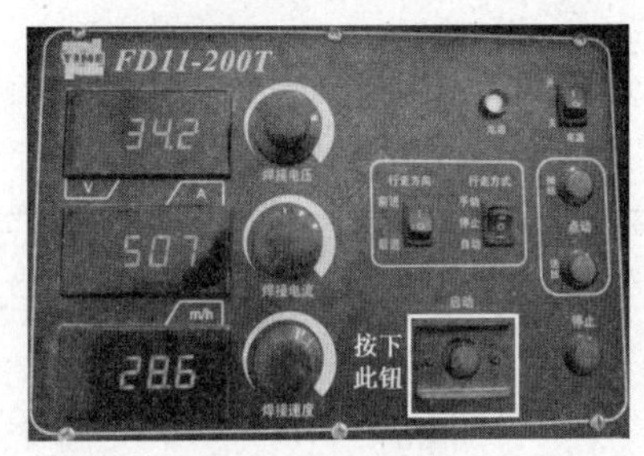 按下启动按钮
(5)收弧 当熔池全部在引出板中部以后，准备收弧。收弧时要注意分两步按停止按钮。先按一半，焊接小车停止前进，但电弧仍在燃烧，熔化的焊丝用来填满弧坑。估计弧坑已填满后，立即将停止按钮按到底	 分两步按停止按钮
(6)清渣 待焊缝金属及熔渣完全凝固并冷却后，敲掉焊渣，并检查正面焊缝外观质量。要求正面焊缝熔深达到试板厚度的60%～70%。如果熔深不够，需加大间隙、增加焊接电流或减小焊接速度	 清渣

续表

焊接过程	图示
(7)清根 将焊件的正面焊缝清理干净后,采用直径 8mm 碳棒,碳弧气刨清理焊缝背面根部,形成深度 3～4mm、宽度 8～10mm 的刨槽	 碳弧气刨清根
(8)焊接背面焊缝 背面焊缝与正面焊缝的埋弧焊操作方法相同	 背面焊接
(9)结束焊接 完成背面焊缝焊接,回收焊剂,清除渣壳,关闭焊剂漏斗的阀门;扳下离合器手柄,将焊接小车推开,放到适当的位置,检查焊接质量	

经验点滴

① 埋弧焊时，由于不能直接观察电弧与坡口的相对位置，而一般埋弧焊机又没有自动跟踪装置，为了防止焊偏，焊前可将焊丝对准根部间隙，往返空载拉动小车 2～3 次，若基本能对中，这样就能保证整条焊缝焊炬对准焊缝不焊偏。

② 焊背面焊道时，因为已有正面焊道托住熔池，故不必用焊剂垫，可直接进行悬空焊接。

③ 引弧时，如果按下启动按钮后，焊丝不能上抽引燃电弧，而把机头顶起，表明焊丝与焊件接触太紧或接触不良。这时适当剪短焊丝或清理接触表面，重新引弧即可。

4. 焊接质量要求

Ⅰ形坡口对接平焊埋弧焊焊接质量要求及评分标准见表 4-8。

表 4-8 焊接质量要求及评分标准

序号	考核内容	考核要点	配分	评分标准	检测结果	扣分	得分
1	焊前准备	劳保着装及工具准备齐全，并符合要求，参数设置、设备调试正确	5	劳保着装及工具准备不符合要求，参数设置、设备调试不正确有一项扣1分			
2	焊接操作	试件固定的空间位置符合要求	10	试件固定的空间位置超出规定范围不得分			
3	焊缝外观	焊缝表面不允许有焊瘤、气孔、夹渣	10	出现任何一种缺陷不得分			
		焊缝无咬边	8	出现咬边不得分			
		焊缝正、反面无凹坑	8	出现凹坑不得分			
		焊缝余高0～3mm，余高差≤2mm；宽度差≤2mm	10	每种尺寸超差一处扣2分			
		焊缝成形美观，纹理均匀、细密，高低、宽窄一致	6	焊缝平整，焊纹不均匀，扣2分；外观成形一般，焊缝平直，局部高低、宽窄不一致扣3分；焊缝弯曲，高低、宽窄明显不得分			
		错边≤10%δ	5	超差不得分			
		焊后角变形≤3°	3	超差不得分			
4	内部质量	X射线探伤	30	Ⅰ级不扣分，Ⅱ级扣10分，Ⅲ级及以下不得分			
5	其他	安全文明生产	5	设备、工具复位，试件、场地清理干净，有一处不符合要求扣1分			
6	定额	操作时间		超时停止操作			
合计			100				
否定项：焊缝表面存在裂纹、未熔合及烧穿缺陷；焊接操作时任意更改试件焊接位置；焊缝原始表面被破坏；焊接时间超出定额							

师傅答疑

问题1　什么是碳弧气刨？主要应用在哪方面？

答：碳弧气刨是使用石墨棒与刨件间产生电弧将金属熔化，并用压缩空气将其吹掉，实现在金属表面上加工沟槽的方法，碳弧气刨原理如图 4-15 所示。碳弧气刨主要应用于焊缝清根、刨除焊缝缺陷及坡口加工、金属切割等方面。

问题2　碳弧气刨设备由哪些组成？

答：碳弧气刨设备由碳弧气刨电源、空气压缩机、电缆、气刨枪、胶管、石墨棒等组成，如图 4-16 所示。

问题3　如何选择碳弧气刨参数？

答：碳弧气刨参数包括电源及极性、石墨棒直径、刨削电流、刨削速度、压缩空气压力、电弧长度、石墨棒和工件的倾角及石墨棒的伸出长度等。

碳弧气刨一般采用功率较大的焊机，碳钢和普通低合金钢采用直流反接；刨削电流根据石墨棒直径可依据经验公式 $I=(30\sim50)d$ 选择；一般刨削速度以 0.5～1.2m/min 为宜；

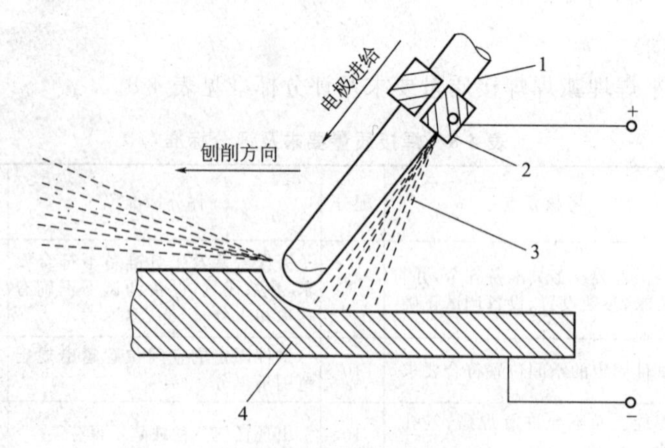

图 4-15 碳弧气刨原理

1—电极；2—刨钳；3—压缩空气流；4—刨件

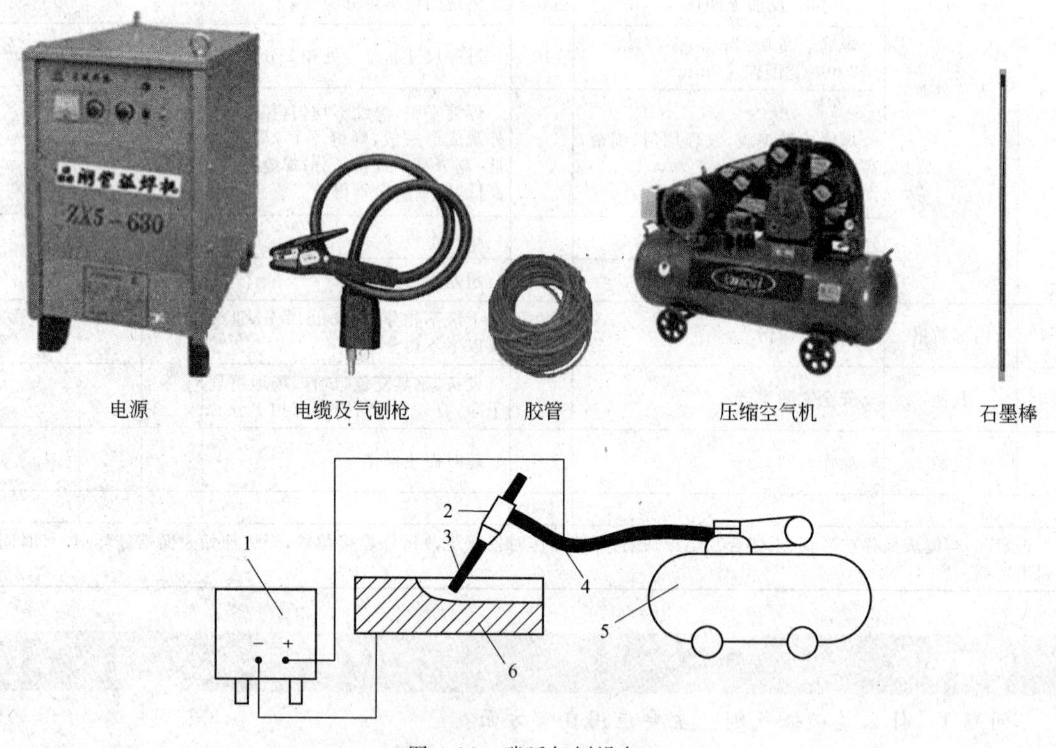

图 4-16 碳弧气刨设备

1—电源；2—碳弧气刨枪；3—石墨棒；4—电缆气管；5—压缩空气机；6—工件

常用的压缩空气压力一般为 0.4～0.6MPa；电弧长度一般为 1～2mm；碳棒倾角一般在 25°～45°之间；碳棒伸出长度以 80～100mm 较合适。

问题 4 碳弧气刨操作要领有哪些？

答：碳弧气刨操作要做到是准、平、正。

准就是槽的深浅要掌握准，刨槽的基准线要看得准。操作时，眼睛要盯住基准线。同时还要顾及刨槽的深浅。由于压缩空气与工件的摩擦作用会发出“嘶嘶”的响声，并且当弧长变化时，响声也随之变化。因此，可借响声的变化来判断和控制弧长的变化。若保持均匀而清脆的“嘶嘶”声，表示电弧稳定，能获得光滑而均匀的刨槽。

平就是手把要端得平稳，否则上下抖动，刨削表面就会出现明显的凹凸不平。同时，还要求移动速度平稳，不能忽快忽慢。

正就是指石墨棒夹持要端正。石墨棒在移动过程中，除了石墨棒倾角合适外，石墨棒的中心线要与刨槽的中心线重合，否则刨槽形状不对称。

模块三 V形坡口对接平焊

学习目标及技能要求

能正确选择V形坡口对接平焊埋弧焊的焊接参数及掌握V形坡口对接平焊埋弧焊的操作方法。

焊接试件图(图4-17)

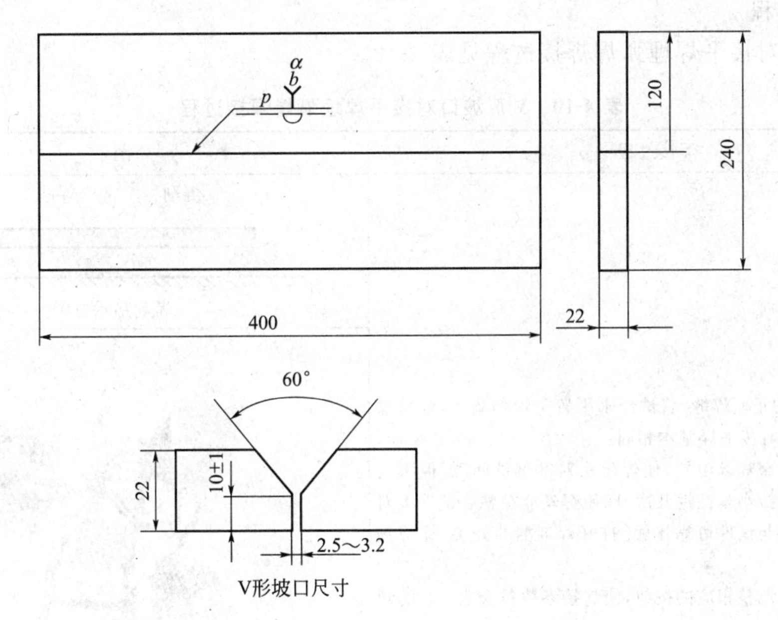

图4-17 V形坡口对接平焊试件图

工艺分析

埋弧焊时，板厚大于14mm就要开坡口焊接，对于开坡口焊缝需多层焊或多层多道焊。多层焊的第一层要注意熔化钝边的60%～70%，填充层要注意控制焊后离试件表面的距离，以便保证盖面焊缝的表面成形。由于埋弧焊是自动焊，焊接参数由设备来保证，所以关键是正确选用焊接参数。为了保证根部质量，采用碳弧气刨清根。

1. 焊前准备

① 试件材料 Q235、400mm×120mm×22mm，两块。

② 焊接材料　焊丝 H10Mn2 或 H08MnA，直径 4mm 或 5mm；焊剂 HJ431，200～250℃烘干，保温 2h。

③ 焊机　MZ-1000。

④ 焊前清理　清理试件坡口面及坡口正反两侧各 30mm 范围内的油污、锈蚀、水分及其他污物，直至露出金属光泽。

⑤ 装配定位　始焊端装配间隙为 2.5～3.2mm，错边量≤1.5mm；试件两端装焊引弧板及引出板，引弧板及引出板的尺寸为 100mm×100mm×10mm。反变形量为 3°。

2. 焊接参数

V 形坡口对接平焊埋弧焊焊接参数的选择见表 4-9。

表 4-9　V 形坡口对接平焊埋弧焊焊接参数

焊接层次	焊丝直径/mm	焊接电流/A	焊接电压/V	焊接速度/(m/h)
正面	4.0	650～700	34～38	28～30
背面	4.0	640～660	34～38	28～30

3. 焊接过程

V 形坡口对接平焊埋弧焊焊接过程见表 4-10。

表 4-10　V 形坡口对接平焊埋弧焊焊接过程

<table>
<tr><th>焊接过程</th><th>图示</th></tr>
<tr><td rowspan="3">(1)正面焊
先焊 V 形坡口的正面焊缝，将试件水平置于焊剂垫上，焊接操作方法与 I 形坡口对接平焊基本相同：
①焊丝对中　调整焊丝位置，使焊丝头对准试件间隙，但不与试件接触。拉动焊接小车往返几次，以使焊丝能在整个试件上对准间隙。下送焊丝与试件可靠接触，打开焊剂漏斗开关，让焊剂覆盖焊接处
②第一层焊接　调整相应的按钮，使焊接参数符合表 4-9 的规定。按下启动按钮，引燃电弧，焊接小车行走，开始焊接
焊接第一层焊道后，必须严格清除渣壳，检查焊道，不得有缺陷，焊道表面应平整或稍下凹，与两侧坡口面熔合良好均匀，焊道两侧不得有死角
③填充焊　将焊丝向上移动 4～5mm 后，再进行填充层焊道焊接。填充层的最后一层焊道应低于母材表面 2～3mm，并且不得熔化坡口棱边，使焊道表面平整或稍下凹
④盖面焊　盖面层焊接时，可适当调节焊接参数，速度稍慢，电压稍大，以保证焊接坡口每侧熔宽为 2～3mm，焊缝余高为 0～3mm</td><td>焊剂　焊件
焊剂垫示意图</td></tr>
<tr><td>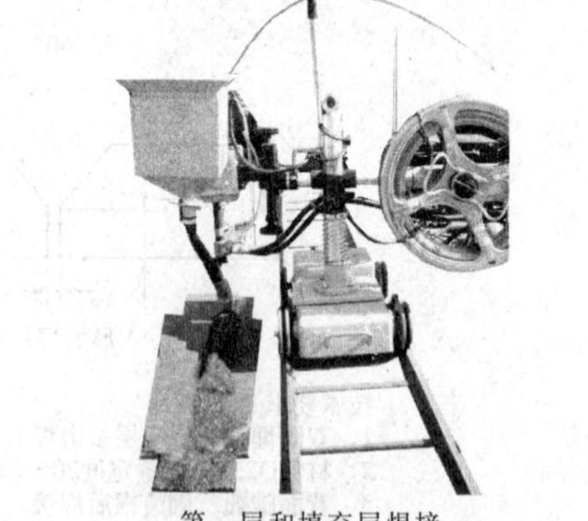
第一层和填充层焊接</td></tr>
<tr><td>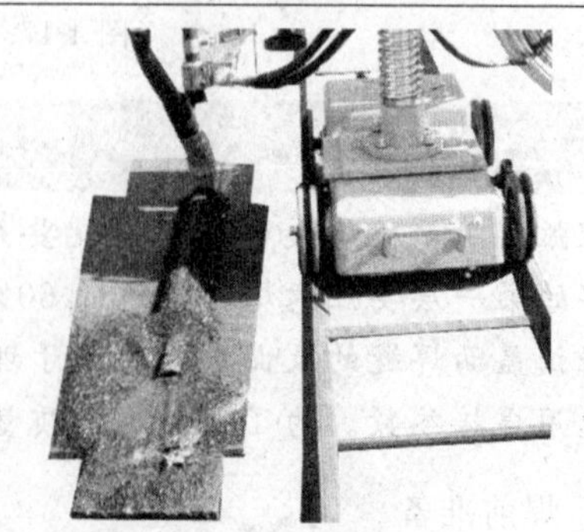
盖面层焊接</td></tr>
</table>

续表

焊接过程	图示
(2)清根 正面焊缝焊完后，利用碳弧气刨清除焊根，在背面刨出一定深度与宽度的刨槽	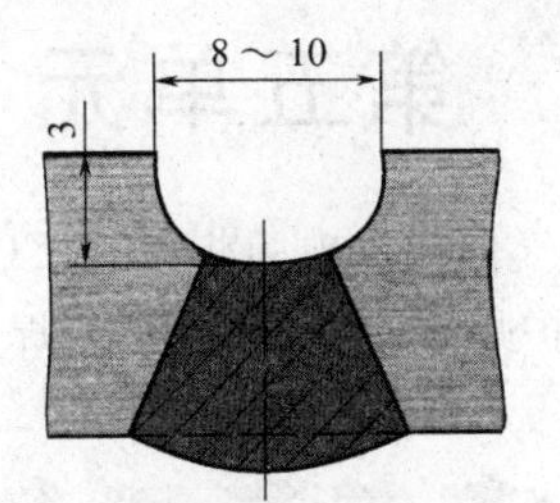 碳弧气刨刨槽尺寸
(3)背面焊 焊接背面焊缝，背面焊缝采用单道焊，焊接操作同正面焊缝。焊后清理试件，结束整个焊接过程	 清理试件

4. 焊接质量要求

V 形坡口对接平焊埋弧焊焊接质量要求及评分标准见表 4-8。

经验点滴

① 埋弧焊前，焊接电缆与焊件的连接往往容易被忽视，如果连接位置不当，可能会形成焊接过程中的附加磁场，造成电弧磁偏吹，影响焊接电弧的稳定性。

② 碳弧气刨清根时，随着刨削不断进行，石墨棒不断烧损，这时应及时调整石墨棒伸出长度。当石墨棒伸出长度小于 30mm 时，应立即调整或更换石墨棒，以免烧坏刨枪。

③ 埋弧焊时，如果焊接速度和送丝速度不均匀以及焊丝导电不良，会造成焊缝表面成形不均匀。

④ 收弧时，按下停止按钮应分两步：先轻按一下使焊丝停送，后再按到底切断电源。若两下之间时间太短，则弧坑填不满；若两下之间时间太长，则弧坑填得过高。如果直接一步按到底，焊丝送进与焊接电源同时切断，则会由于送丝电动机的惯性继续下送一段焊丝，焊丝插入金属熔池中，使焊丝与焊件粘住。

第五单元　CO_2 气体保护电弧焊

CO_2 气体保护电弧焊是用 CO_2 作为保护气体，依靠焊丝与焊件之间产生电弧熔化金属的气体保护焊方法，简称 CO_2 焊，如图 5-1 所示。

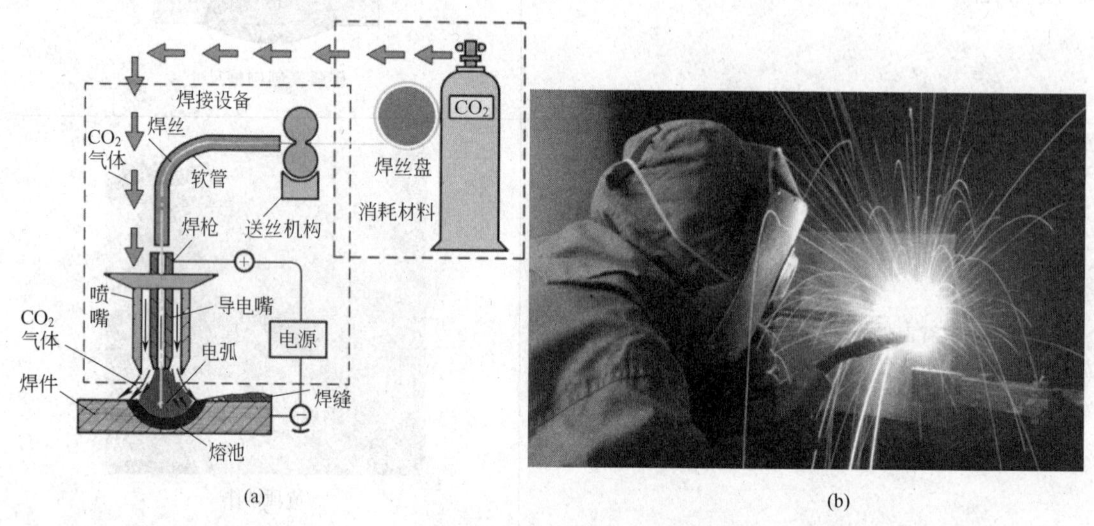

图 5-1　CO_2 焊

CO_2 焊按所用的焊丝类型不同分为实芯焊丝 CO_2 焊和药芯焊丝 CO_2 焊，按操作方式的不同分为半自动 CO_2 焊和自动 CO_2 焊，按焊丝直径不同分为细丝 CO_2 焊（直径≤1.2mm）和粗丝 CO_2 焊（直径>1.6mm）。

模块一　CO_2 焊设备及工艺

一、CO_2 气体保护焊设备

1. CO_2 焊设备组成

CO_2 半自动焊设备主要由焊接电源、焊枪及送丝机构、CO_2 供气装置、控制系统等组成，如图 5-2 所示。CO_2 自动焊仅多了焊车行走机构。

（1）焊接电源

CO_2 焊使用交流电源焊接时电弧不稳定，飞溅严重，因此只能使用直流电源反接。要求焊接电源具有平硬的外特性。

（2）送丝机构及焊枪

CO_2 半自动焊送丝机构为等速送丝，其送丝方式有推丝式、拉丝式和推拉式三种，如图 5-3 所示。

焊枪的作用是导电、导丝、导气。焊枪按结构可分为鹅颈式焊枪和手枪式焊枪，如图 5-4 所示。

（3）CO_2 供气装置

供气装置由气瓶、一体化的减压流量计、气管和电磁气阀组成，如图 5-5 所示。

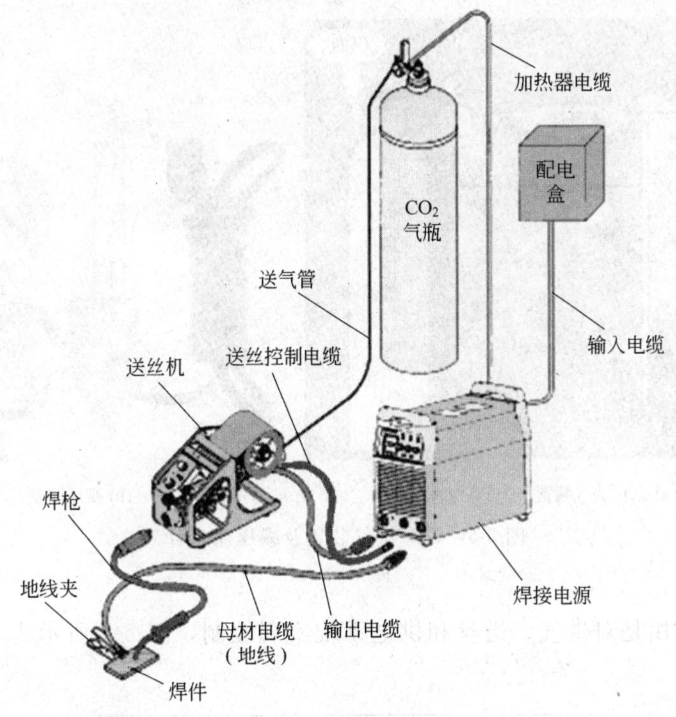

图 5-2 CO_2半自动焊设备

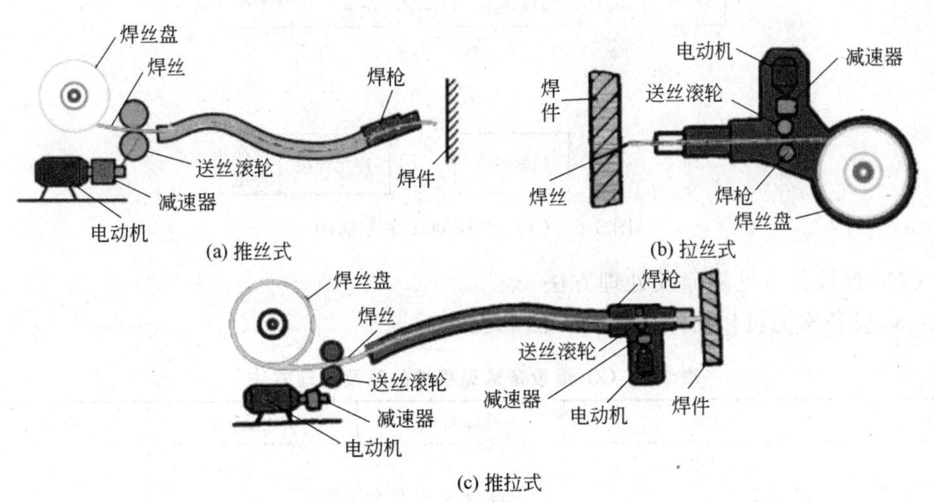

图 5-3 CO_2半自动焊送丝机构

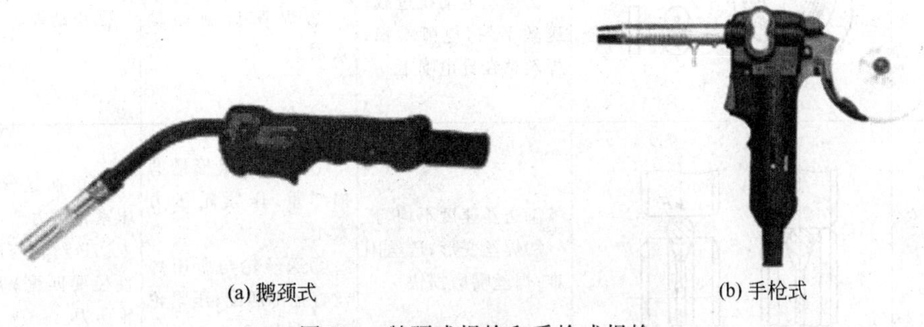

图 5-4 鹅颈式焊枪和手枪式焊枪

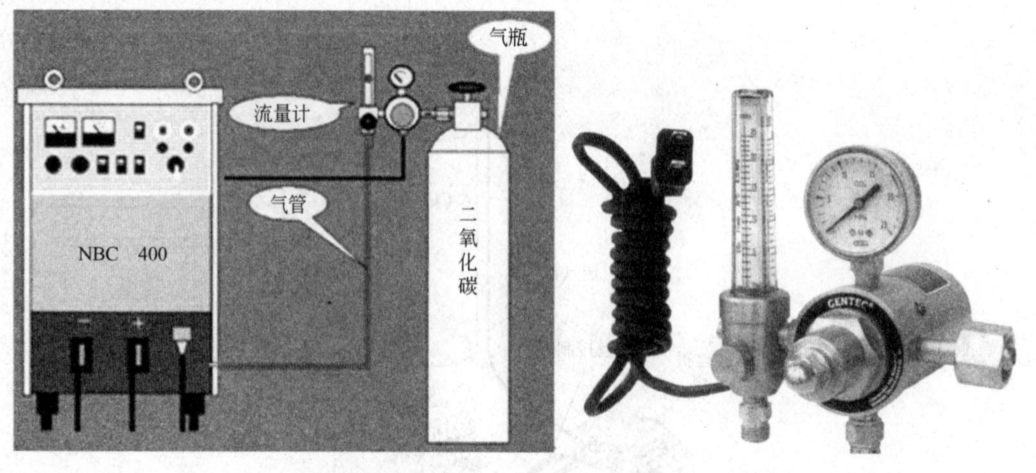

(a) CO_2 供气装置 (b) 减压流量计

图 5-5 CO_2 供气装置及减压流量计

（4）控制系统

控制系统的作用是对供气、送丝和供电系统实现控制，图 5-6 所示为 CO_2 焊的控制程序方框图。

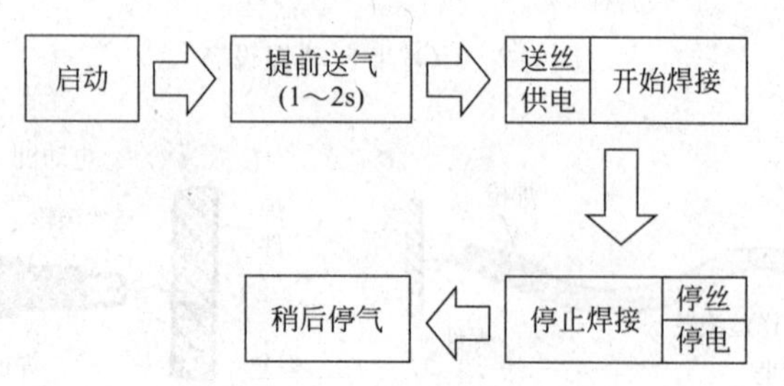

图 5-6 CO_2 焊控制程序方框图

2. CO_2 焊设备常见故障及处理方法

CO_2 焊设备常见机械故障及处理方法见表 5-1。

表 5-1 CO_2 焊设备常见机械故障及处理方法

故障部位	示意图	故障特征	产生原因	排除方法
焊丝盘		①焊丝盘中焊丝松散 ②送丝电动机过载；送丝不匀，电弧不稳；焊丝粘在导电嘴上	①焊丝盘制动轴太松 ②焊丝盘制动轴太紧	①紧固焊丝盘制动轴 ②松动焊丝盘制动轴
送丝轮 V 形槽及压紧轮	F F	①送丝速度不均匀 ②焊丝变形；送丝困难；焊丝嘴磨损快	①送丝轮 V 形槽磨损严重；压紧轮压力太小 ②送丝轮与所用焊丝直径不匹配；压紧轮压力太大	①更换送丝轮；调整压紧轮压力 ②送丝轮与所用焊丝直径要匹配；调整压紧轮压力

续表

故障部位	示意图	故障特征	产生原因	排除方法
送丝轮V形槽及压紧轮		①送丝速度不均匀 ②焊丝变形；送丝困难；焊丝嘴磨损快	①送丝轮V形槽磨损严重；压紧轮压力太小 ②送丝轮与所用焊丝直径不匹配；压紧轮压力太大	①更换送丝轮；调整压紧轮压力 ②送丝轮与所用焊丝直径要匹配；调整压紧轮压力
进丝嘴		①焊丝易打弯，送丝不畅 ②摩擦阻力大，送丝受阻	①进丝嘴孔太大或进丝嘴与送丝轮间距太大 ②进丝嘴孔太小	①调换进丝嘴和调整进丝嘴与送丝轮间距 ②调换进丝嘴
弹簧软管		①焊丝打弯，送丝受阻 ②摩擦阻力大，送丝受阻	①管内径太大；软管太短 ②管内径太小或被脏物堵塞；软管太长	①调换弹簧软管 ②调换弹簧软管或清洗弹簧软管
导电嘴		①电弧不稳；焊缝不直 ②摩擦阻力大，送丝不畅	①导电嘴磨损，孔径太大 ②导电嘴孔径太小	①更换导电嘴 ②更换导电嘴
焊枪软管		焊接速度不均匀或送不出丝	焊丝在焊枪软管内摩擦力大，送丝受阻；焊枪软管弯曲不舒展	焊前根据焊接位置将焊枪软管铺设舒展后再施焊
喷嘴		气体保护不好，产生气孔；电弧不均匀	飞溅物堵塞出口或喷嘴松动	清理喷嘴并在喷嘴内涂防飞溅剂或紧固喷嘴

二、CO_2 焊工艺

1. CO_2 焊的焊接参数

CO_2 焊的焊接参数有焊丝直径、焊接电流、电弧电压、焊接速度、焊丝伸出长度、气体流量、装配间隙及坡口尺寸等。

(1) 焊丝直径

焊丝直径主要根据焊件厚度及焊接空间位置、生产率的要求来选择。焊丝直径的选择见表5-2。

表 5-2 焊丝直径的选择

板厚/mm	0.6	0.8	1.0	1.2	1.6	2.0	2.3	3.2	4	4.5	6	9	12	16	20	>20
焊丝直径/mm	0.6															
		0.8	0.8	0.8	0.8	0.8										
			0.9	0.9	0.9	0.9	0.9	0.9	0.9							
					1.0	1.0	1.0	1.0	1.0	1.0						
						1.2	1.2	1.2	1.2	1.2	1.2	1.2	1.2	1.2	1.2	1.2
									1.4	1.4	1.4	1.4	1.4	1.4	1.4	1.4
											1.6	1.6	1.6	1.6	1.6	1.6

(2) 焊接电流

焊接电流的大小应根据焊件厚度、焊丝直径、焊接位置及熔滴过渡形式来确定。通常直径为 0.8～1.6mm 的焊丝，在短路过渡时，焊接电流在 50～250A 内选择。短路过渡焊丝直径与焊接电流的关系见表 5-3。细滴过渡时，对于不同的焊丝直径，焊接电流必须达到不同的临界值后才可实现。一般焊接电流在 250～500A 内选择。

表 5-3 短路过渡焊丝直径与焊接电流的关系

焊丝直径/mm	焊接电流/A
0.8	50～100
1.0	70～120
1.2	100～200
1.6	140～250

(3) 电弧电压

电弧电压必须与焊接电流配合恰当，电弧电压随着焊接电流的增加而增大。短路过渡焊接时，通常电弧电压在 16～24V 范围内。细滴过渡焊接时，对于直径为 1.2～3.0mm 的焊丝，电弧电压可在 34～45V 范围内选择。

(4) 焊接速度

焊接速度过快，不仅气体保护效果变差，可能出现气孔，而且还容易产生咬边及未熔合等缺陷；焊接速度过慢，则焊接生产率降低，焊接变形增大。一般 CO_2 半自动焊时的焊接速度为 15～40m/h。

(5) 焊丝伸出长度

焊丝伸出长度取决于焊丝直径，一般等于焊丝直径的 10～12 倍为宜。伸出长度过大，焊丝会成段熔断，飞溅严重，气体保护效果差；伸出长度过小，不但易造成飞溅物堵塞喷嘴，影响保护效果，也影响焊工视线。

(6) CO_2 气体流量

气体流量过小电弧不稳，有密集气孔产生，焊缝表面易被氧化成深褐色；气体流量过大会出现气体紊流，也会产生气孔，焊缝表面呈浅褐色。细丝 CO_2 焊时，CO_2 气体流量一般为 8～15L/min；粗丝 CO_2 焊时，CO_2 气体流量一般为 15～25L/min；若粗丝大电流，气体流量可提高到 25～50L/min。

(7) 装配间隙及坡口尺寸

由于CO_2焊焊丝直径较细，电流密度大，电弧穿透力强，电弧热量集中，一般对于12mm以下的焊件不开坡口也可焊透，对于必须开坡口的焊件，一般坡口角度可由焊条电弧焊的60°左右减为30°～40°，钝边可相应增大2～3mm，根部间隙可相应减少1～2mm。

2. CO_2焊基本操作工艺

CO_2半自动焊的基本操作包括引弧、收弧、接头、摆动等技能。

(1) 持枪姿势与焊枪的摆动

① 持枪姿势　根据焊件高度，身体可成下蹲、坐姿或站立姿势。脚要站稳，右手握焊枪，手臂处于自然状态，焊枪软管应舒展，手腕能灵活带动焊枪平移和转动。焊接过程中能维持焊枪倾角不变，并可方便地观察熔池。图5-7为不同位置焊接时的正确持枪姿势。

(a) 下蹲平焊　(b) 坐姿平焊　(c) 站立平焊　(d) 站立立焊　(e) 站立仰焊

图5-7　正确持枪姿势

② 焊枪的摆动方法　为了控制焊缝的宽度和良好的焊缝成形，CO_2焊焊枪也要作横向摆动。常用的摆动方法有直线形、月牙形、锯齿形、反月牙形、斜圆圈形和正三角形法等几种，如图5-8所示。

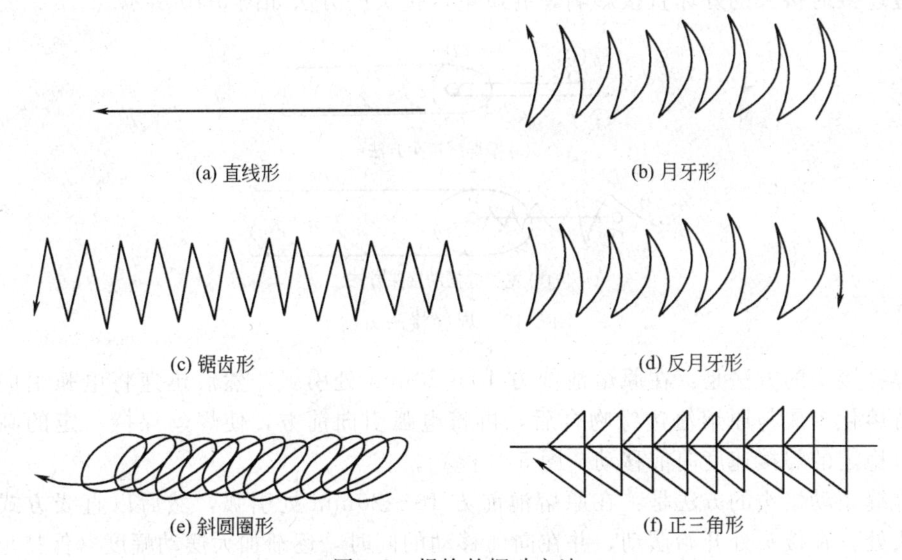

(a) 直线形　(b) 月牙形　(c) 锯齿形　(d) 反月牙形　(e) 斜圆圈形　(f) 正三角形

图5-8　焊枪的摆动方法

(2) 引弧

CO_2焊与焊条电弧焊引弧方法稍有不同，不采用划擦引弧，主要是短路引弧，但引弧时不必抬起焊枪。如图5-9所示，具体操作过程如下。

① 引弧前先按遥控盒上的点动开关或焊枪上的控制开关，点动送出一段焊丝使其接近焊丝伸出长度，超长部分或焊丝端部出现球状应剪去，如图5-9(a)所示。

② 将焊枪按合适的倾角和喷嘴高度放在引弧处，此时焊丝端部与焊件未接触，约保持2～3mm距离，如图5-9(b)所示。

③ 按动焊枪开关，焊丝与焊件接触短路，焊枪会自动顶起，如图 5-9(c) 所示。要稍用力压住焊枪，瞬间引燃电弧后，移向焊接处，待金属熔化后进行正常的焊接。

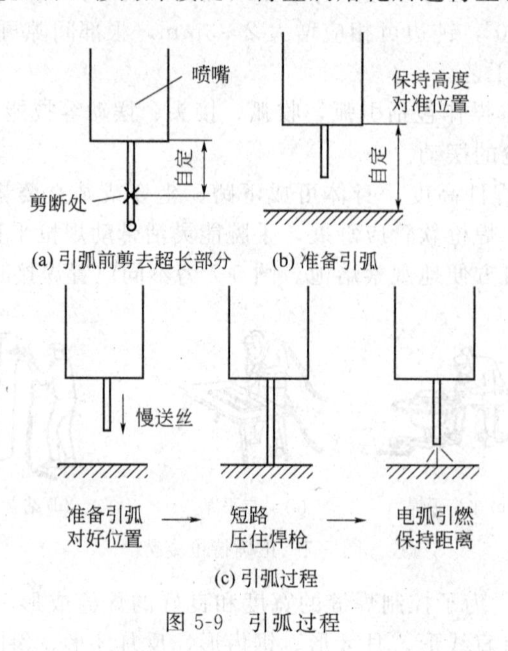

图 5-9 引弧过程

(3) 接头

焊缝连接时接头的好坏直接影响焊缝质量，接头的方法如图 5-10 所示。

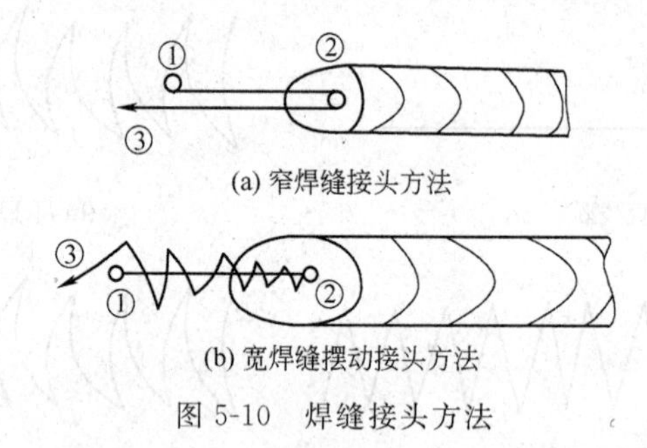

图 5-10 焊缝接头方法

窄焊缝接头的方法是：在原熔池前方 10～20mm 处引弧，然后迅速将电弧引向原熔池中心，待熔化金属与原熔池边缘吻合后，再将电弧引向前方，使焊丝保持一定的高度和角度，并以稳定的焊接速度向前移动 [图 5-10(a)]。

宽焊缝摆动接头的方法是：在原熔池前方 10～20mm 处引弧，然后以直线方式将电弧引向接头处，在接头处开始摆动，并在向前移动的同时，逐渐加大摆动幅度（保持形成的焊缝与原焊缝宽度相同），最后转入正常焊接 [图 5-10(b)]。

(4) 收弧

焊接结束或中断焊接时，必须收弧。若焊机没有电流衰减装置（弧坑控制电路）时，焊枪在弧坑处停留一下，并在熔池未凝固前，反复断弧引弧 2～3 次，待熔滴填满弧坑时断电。若焊机有电流衰减装置（弧坑控制电路）时，焊枪在弧坑处停止前进，启动开关，焊接电流和电弧电压自动减小，待弧坑填满后熄弧。

(5) 焊枪的运动方向

焊枪的运动方向有左向焊法和右向焊法两种，如图 5-11 所示。CO_2 焊多采用左向焊法。

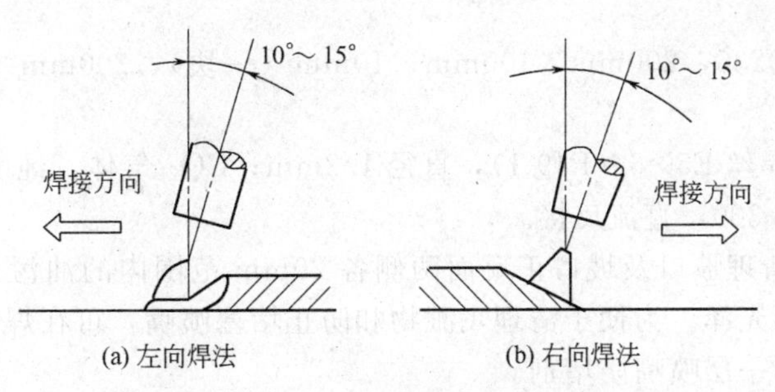

图 5-11 CO_2焊焊枪的运动方向

左向焊法操作时，焊枪自右向左移动，电弧的吹力作用在熔池及其前沿处，将熔池金属向前推进，由于电弧不直接作用在焊接处，因此熔深较浅，焊道平而宽，保护效果好。采用左向焊法，易于观察焊接方向，不易焊偏。

右向焊法操作时，焊枪自左向右移动，电弧直接作用在焊接处，熔深较大，焊道窄而高，但会阻挡焊工视线，不易准确掌握焊接方向，容易焊偏，尤其在对接焊时更为明显。

模块二 板平角焊

学习目标及技能要求

能正确选用CO_2焊平角焊的焊接参数及掌握CO_2焊平角焊的操作方法。

焊接试件图(图 5-12)

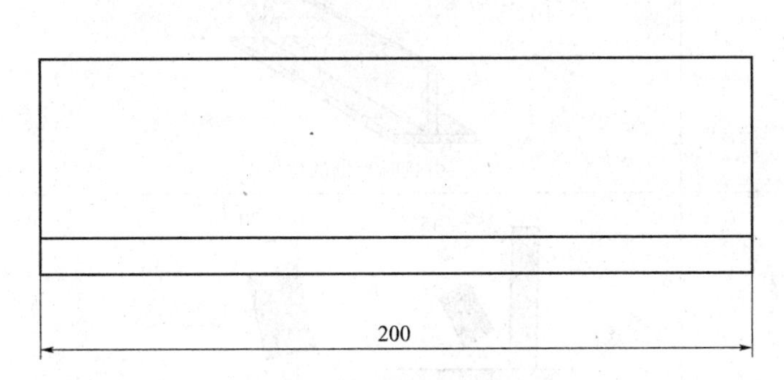

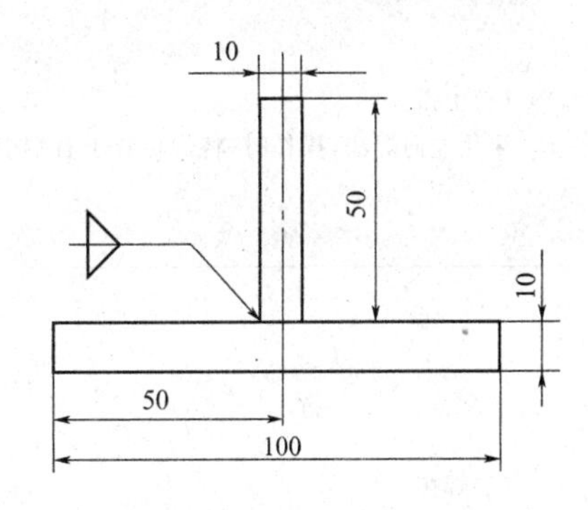

技术要求：
1.根部具有一定的熔深。
2.试件材料 Q235。焊脚一侧6mm，另一侧10mm。
3.组对严密、两板相互垂直
4.试件的空间位置符合要求。

图 5-12 CO_2平角焊试件图

工艺分析

平角焊时，易在立板产生咬边和出现焊缝下垂偏向平板一侧缺陷，所以操作时，除了正确选择焊接参数外，还要根据板厚和焊脚大小来控制焊丝的倾角。不等厚度焊件，焊丝的倾角应使电弧偏向厚板，使两板受热均匀；等厚度焊件，一般焊丝与水平板夹角为40°～50°。

1．焊前准备

① 试件材料　Q235，200mm×100mm×10mm（一块），200mm×50mm×10mm（一块），Ⅰ形坡口。

② 焊接材料　焊丝 E50-6（E49-1），直径 1.2mm；CO_2 气体，纯度≥99.5%。

③ 焊机　NBC1-300，直流反接。

④ 焊前清理　清理坡口及坡口正反面两侧各 20mm 范围内的油污、锈蚀、水分及其他污物，直至露出金属光泽。为便于清理飞溅物和防止堵塞喷嘴，可在焊件表面涂上一层飞溅防粘剂，在喷嘴上涂一层喷嘴防堵剂。

⑤ 装配定位　组对间隙为 0～2mm；定位焊在试件两端的对称处，焊缝长为 10～15mm；保证立板与平板间的垂直度。

2．焊接参数

CO_2平角焊焊接参数的选择见表 5-4。

表 5-4　CO_2平角焊焊接参数

焊接层	伸出长度/mm	焊丝直径/mm	焊接电流/A	电弧电压/V	焊接速度/(cm/s)	气体流量/(L/min)
第一层	10～15	1.2	180～200	21～23	0.5～0.8	10～15
第二层			160～180	20～22		

3．焊接过程

CO_2平角焊焊接过程见表 5-5。

表 5-5　CO_2平角焊焊接过程

焊接过程	图示
(1)引弧 采用左向焊法，操作时，将焊枪置于右端引弧	引弧时焊枪的位置
(2)焊接 对于 6mm 焊脚，采用直线形运丝法，单层(道)焊。焊枪指向距离根部 1～2mm 处。焊枪角度如图所示 对于 10mm 焊脚，采用两层三道焊。第一层(道)操作与单层(道)焊类似，焊丝距焊件夹角线 1～2mm，得到 6mm 左右的焊脚。第二层的第一条焊道，焊丝指向第一层焊道与水平板的熔合处；第二层的第二条焊道，焊丝指向第一层焊道与第二层第一条焊道交汇处。采用直线形或锯齿形运丝法焊接。盖面焊道如图所示	35°～45°　1～2　10°～20°　焊接方向 (a) 正面　(b) 侧面 平角焊时焊枪角度 盖面焊道

续表

焊接过程	图示
(3)收弧 焊至终焊端填满弧坑,稍停片刻缓慢地抬起焊枪完成收弧	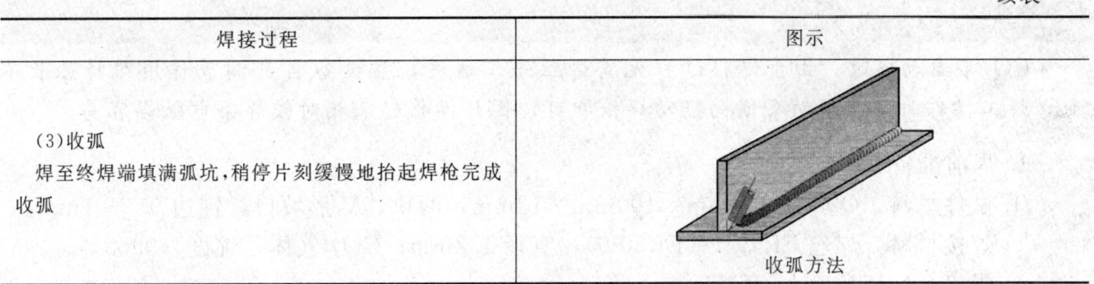 收弧方法

4. 焊接质量要求

焊接质量要求及评分标准见表 3-7。

经验点滴

① CO_2 焊为明弧焊，电弧光紫外线辐射强度比焊条电弧焊要强约 30 倍，容易引起电光眼及裸露皮肤的灼伤，因此应注意加强防护。

② CO_2气体保护焊时，飞溅较多，尤其是粗丝焊接（直径大于 1.6mm）时，更易产生大颗粒飞溅，因此焊工应穿戴好防护用具，以防止人体灼伤。

③ CO_2气体在焊接电弧高温下会分解生成对人体有害的一氧化碳气体，焊接时还会产生其他有害气体和烟尘，所以焊接场所应加强通风。

④ 在焊接生产中，有时焊接电缆较长，常常将一部分电缆盘绕起来，这相当于在焊接回路中串入了一个附加电感，由于回路电感值的改变，使飞溅等发生变化。因此焊接过程正常后，电缆盘绕的圈数就不宜变动。

模块三　板对接平位 CO_2焊

学习目标及技能要求

能正确选用 V 形坡口对接平位 CO_2 焊焊接参数及掌握 V 形坡口对接平位 CO_2 焊的操作方法。

焊接试件图（图 5-13）

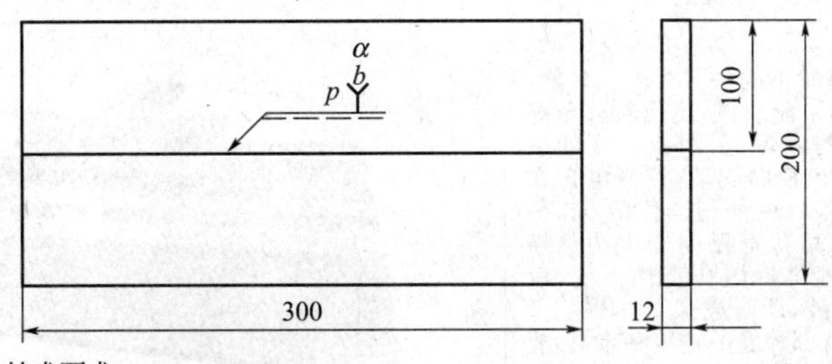

技术要求：
1. 单面焊双面成形。
2. 试件材料Q235。
3. 坡口角度60°，钝边、间隙、反变形自定。
4. 试件离地面高度自定。

图 5-13　V 形坡口对接平焊试件图

工艺分析

CO_2半自动焊时，由于焊接过程无需焊丝手工送进，靠设备自身调节作用维持弧长不变，焊工操作时只需移动及横向摆动焊枪即可，因此操作起来相对较焊条电弧焊容易。

1. 焊前准备

① 试件材料　Q235，300mm×100mm×12mm，两块，V形坡口，钝边0.5～1mm。

② 焊接材料　焊丝ER49-1（ER50-6），直径1.2mm；CO_2气体，纯度≥99.5%。

③ 焊机　NBC1-300，直流反接。

④ 焊前清理　清理坡口及坡口正反面两侧各20mm范围内的油污、锈蚀、水分及其他污物，直至露出金属光泽。为便于清除飞溅物和防止堵塞喷嘴，可在焊件表面涂上一层飞溅防粘剂，在喷嘴上涂一层喷嘴防堵剂。

⑤ 装配定位　始焊端装配间隙为2.5mm，终焊端装配间隙为3.2mm；错边量≤0.5mm；试件坡口内定位焊，焊缝长度为10～15mm；预置反变形量为3°。

2. 焊接参数

V形坡口对接平位CO_2焊焊接参数的选择见表5-6。

表5-6　V形坡口对接平位CO_2焊焊接参数

焊接层次	焊丝直径/mm	焊接电流/A	电弧电压/V	运丝方式	气体流量/(L/min)
打底层	1.2	110～130	18～20	锯齿形或月牙形运条法	12～15
填充层		130～150	20～24		
盖面层		140～160	25		

3. 焊接过程

采用左向焊法，焊接层次为三层三道，焊道分布如图5-14所示。

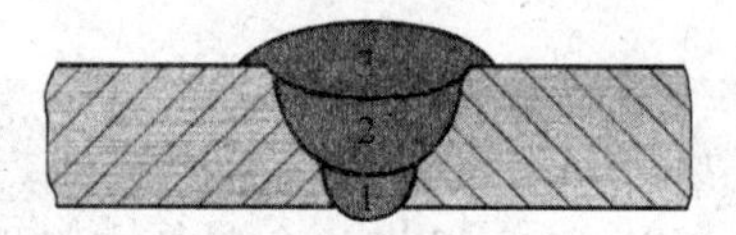

图5-14　焊道分布

V形坡口对接平位CO_2焊焊接过程见表5-7。

表5-7　V形坡口对接平位CO_2焊焊接过程

焊接过程	图示
(1)打底焊 ① 引弧　将试件始焊端(间隙小的一端)放于右侧，在离试件端部20mm坡口内的一侧引弧，迅速右移至焊件右端头，然后开始向左焊接打底焊道，焊枪角度如图所示。焊枪沿坡口两侧作小幅度横向摆动，控制电弧在离底边2～3mm处燃烧，并在坡口两侧稍微停留0.5～1s。焊接时应根据间隙大小和熔孔直径的变化调整横向摆动幅度和焊接速度，尽可能维持熔孔直径不变，以获得宽窄和高低均匀的背面焊缝，严防烧穿 ②控制熔孔的大小　这决定背部焊缝的宽度和余高，要求焊接过程中控制熔孔直径始终比间隙大0.5～1mm ③控制电弧的停留时间　控制电弧在坡口两侧的停留时间，以保证坡口两侧熔合良好，使打底焊道两侧与坡口结合处稍下凹，焊道表面平整 ④控制喷嘴的高度　电弧必须在离坡口底部2～3mm处燃烧，保证打底层厚度不超过4mm 打底焊焊缝背面如图所示	70°～80° 90° 打底焊焊枪角度

续表

焊接过程	图示
(1)打底焊 ① 引弧　将试件始焊端(间隙小的一端)放于右侧,在离试件端部20mm坡口内的一侧引弧,迅速右移至焊件右端头,然后开始向左焊接打底焊道,焊枪角度如图所示。焊枪沿坡口两侧作小幅度横向摆动,控制电弧在离底边2～3mm处燃烧,并在坡口两侧稍微停留0.5～1s。焊接时应根据间隙大小和熔孔直径的变化调整横向摆动幅度和焊接速度,尽可能维持熔孔直径不变,以获得宽窄和高低均匀的背面焊缝,严防烧穿 ②控制熔孔的大小　这决定背部焊缝的宽度和余高,要求焊接过程中控制熔孔直径始终比间隙大0.5～1mm ③控制电弧的停留时间　控制电弧在坡口两侧的停留时间,以保证坡口两侧熔合良好,使打底焊道两侧与坡口结合处稍下凹,焊道表面平整 ④控制喷嘴的高度　电弧必须在离坡口底部2～3mm处燃烧,保证打底层厚度不超过4mm 打底焊焊缝背面如图所示	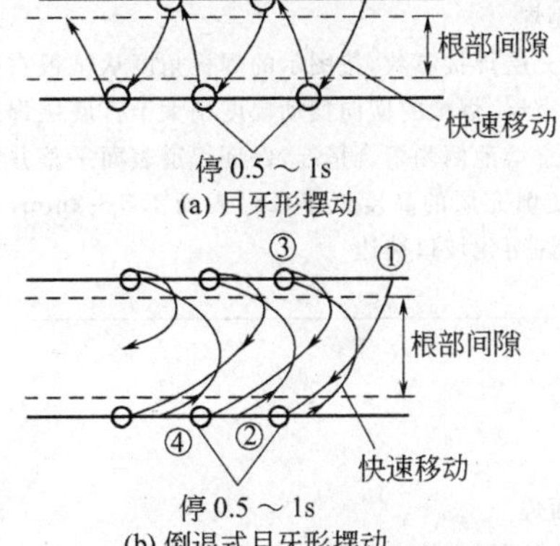 V形坡口对接平焊焊枪摆动方式 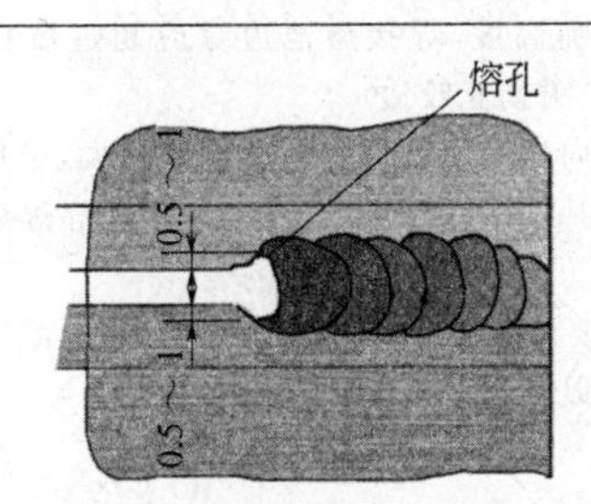 平焊时熔孔的控制尺寸 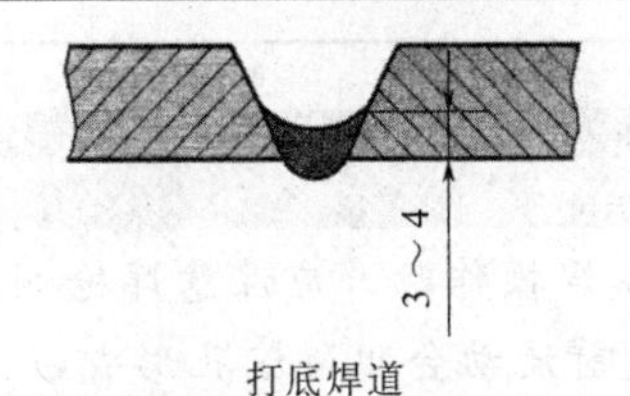 打底焊道  打底焊焊缝背面
(2)填充焊 调试填充层焊接参数,按图示的焊枪角度从试板右端开始焊填充层,焊枪的横向摆动幅度稍大于打底层焊缝宽度。注意熔池两侧熔合情况,保证焊道表面平整并稍下凹,并使填充层的高度低于母材表面1.5～2mm,焊接时不允许熔化坡口棱边	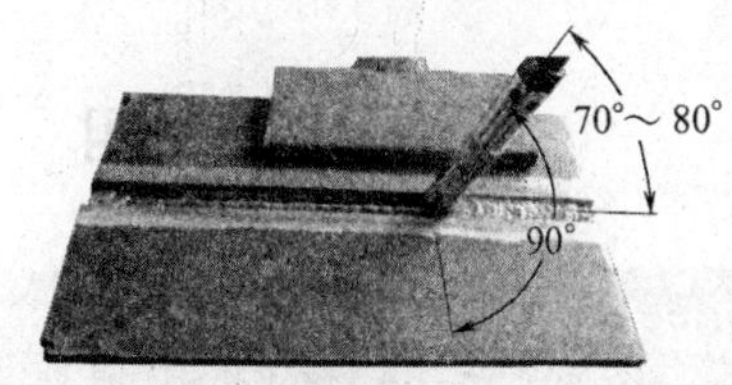 填充焊焊枪角度

续表

焊接过程	图示
(2)填充焊 调试填充层焊接参数,按图示的焊枪角度从试板右端开始焊填充层,焊枪的横向摆动幅度稍大于打底层焊缝宽度。注意熔池两侧熔合情况,保证焊道表面平整并稍下凹,并使填充层的高度低于母材表面1.5～2mm,焊接时不允许熔化坡口棱边	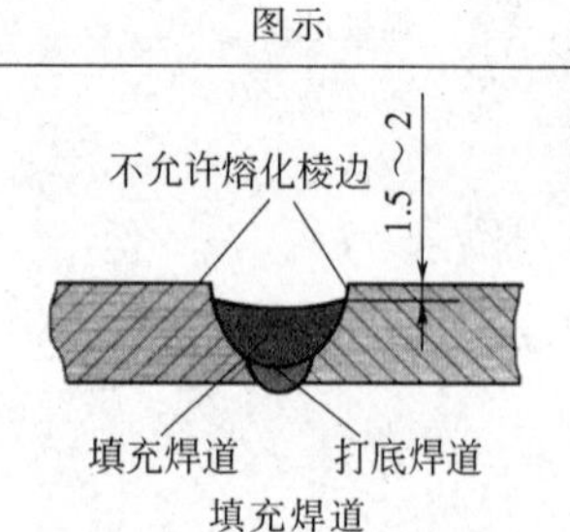 填充焊道
(3)盖面焊 调试好盖面层焊接参数后,按图示的焊枪角度从右端开始焊接,需注意下列事项: ① 保持喷嘴高度,焊接熔池边缘应超过坡口棱边0.5～2.0mm,并防止咬边 ② 焊枪横向摆动幅度应比填充焊时稍大,尽量保持焊接速度均匀,使焊缝外观成形平滑,盖面焊焊缝如图所示 ③ 收弧时要填满弧坑,收弧弧长要短,熔池凝固后方能移开焊枪,以免产生弧坑裂纹和气孔	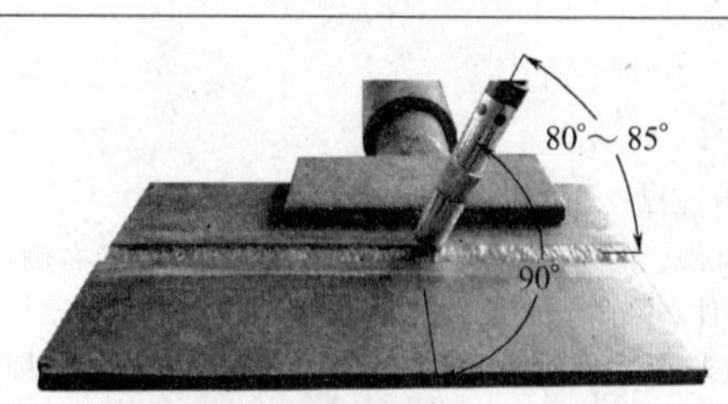 盖面焊操作  盖面焊焊缝

经验点滴

① CO_2焊操作时，应注意焊枪倾角，焊枪倾角太大，不仅会使保护气氛被破坏，而且液态金属超前流动会阻碍熔孔形成，使背面焊缝无法形成；而焊枪倾角过小，不仅影响操作视线，还容易出现穿丝现象。

② 生产中，常用经验公式来确定CO_2焊电弧电压值。当焊接电流≤300A时，电弧电压（V）＝0.04×焊接电流（A）＋16±1.5；当焊接电流＞300A时，电弧电压（V）＝0.04×焊接电流（A）＋20±2。

③ CO_2焊收弧时，要填满弧坑并使弧坑尽量小些，以防止弧坑处产生缺陷。中途中断焊接时，不要马上抬起焊枪，要做好滞后停气对熔池的保护，以避免熔池在高温下发生氧化。

4. 焊接质量要求

试件焊接质量要求及评分标准见表3-10。

模块四　板对接横位CO_2焊

学习目标及技能要求

能正确选用V形坡口对接横位CO_2焊焊接参数及掌握V形坡口对接横位CO_2焊的操作方法。

焊接试件图(图 5-15)

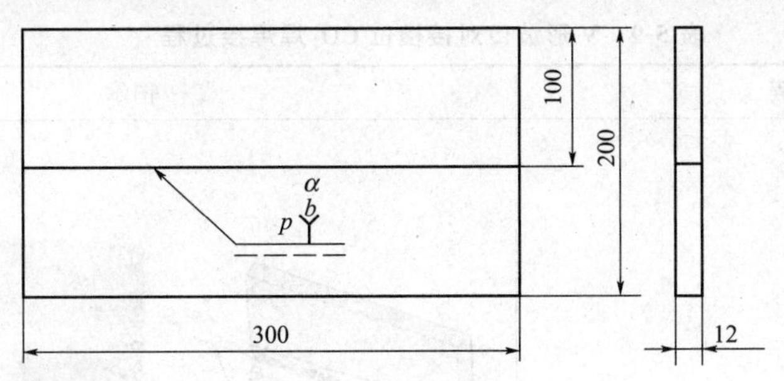

技术要求：
1. 单面焊双面成形。
2. 试件材料Q235，60° V形坡口。
3. 钝边、间隙、反变形自定。
4. 试件空间位置符合横焊要求。

图 5-15 V形坡口对接横焊试件图

工艺分析

横焊时液态金属在重力作用下下坠，会在焊缝上边缘产生咬边，下边缘产生焊瘤、未焊透等缺陷。为避免这些缺陷，对于坡口较大，焊缝较宽的焊件，一般都采用多层多道焊，以通过多条窄焊道的堆积，来尽量减小熔池体积，最后获得较好的焊缝表面成形。

1. 焊前准备

① 试件材料 Q235，300mm × 100mm × 12mm，两块，60° V 形坡口，钝边 0.5～1mm。

② 焊接材料 焊丝 ER49-1（ER50-1），直径 1.0 或 1.2mm；CO_2 气体，纯度 ≥99.5%。

③ 焊机 NBC1-300，直流反接。

④ 焊前清理 清理坡口及坡口正反面两侧各 20mm 范围内的油污、锈蚀、水分及其他污物，直至露出金属光泽。为便于清除飞溅物和防止堵塞喷嘴，可在焊件表面涂上一层飞溅防粘剂，在喷嘴上涂一层喷嘴防堵剂。

⑤ 装配定位 始焊端装配间隙为 2.5mm，终焊端装配间隙为 3.2mm；错边量≤1.2mm；试件坡口内定位焊，焊缝长度为 10～15mm；预制反变形量为 4°～5°。

2. 焊接参数

V 形坡口对接横位 CO_2焊焊接参数选择见表 5-8。

表 5-8 V 形坡口对接横位 CO_2焊焊接参数

焊接层次(焊道)	焊丝直径/mm	焊接电流/A	电弧电压/V	运丝方式	气体流量/(L/min)
打底层(1)	1.0	90～100	18～20	锯齿形或斜圆圈形运丝法	10～15
填充层(2、3)		110～120	20～22	斜圆圈形运丝法	
盖面层(4、5、6)		110～120	20～22	斜圆圈形运丝法	
打底层(1)	1.2	100～110	20～22	锯齿形或斜圆圈形运丝法	12～15
填充层(2、3)		130～150	20～22	斜圆圈形运丝法	
盖面层(4、5、6)		130～150	20～24	斜圆圈形运丝法	

3. 焊接过程

V形坡口对接横位 CO_2 焊焊接过程见表5-9（采用三层六道焊）。

表5-9　V形坡口对接横位 CO_2 焊焊接过程

<table>
<tr><th>焊接过程</th><th>图示</th></tr>
<tr><td rowspan="3">(1)打底焊
将试板垂直固定在焊接夹具上，使坡口处于水平位置，间隙小的一端放于右侧
采用左向焊法，焊枪角度如图所示
在试件定位焊缝上引弧，沿根部间隙以小幅度锯齿形或斜圆圈形运丝摆动，当焊枪运行到坡口根部出现熔孔后转入正常焊接。焊接过程中要始终观察熔池和熔孔，保持熔孔边缘熔化钝边0.5～1mm，同时根据间隙和熔孔大小随时调整焊枪摆动幅度及焊接速度
若打底焊过程中电弧中断，则应按下述步骤接头：
① 将接头处焊道打磨成斜坡
② 在斜坡的高处引弧，并以小幅度锯齿形运丝摆动，当接头区前端形成熔孔后，继续焊完打底焊道
打底焊焊缝如图所示</td>
<td>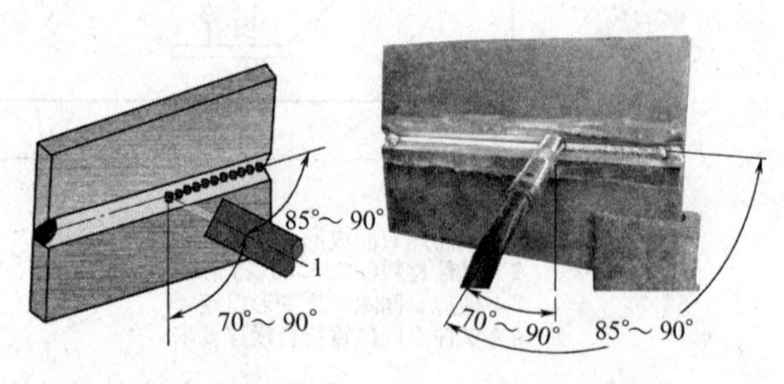
打底焊示意图　打底焊实物图
对接横焊打底焊时焊枪角度</td></tr>
<tr><td>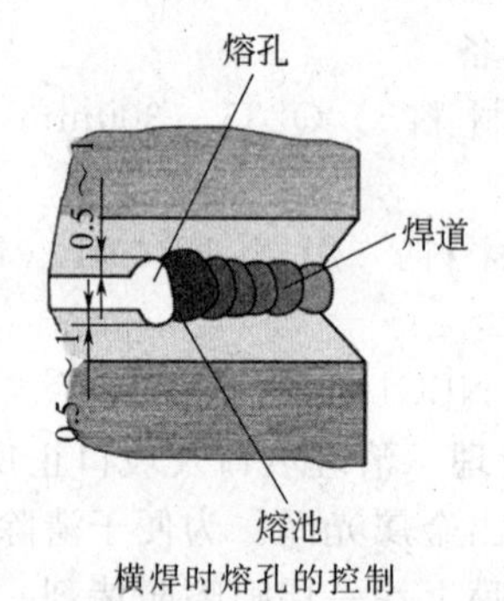
横焊时熔孔的控制</td></tr>
<tr><td>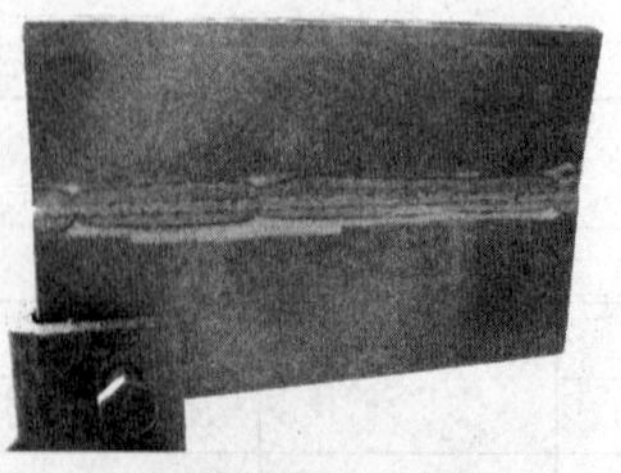
对接横焊打底焊焊缝</td></tr>
</table>

续表

焊接过程	图示
(2)填充焊 调试好填充焊参数，按图示的焊枪对中位置及角度进行填充焊道 2 与 3 的焊接。整个填充焊层厚度应低于母材 1.5～2mm，且不得熔化坡口棱边 填充层焊道从下往上排列，要求相互重叠 1/2～2/3 为宜，并保持各焊道的平整，防止焊缝两侧产生咬边 填充焊道 2 时，焊枪成 0°～10°俯角，电弧以打底焊道的下缘为中心作横向斜圆圈形摆动，保证下坡口熔合好 填充焊道 3 时，焊枪成 0°～10°仰角，电弧以打底焊道的上缘为中心，在焊道 2 和上坡口面间摆动，保证熔合良好，重叠前一焊道 1/2～2/3 清除填充焊道的表面飞溅物，并用角向磨光机打磨局部凸起处	0°～10° 焊道3 焊道2 0°～10° 1 0°～10°（俯角） 85°～90° 填充焊示意图 填充焊（道 2） 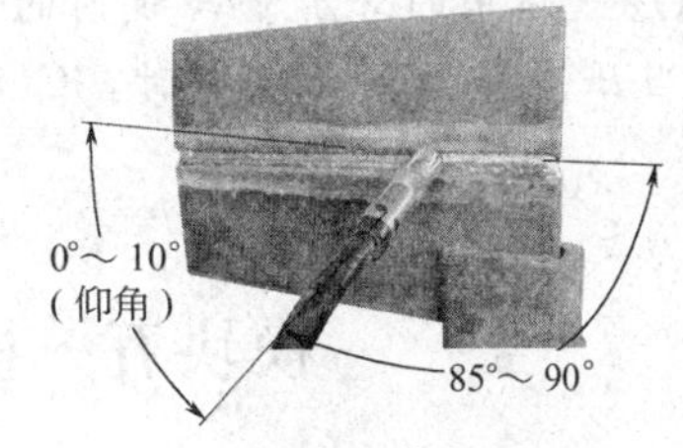 填充焊（道 3） 对接横焊填充焊时焊枪角度
(3)盖面焊 调试好盖面焊参数，按图示的焊枪对应位置及角度进行盖面焊道 4、5、6 的焊接 焊接第 4 焊道时，保证熔池熔化下坡口棱边 1～1.5mm，焊枪平稳摆动 焊接第 5 焊道时，焊枪沿第 4 焊道上边缘移动，并覆盖前一焊道 1/2～2/3 焊接第 6 焊道时，控制熔化上坡口边缘 1～1.5mm，注意不出现咬边，同时覆盖前一焊道 1/2～2/3 盖面焊焊缝如图所示	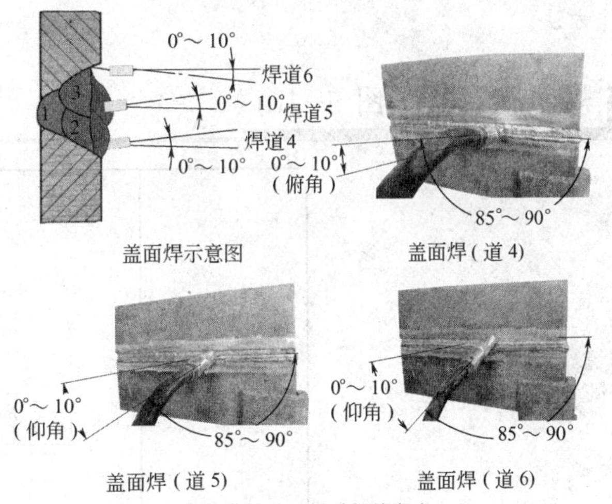 盖面焊示意图 盖面焊（道 4） 盖面焊（道 5） 盖面焊（道 6） 对接横焊盖面焊时焊枪角度
	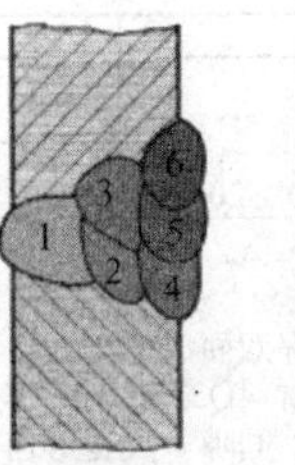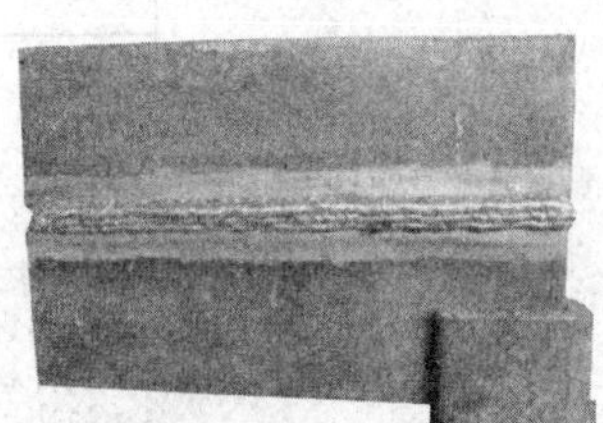 对接横焊盖面焊焊缝

4. 焊接质量要求

试件焊接质量要求及评分标准见表 3-10。

师傅答疑

问题 1　CO_2气体保护焊进行板对接横焊时，预留反变形量为什么比立焊要大？

答：由于横焊采用多层多道焊，故焊后角变形较立焊大，所以预留反变形量应相应增大。

问题 2　为什么当 CO_2 气瓶压力降低到 1MPa 时，就不能继续使用了？

答：焊接用的 CO_2 是将其压缩成液体储存于钢瓶内的。液态 CO_2 在常温下容易汽化，溶于液态 CO_2 中的水分，也易蒸发成水汽混入 CO_2 气体中，影响 CO_2 气体的纯度。气瓶内汽化的 CO_2 气体中的含水量与瓶内的压力有关，随着使用时间的增长，瓶内压力降低，水汽增多。当压力降低到 1MPa 时，CO_2 气体中含水量大为增加，所以就不能再继续使用了。

模块五　板对接立位 CO_2焊

学习目标及技能要求

能正确选择 V 形坡口对接立位 CO_2 焊焊接参数及掌握 V 形坡口对接立位 CO_2 焊的操作方法。

焊接试件图 (图 5-16)

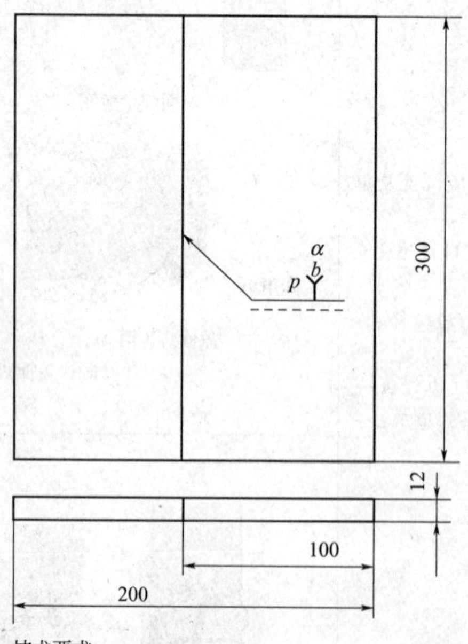

技术要求：
1. 单面焊双面成形。
2. 试件材料Q235，60° V形坡口。
3. 钝边、间隙、反变形自定。
4. 试件空间位置符合立焊要求。

图 5-16　V 形坡口对接立焊试件图

工艺分析

半自动CO_2焊向上立焊时，焊缝位于空间垂直位置，熔池受重力作用容易下坠，又由于焊丝的送给速度要比焊条电弧焊快得多，熔敷金属很容易堆积过厚而下淌。打底焊容易背面焊缝余高过大，产生焊瘤；填充焊焊道两侧与坡口熔合不良，容易产生凸起的焊缝表面；盖面焊焊丝运行至坡口棱边停留过短易产生咬边。因此，必须正确选用焊接电流，掌握锯齿形或反月牙形运丝法要领及适当加快焊枪的摆动频率等，使熔池尽可能小而薄，以保证焊缝成形。

1. 焊前准备

① 试件材料　Q235，300mm×100mm×12mm，两块，60°V形坡口，钝边0.5～1mm。

② 焊接材料　焊丝ER49-1（ER50-6），直径1.0或1.2mm；CO_2气体，纯度≥99.5%。

③ 焊机　NBC1-300，直流反接。

④ 焊前清理　清理坡口及坡口正反面两侧各20mm范围内的油污、锈蚀、水分及其他污物，直至露出金属光泽。为便于清除飞溅物和防止堵塞喷嘴，可在焊件表面涂上一层飞溅防粘剂，在喷嘴上涂一层喷嘴防堵剂。

⑤ 装配定位　始焊端装配间隙为2.5mm，终焊端装配间隙为3.2mm；错边量≤0.5mm；试件坡口内定位焊，焊缝长度为10～15mm。预制反变形量为3°。

2. 焊接参数

V形坡口对接立位CO_2焊焊接参数的选择见表5-10。

表5-10　V形坡口对接立位CO_2焊焊接参数

<table>
<tr><th>焊接层次</th><th>焊丝直径/mm</th><th>焊接电流/A</th><th>电弧电压/V</th><th>运丝方式</th><th>气体流量/(L/min)</th></tr>
<tr><td>打底层</td><td rowspan="3">1.2</td><td>100～110</td><td>18～20</td><td>锯齿形运丝法</td><td rowspan="3">12～15</td></tr>
<tr><td>填充层</td><td>130～150</td><td>20～22</td><td>锯齿形或月牙形运丝法</td></tr>
<tr><td>盖面层</td><td>130～140</td><td>22～24</td><td>锯齿形或月牙形运丝法</td></tr>
</table>

3. 焊接过程

V形坡口对接立位CO_2焊焊接过程见表5-11。

表5-11　V形坡口对接立位CO_2焊焊接过程

焊接过程	图示
(1)打底焊 将焊件垂直固定在工位上，根部间隙小的一端在下面，采用立向上焊，焊枪与焊件之间的角度，如图所示 焊接时，在定位焊下端处引弧，然后电弧小幅摆动向上，当至定位焊上端时稍作停顿，击穿根部形成熔池开始进入正常焊接 打底时，焊枪作小锯齿形摆动运丝，焊丝端部始终不离开熔池的上边缘，保持在钝边每侧熔化0.5～1mm。当熔池温度升高时，可适当加大焊枪横向摆动幅度和向上移动速度，但熔孔不能过大，以免造成背面焊缝超高或成形不均匀。收弧时待电弧熄灭，熔池完全凝固以后，再移开焊枪，以防保护不良产生气孔 打底焊背面焊缝如图所示	90° 70°～90° 打底焊时焊枪角度

续表

焊接过程	图示
(1)打底焊 将焊件垂直固定在工位上，根部间隙小的一端在下面，采用立向上焊，焊枪与焊件之间的角度，如图所示 焊接时，在定位焊下端处引弧，然后电弧小幅摆动向上，当至定位焊上端时稍作停顿，击穿根部形成熔池开始进入正常焊接 打底时，焊枪作小锯齿形摆动运丝，焊丝端部始终不离开熔池的上边缘，保持在钝边每侧熔化 0.5～1mm。当熔池温度升高时，可适当加大焊枪横向摆动幅度和向上移动速度，但熔孔不能过大，以免造成背面焊缝超高或成形不均匀。收弧时待电弧熄灭，熔池完全凝固以后，再移开焊枪，以防保护不良产生气孔 打底焊背面焊缝如图所示	 打底焊背面焊缝
(2)填充焊 填充层焊枪角度如图所示，保持 80°～90° 焊枪锯齿形或向上弯曲月牙形运丝，横向摆动比打底层时稍大，电弧在坡口两侧稍作停顿，保证焊道两侧良好熔合 填充层焊后，使焊道低于母材表面 1～1.5mm，不允许熔化坡口的棱边	 填充焊时焊枪角度
(3)盖面焊 盖面层焊接时，应适当调整焊接电流和焊接速度，采用锯齿形或向上弯曲月牙形运丝法，焊枪角度如图所示。运丝时中间快，两侧稍停留片刻，并保持熔化坡口边缘 0.5～2.5mm，避免产生咬边和焊缝余高过大的现象 盖面焊焊缝如图所示	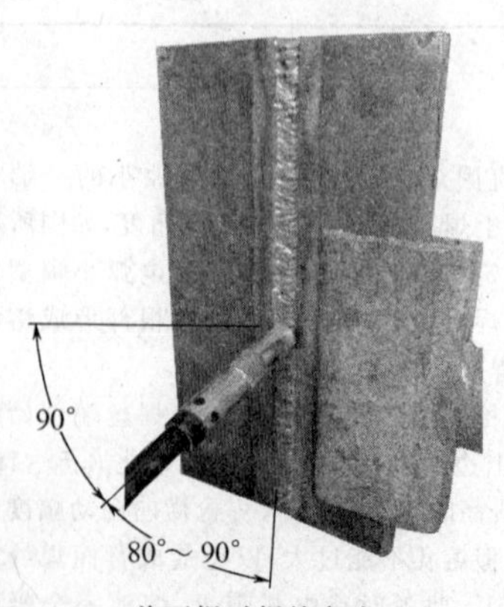 盖面焊时焊枪角度

续表

焊接过程	图示
(3)盖面焊 盖面层焊接时，应适当调整焊接电流和焊接速度，采用锯齿形或向上弯曲月牙形运丝法，焊枪角度如图所示。运丝时中间快，两侧稍停留片刻，并保持熔化坡口边缘0.5～2.5mm，避免产生咬边和焊缝余高过大的现象 盖面焊焊缝如图所示	 盖面焊焊缝

经验点滴

CO_2半自动焊立向上焊操作时，应采用向上弯曲的月牙形运丝摆动，而不应采用向下弯曲的月牙形运丝摆动，如图5-17所示。因为，向下弯曲的月牙形运丝摆动，会促使熔敷金属下淌，出现焊瘤和产生咬边等缺陷，因此常采用向上弯曲的月牙形摆动法进行立焊。

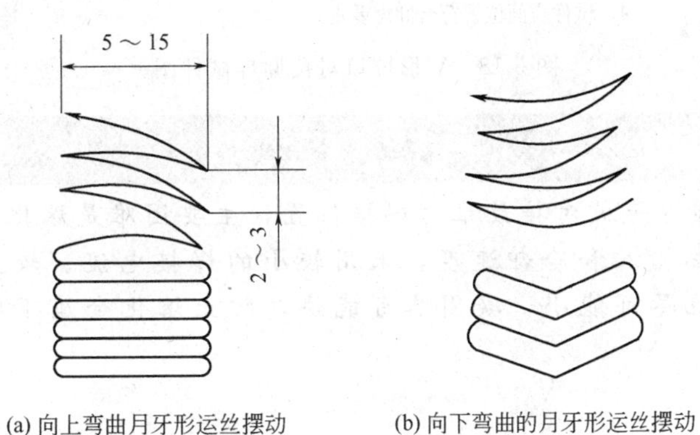

(a) 向上弯曲月牙形运丝摆动　(b) 向下弯曲的月牙形运丝摆动

图5-17　月牙形运丝摆动

4. 焊接质量要求

试件焊接质量要求及评分标准见表3-10。

模块六　板对接仰位CO_2焊

学习目标及技能要求

能正确选择焊V形坡口对接仰位CO_2焊焊接参数及掌握V形坡口对接仰位CO_2焊的操作方法。

焊接试件图(图 5-18)

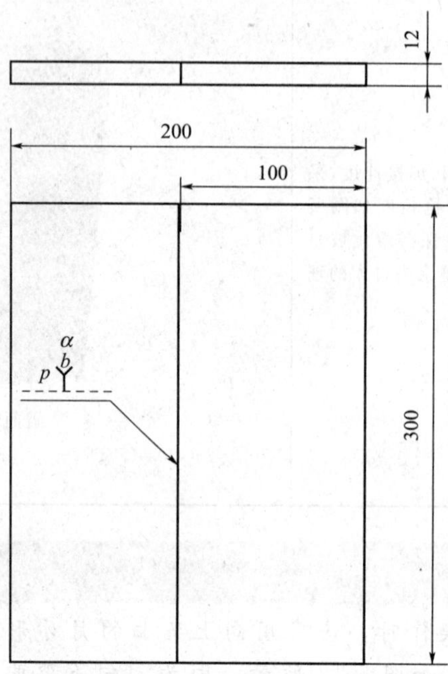

图 5-18 V 形坡口对接仰焊试件图

工艺分析

V 形坡口对接仰焊是板对接最难的焊接位置，主要困难是熔化金属严重下淌，故必须严格控制焊接热输入和冷却速度，采用较小的焊接电流、较大的焊接速度，加大气体流量，使熔池尽可能小，凝固尽可能快，防止熔化金属下坠，保证焊缝的成形美观。

1. 焊前准备

① 试件材料 Q235，300mm×100mm×12mm，两块，钝边 0.5～1mm。

② 焊接材料 焊丝 ER50-6（ER49-1），直径 1.0 或 1.2mm；CO_2 气体，纯度≥99.5%。

③ 焊机 NBC1-300，直流反接。

④ 焊前清理 清理坡口及坡口正反面两侧各 20mm 范围内的油污、锈蚀、水分及其他污物，直至露出金属光泽。为便于清理飞溅物和防止堵塞喷嘴，可在焊件表面涂上一层飞溅防粘剂，在喷嘴上涂一层喷嘴防堵剂。

⑤ 装配定位 始焊端间隙为 2.5mm，终焊端间隙为 3.2mm；错边量≤0.5mm；试件两端坡口定位焊，焊缝长度为 10～15mm；预制反变形量为 3°。

2. 焊接参数

V 形坡口对接仰位 CO_2 焊焊接参数选择见表 5-12。

表 5-12 V 形坡口对接仰位 CO_2 焊焊接参数

焊接层次	焊丝直径/mm	焊接电流/A	电弧电压/V	运丝方式	气体流量/(L/min)
打底层		95～100			
填充层	1.0	110～130	22～24	锯齿形或斜圆圈形运丝法	13～15
盖面层		100～120			

3. 焊接操作过程

V 形坡口对接仰位 CO_2 焊焊接过程见表 5-13。

表 5-13 V 形坡口对接仰位 CO_2 焊焊接过程

焊接过程	图示
(1)打底焊 焊枪角度与试件表面垂直成 90°，与焊接方向成 70°～90°，如图所示 焊接时尽量压低电弧，采用小幅度摆动，从始焊端（远处）开始在坡口一侧引弧再移至另一侧保证焊透和形成坡口根部熔孔，熔孔每侧比根部间隙大 0.5～1mm。然后匀速向近处移动，尽可能快。利用 CO_2 气体有承托熔池金属的作用，控制电弧在熔敷金属的前方，防止熔化金属下坠 打底焊背面焊缝如图所示	 示意图 实物图 打底焊焊枪角度  打底焊背面焊缝

续表

焊接过程	图示
（2）填充焊 填充层焊接的焊枪角度如图所示。焊丝摆动幅度要比打底焊增大，保证坡口两侧熔合良好。焊道不要太厚，越薄凝固越快，填充层焊完后应使其低于母材表面1～1.5mm，不得熔化坡口棱边	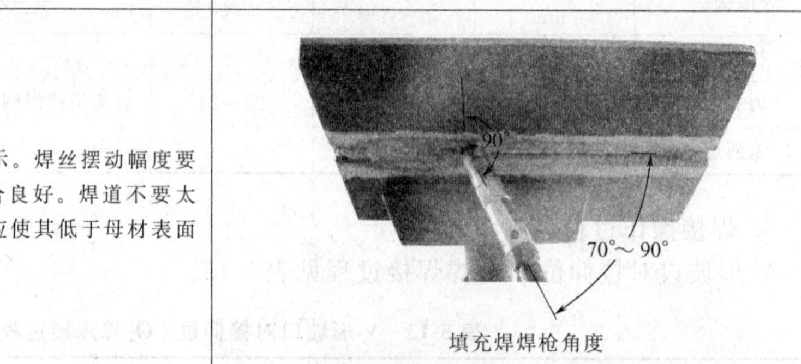 填充焊焊枪角度
（3）盖面焊 盖面层焊接时，焊枪角度如图所示。焊丝摆动幅度加大，焊接速度放慢，熔池两侧超过坡口棱边0.5～1.5mm，其熔合良好，焊缝表面成形美观 盖面焊焊缝如图所示	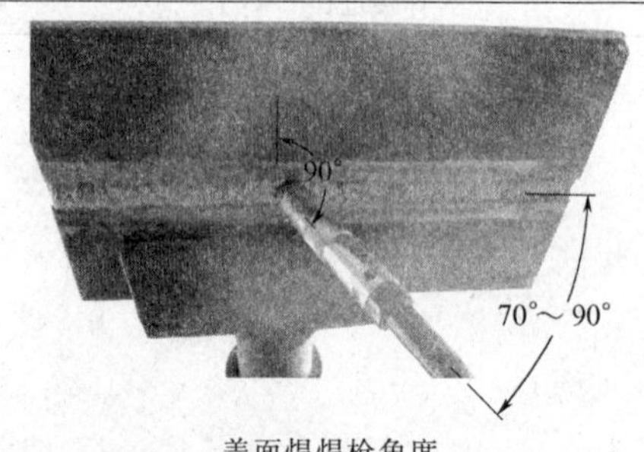 盖面焊焊枪角度  盖面焊焊缝

经验点滴

由于仰焊时熔滴飞溅不易控制，一方面要注意安全防护，如将面罩上的护目玻璃固定好，衣服不能系在裤腰内，裤脚不能卷起，更不能系在鞋筒内，袖口、衣领要扣紧等，以免造成烧伤；另一方面要检查焊接现场有无易燃、易爆物品。

4. 焊接质量要求

试件焊接质量要求及评分标准见表3-10。但是其背面凹陷要求可比平焊、立焊、横焊稍低，凹坑长度不得超过焊缝长度的10%。

模块七　管对接垂直固定CO_2焊

学习目标及技能要求

能正确选择管对接垂直固定CO_2焊焊接参数及掌握管对接垂直固定CO_2焊的操作方法。

焊接试件图（图 5-19）

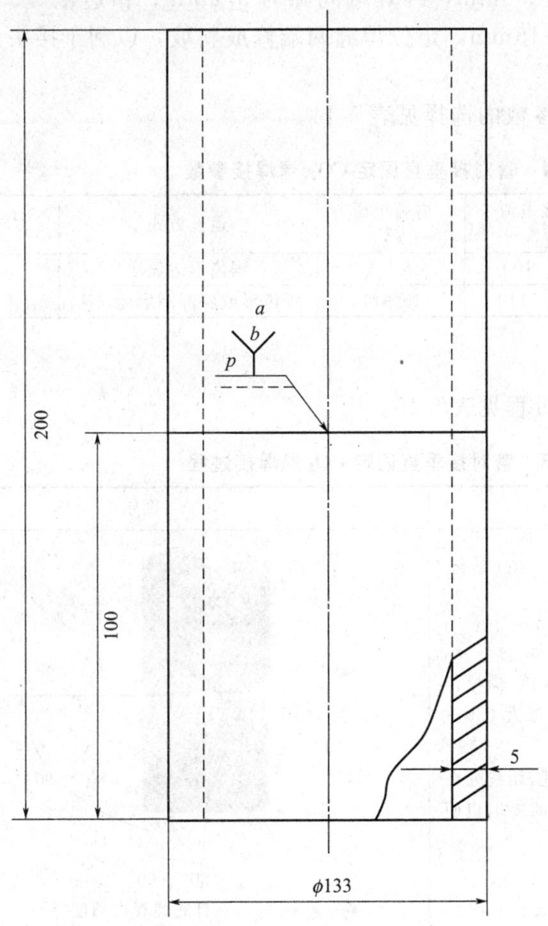

技术要求：
1. 单面焊双面成形。
2. 试件材料20，60° V形坡口。
3. 钝边、间隙自定。
4. 试件空间位置符合要求。

图 5-19 管对接垂直固定焊试件图

工艺分析

管对接垂直固定的焊缝处于横焊位置，除了容易出现液态金属受重力影响极易下坠形成焊瘤或造成下坡口边缘熔合不良、坡口上侧易产生咬边等缺陷外，与板对接横焊不同的是，焊工在焊接过程中要不断地沿着管子曲率移动身体，且焊枪角度随着环形焊缝的周向变化而变化，给操作带来一定的难度。

1. 焊前准备

① 试件材料 20 钢管，ϕ133mm×5mm×100mm，两段。

② 焊接材料 焊丝 ER50-6，直径 1.0mm；保护气体 CO_2，纯度≥99.5%。

③ 焊机 NBC1-300，直流反接。

④ 焊前清理 清理坡口及坡口正反面两侧各 20mm 范围内的油污、锈蚀、水分及其他

污物，直至露出金属光泽。为便于清理飞溅物和防止堵塞喷嘴，可在焊件表面涂上一层飞溅防粘剂，在喷嘴上涂一层喷嘴防堵剂，也可在喷嘴上涂一些硅油。

⑤ 装配定位　始焊端间隙为 2.5mm，终焊端间隙为 3.2mm；错边量≤0.5mm；定位焊均布 2～3 处，焊缝长度为 10～15mm，定位焊缝两端修成斜坡，以利于接头。

2. 焊接参数

管对接垂直固定 CO_2 焊焊接参数的选择见表 5-14。

表 5-14　管对接垂直固定 CO_2 焊焊接参数

焊接层次	焊丝直径/mm	焊接电流/A	电弧电压/V	运丝方式	气体流量/(L/min)
打底层	1.0	90～100	18～20	锯齿形运丝法	10～15
盖面层		100～110	19～21	锯齿形或斜圆圈形运丝法	

3. 焊接过程

管对接垂直固定 CO_2 焊焊接过程见表 5-15。

表 5-15　管对接垂直固定 CO_2 焊焊接过程

焊接过程	图示
(1)打底焊 采用左向焊法，打底焊时焊枪角度如图所示 在右侧定位焊缝上引弧，由右向左开始焊接，焊枪作小幅度的锯齿形摆动，保证熔孔直径比间隙大 0.5～1mm，两边对称 在焊接的过程中要保证焊丝不要离开熔池，始终处在熔池的前 1/3 处，每一个熔池覆盖前一熔池的 2/3，以便形成波纹均匀的打底焊缝	80°～90° 80°～90° 打底焊焊枪角度
(2)盖面焊 清理打底焊的熔渣、飞溅，打磨掉打底焊接头局部凸起部分 盖面层的焊枪角度如图所示 焊接过程中，焊枪采用锯齿形或斜圆圈形运丝方式，摆动的幅度要比打底焊稍大，并在坡口两侧适当停留，使熔池边缘超过坡口棱边 0.5～1.5mm，保证焊道平齐 盖面焊焊缝如图所示	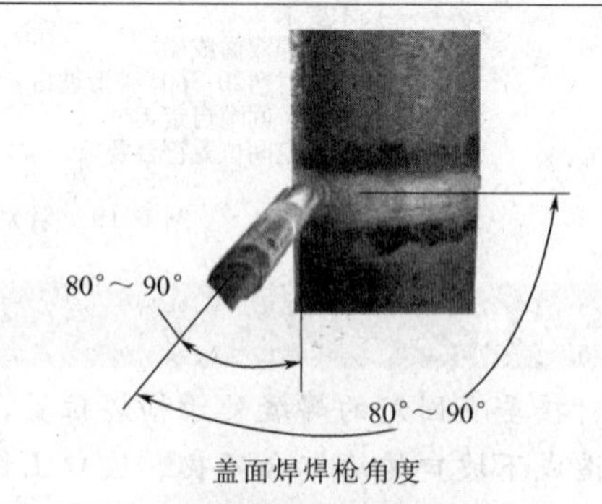 盖面焊焊枪角度  盖面焊焊缝

4. 焊接质量要求

试件焊接质量要求及评分标准见表 3-10。

模块八 管对接水平固定 MAG 焊

学习目标及技能要求

能正确选择管对接水平固定 MAG 焊焊接参数及掌握管对接水平固定 MAG 焊的操作方法。

焊接试件图（图 5-20）

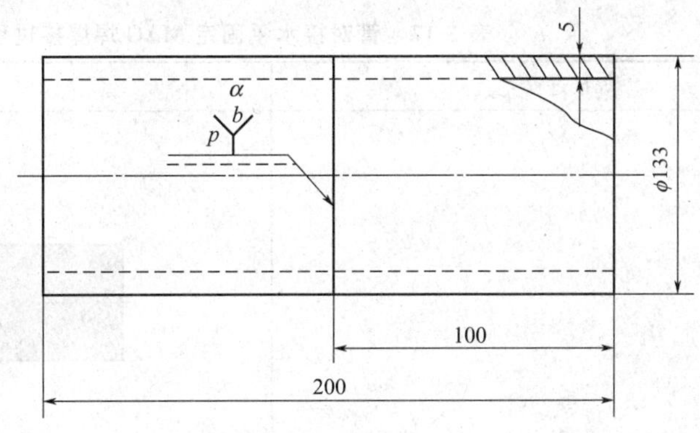

技术要求：
1. 单面焊双面成形。
2. 试件材料20，60° V形坡口。
3. 钝边、间隙自定。
4. 试件空间位置符合要求。

图 5-20 管对接水平固定焊试件图

工艺分析

管对接水平固定 MAG 焊时，焊缝位置由仰位到平位不断发生变化，因此焊枪角度和焊枪横向的摆动速度、幅度及在坡口两侧的停留时间均应随焊缝位置的变化而变化。为保证背面焊缝良好成形，控制熔孔大小是关键，在不同的焊缝位置熔孔尺寸应有所不同。仰焊位置熔孔应小些，以避免液态金属下坠而造成内凹；立焊位置有熔池的撑托，熔孔可适当大些；平焊位置液态金属容易流向管内，熔孔应小些。

1. 焊前准备

① 试件材料　20 钢管，ϕ133mm×100mm×5mm，两段，钝边 0.5～1mm。

② 焊接材料　焊丝 ER50-6，直径 1.0mm；保护气体 80% Ar + 20% CO_2，纯度≥99.5%。

③ NBC1-300，直流反接。

④ 焊前清理　清理坡口及坡口正反面两侧各 20mm 范围内的油污、锈蚀、水分及其他污物，直至露出金属光泽。为便于清理飞溅物和防止堵塞喷嘴，可在焊件表面涂上一层飞溅防粘剂，在喷嘴上涂一层喷嘴防堵剂，也可在喷嘴上涂一些硅油。

⑤ 装配定位　始焊端间隙为 2.5mm，终焊端间隙为 3.2mm；错边量≤0.5mm；定位焊均布 2～3 处，焊缝长度为 10～15mm，定位焊缝两端修成斜坡，以利于接头。

2. 焊接参数

管对接水平固定 MAG 焊焊接参数选择见表 5-16。

表 5-16　管对接水平固定 MAG 焊焊接参数

焊接层次	焊丝直径/mm	焊接电流/A	电弧电压/V	运丝方式	气体流量/(L/min)
打底层	1.0	90～100	18～20	锯齿形运丝法	10～15
盖面层		100～110	19～21		

3. 焊接过程

管对接水平固定 MAG 焊焊接过程见表 5-17。

表 5-17　管对接水平固定 MAG 焊焊接过程

焊接过程	图示
(1)打底焊 打底焊分前后两个半圈完成，前半圈为逆时针方向，后半圈为顺时针方向 打底焊时在管子圆周的 6 点半位置处引弧，焊枪角度如图所示，焊枪沿逆时针方向作小幅度锯齿形摆动 焊接过程中要控制好熔孔大小，熔孔直径比间隙大 0.5～1mm 较为合适，熔孔与间隙两边对称才能保证根部熔合良好 打底焊半圈最好一气呵成，如果中间停止需要接头时，要将灭弧处的弧坑打磨成斜面，由此引弧，形成熔孔后，再继续按逆时针方向焊至过 12 点 5～10mm 收弧 将刚焊完的打底焊道的两端打磨成缓坡，在 6 点半位置处的缓坡前端引弧，迅速拉回接头轮廓处，摆动焊枪填满凹坑，继续按图示的焊枪角度焊完后半圈。封口时要覆盖前焊道 5～10mm 后收弧	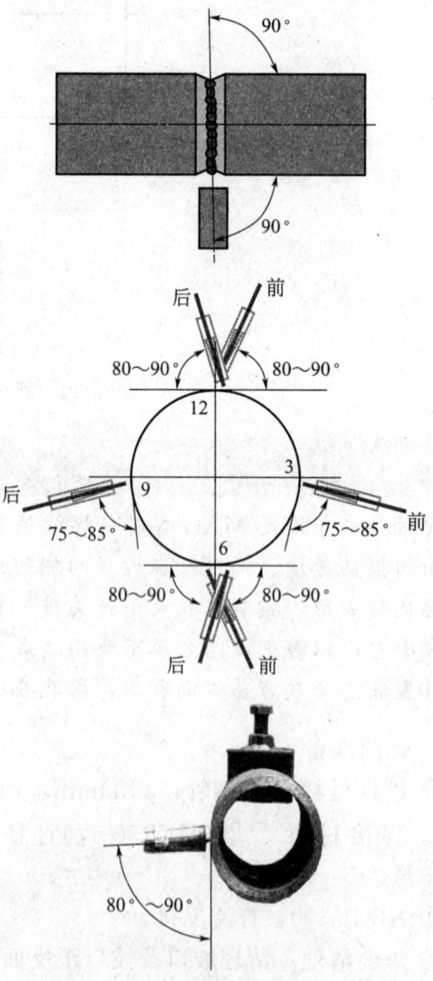 打底焊焊枪角度

续表

<table>
<tr><th>焊接过程</th><th>图示</th></tr>
<tr><td rowspan="2">(2)盖面焊
清理打底焊的熔渣、飞溅，打磨掉打底焊接头局部凸起部分
盖面层也按前后两个半圈完成，引弧、收弧位置同打底层。盖面层的焊枪角度如图所示
焊接过程中，焊枪采用锯齿形运丝方式，摆动的幅度要比打底焊稍大，并在坡口两侧适当停留，保证熔池边缘超过坡口棱边0.5～1.5mm。焊接速度要均匀，并注意使盖面层两侧熔合良好，防止咬边和焊道中间凸凹度超过标准的要求，以保证焊缝表面平整、外形美观
盖面焊焊缝如图所示</td><td>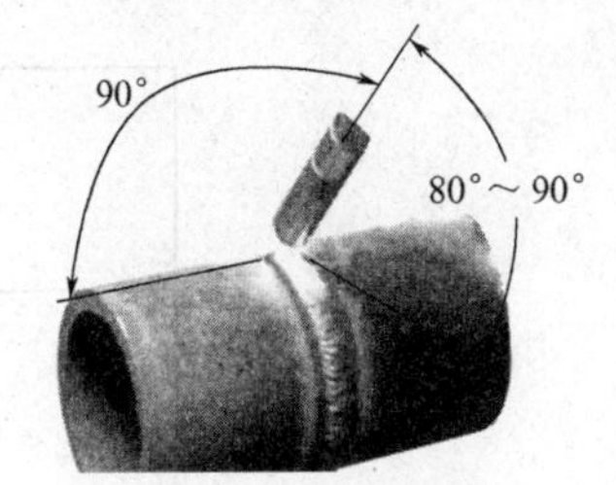

盖面焊焊枪角度</td></tr>
<tr><td>
盖面焊焊缝</td></tr>
</table>

经验点滴

① 管对接水平固定焊操作时，焊接位置由仰位到平位会不断发生变化，当焊枪的角度不便施焊时，要中止焊接来调整焊工身体位置，此时熄弧不必填满弧坑，焊枪暂时不能离开熔池，应迅速转动身体，达到最佳位置后马上继续操作。

② MAG是在氩气中加入少量的氧化性气体（氧气、二氧化碳或其混合气体）混合而成的一种混合气体保护焊，由于混合气体中氩气占的比例较大，故常称为富氩混合气体保护焊。我国常用80%Ar+20%CO_2的混合气体来焊接碳钢及低合金钢。MAG焊设备除用混合气体气瓶代替CO_2气瓶外，其他均相同。碳钢、低合金钢的MAG焊焊接参数选用与CO_2焊相似。

③ 生产实际中，MAG焊电弧电压常用经验公式来确定：平焊时，电弧电压（V）＝0.05×焊接电流（A）＋16±1；立、横、仰焊时，电弧电压（V）＝0.05×焊接电流（A）＋10±1。

4. 焊接质量要求

试件的焊接质量要求与评分标准见表3-10。

模块九 板对接横位药芯焊丝CO_2焊

学习目标及技能要求

能正确选用V形坡口对接横位药芯焊丝CO_2焊焊接参数及掌握V形坡口对接横位药芯焊丝CO_2焊的操作方法。

焊接试件图（图 5-21)

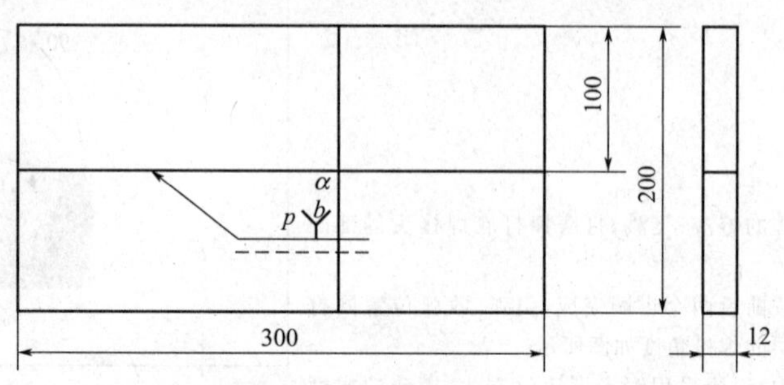

技术要求：
1. 单面焊双面成形。
2. 试件材料Q235，60° V形坡口。
3. 钝边、间隙、反变形自定。
4. 试件空间位置符合横焊要求。

图 5-21　V 形坡口对接横焊试件图

工艺分析

横焊时，若焊接参数选择不当或焊枪角度不正确，都会造成背面焊缝上坡口处凹陷、下坡口处余高过大、甚至产生焊瘤，正面焊缝上坡口处咬边，下坡口处下坠，熔合不良。同时，由于二氧化碳药芯焊丝电弧焊为气渣联合保护，产生夹渣、未焊透的可能性增大，且药芯焊丝电弧焊铁水流动性较大，熔池形状难以控制，熔孔清晰度较实芯焊丝变差，给焊接操作带来一定难度。

1. 焊前准备

① 试件材料　Q235，300mm×100mm×12mm，两块，V 形坡口，钝边 0.5～1mm。

② 焊接材料　焊丝 E501T-1（YJ501-1），直径 1.2mm；CO_2 气体，纯度≥99.5%。

③ 焊机　NBC1-300，直流反接。

④ 焊前清理　清理坡口及坡口正反面两侧各 20mm 范围内的油污、锈蚀、水分及其他污物，直至露出金属光泽。为便于清除飞溅物和防止堵塞喷嘴，可在焊件表面涂上一层飞溅防粘剂，在喷嘴上涂一层喷嘴防堵剂。

⑤ 装配定位　始焊端装配间隙为 3mm，终焊端装配间隙为 4mm；错边量≤1.2mm；试件坡口内定位焊，焊缝长度为 10～15mm；预制反变形量为 5°～6°。

2. 焊接参数

V 形坡口对接横位药芯焊丝 CO_2 焊焊接参数选择见表 5-18。

表 5-18　V 形坡口对接横位药芯焊丝 CO_2 焊焊接参数

焊接层道次	焊丝直径 /mm	焊接电流 /A	电弧电压 /V	运丝方式	气体流量 /(L/min)
打底层(1/1)	1.2	115～125	18～20	锯齿形或斜圆圈形运丝法	12～15
填充层(2/3)		135～145	21～22	斜圆圈形运丝法	
盖面层(1/3)		130～140	21～22	斜圆圈形运丝法	

3. 焊接过程

V形坡口对接横位药芯焊丝CO_2焊焊接过程见表5-19。

表5-19 V形坡口对接横位药芯焊丝CO_2焊焊接过程

焊接过程	图示
(1)打底焊 将试板垂直固定在焊接夹具上,使坡口处于水平位置,间隙小的一端放于右侧 采用左向焊法。在试件定位焊缝上引弧,焊枪与板面成75°～85°,与焊缝方向成75°～85°小锯齿摆动向右焊接,至定位焊前端压低电弧稍作停顿,击穿根部形成熔孔后,小斜圆圈形摆动,向右焊接,如图所示 焊接时,在坡口上侧运枪速度稍慢,使其熔合良好,避免因运枪速度太快造成咬边;下侧运枪速度稍快,避免焊缝下侧铁水堆积太多,熔池下坠,造成背面焊缝余高下坠,焊缝正面下侧焊缝过高,而导致熔合不良。焊枪摆动幅度、前移尺寸大小应均匀一致 由于药芯焊丝熔敷效率高,要求手持焊枪稳,也可以双手持枪,尽量一气焊完。如一旦断弧,需将断弧弧坑处打磨出斜坡,从弧坑后方10～15mm处引弧,小锯齿摆动到熔池端部压低电弧稍停,听到"噗"的击穿声后,再以斜圆圈形运丝方式正常焊接	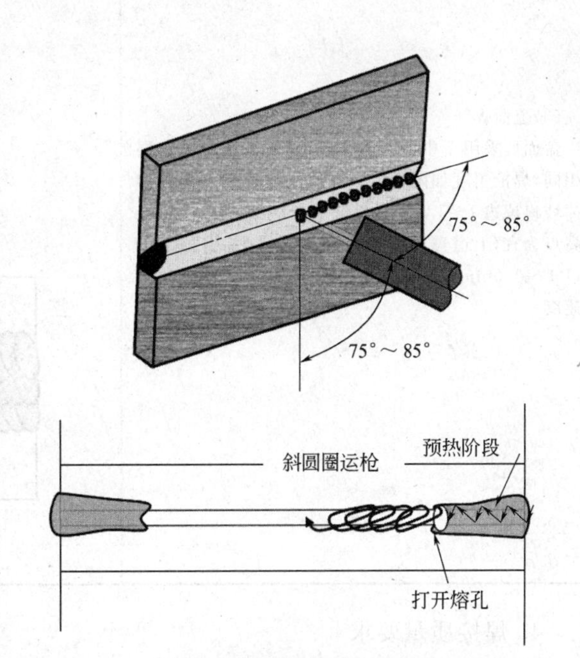 药芯焊丝对接横焊打底焊示意图
(2)填充焊 填充层采用左向焊法,分两层三道完成 在试件右端20mm处引弧后,快速拉到最右端压低电弧稍作停顿,待形成熔池后,锯齿形摆动,正常焊接。由于第一填充层宽度较窄,在保证坡口上下两侧熔合良好的情况下,运枪速度稍快 第二填充层分上下两道,斜圆圈形运丝。下道主要考虑与下坡口良好熔合,电弧指向下坡口;上道主要考虑与上坡口良好熔合,电弧指向上坡口。上道覆盖下道1/2或2/3。填充层焊后以不破坏坡口棱边为准,并保证焊道离坡口表面1.5～2mm	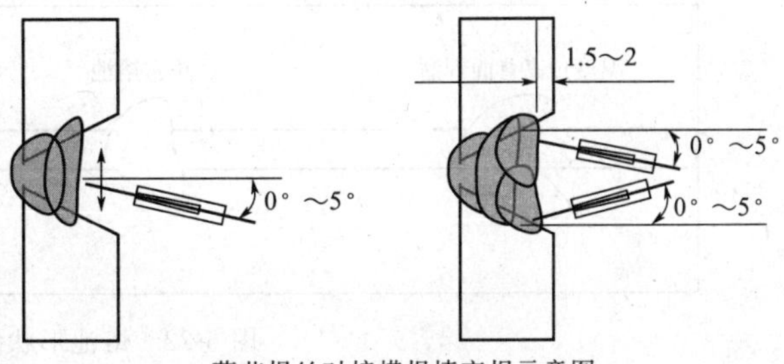 药芯焊丝对接横焊填充焊示意图

续表

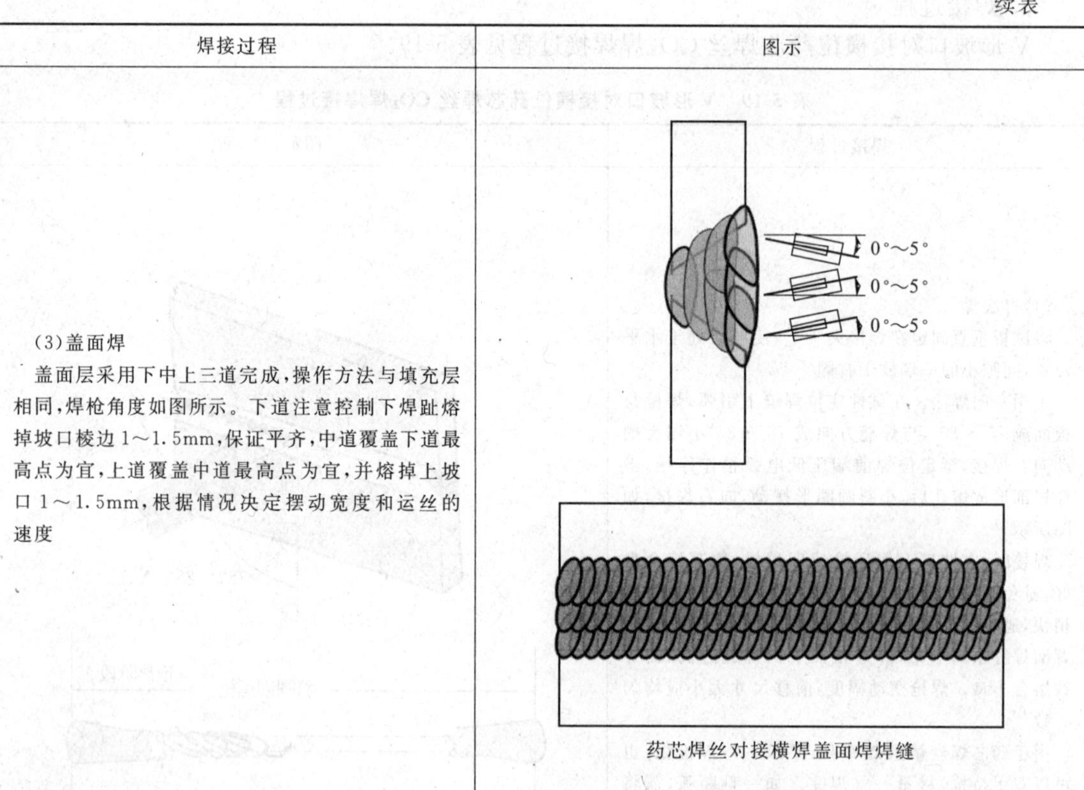

焊接过程	图示
(3)盖面焊 盖面层采用下中上三道完成,操作方法与填充层相同,焊枪角度如图所示。下道注意控制下焊趾熔掉坡口棱边1～1.5mm,保证平齐,中道覆盖下道最高点为宜,上道覆盖中道最高点为宜,并熔掉上坡口1～1.5mm,根据情况决定摆动宽度和运丝的速度	0°～5° 0°～5° 0°～5° 药芯焊丝对接横焊盖面焊焊缝

4. 焊接质量要求

试件焊接质量要求及评分标准见表3-10。

经验点滴

① 横焊打底时，要注意观察熔池的形状，正常形状为半圆形，若熔池变为桃形或心形，说明熔池中部温度过高，铁水开始下坠，背面余高增大，甚至产生焊瘤，此时应及时调整运丝速度，增加坡口两侧停顿时间。若熔池成椭圆形表明热输入不足，根部没有熔合，应压低电弧，放慢运丝速度（图5-22）。

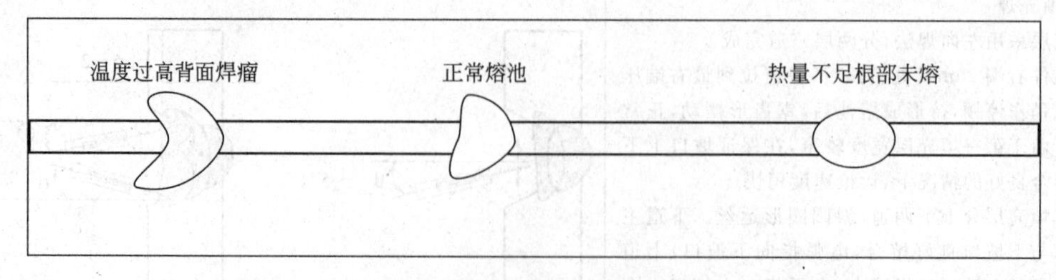

图5-22 熔池形状示意图

② 药芯焊丝 CO_2 焊与实芯焊丝 CO_2 焊的区别就是用药芯焊丝代替实芯焊丝。药芯焊丝由金属外皮和芯部药粉组成，根据截面形状不同有E形、O形、梅花形、中间填丝形、T形等几种，如图5-23所示。由于药芯焊丝熔化后会产生液态熔渣保护熔池，所以药芯焊丝 CO_2 焊实际上是一种气渣联合保护的焊接方法。

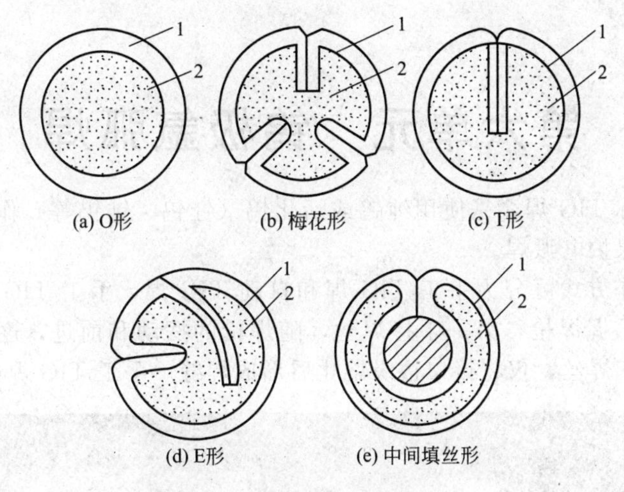

图 5-23 药芯焊丝的截面形状

1—钢带；2—药粉

第六单元　钨极氩弧焊

钨极氩弧焊简称 TIG 焊，是使用纯钨或活化钨（钍钨、铈钨等）作电极，用氩气作保护气体的一种气体保护电弧焊。

TIG 焊按其操作方式可分为手工 TIG 焊和自动 TIG 焊，手工 TIG 焊应用最广。手工 TIG 焊时，焊工一手握焊枪，另一手持焊丝，随焊枪的摆动和前进，逐渐将焊丝填入熔池中。有时也不加填充焊丝，仅将接口边缘熔化后形成焊缝。手工 TIG 焊如图 6-1 所示。

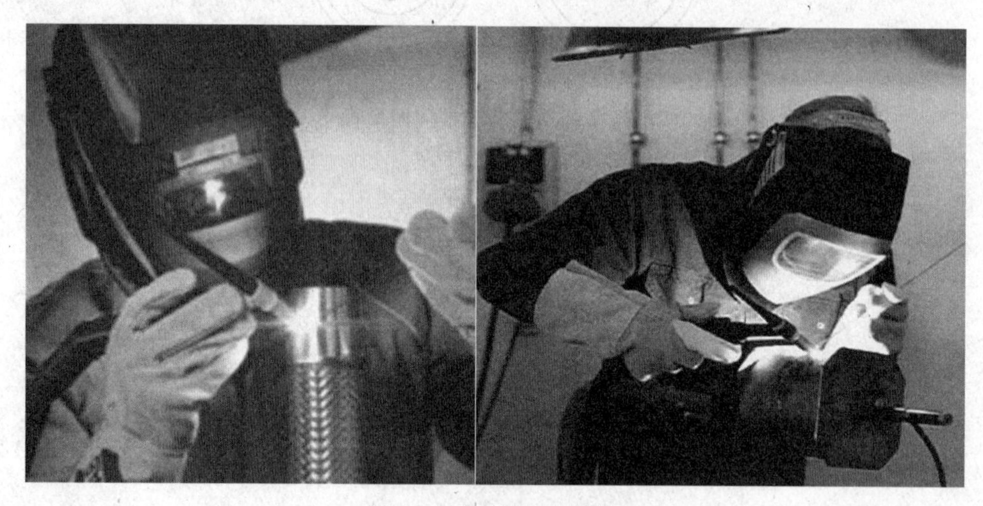

图 6-1　手工钨极氩弧焊

模块一　手工 TIG 焊设备及工艺

一、钨极氩弧焊设备

手工钨极氩弧焊设备主要由焊接电源、控制系统、焊枪、供气系统及冷却系统等部分组成，如图 6-2 所示。

1. 焊接电源

具有陡降外特性的弧焊电源都可以作氩弧焊电源。钨极氩弧焊必须使用高频振荡器来引燃电弧。对于交流电源，还需使用脉冲稳弧器，以保证重复引燃电弧并稳弧。

2. 焊枪

钨极氩弧焊焊枪的作用是夹持电极、导电和输送氩气流。氩弧焊枪分为气冷式焊枪（QQ 系列）和水冷式焊枪（QS 系列）。气冷式焊枪结构简单、使用方便，限于小电流（$I \leqslant 100A$）焊接使用；水冷式焊枪结构较复杂、焊枪稍重，适宜大电流（$I > 100A$）和自动焊接使用。焊枪外形如图 6-3 所示。

3. 供气系统

供气系统由氩气瓶、减压器、流量计和电磁阀组成。氩气瓶外表涂成灰色，注有绿色“氩气”字样。氩气流量计起降压、稳压及调节氩气流量的作用。电磁阀是控制气体通断的装置。

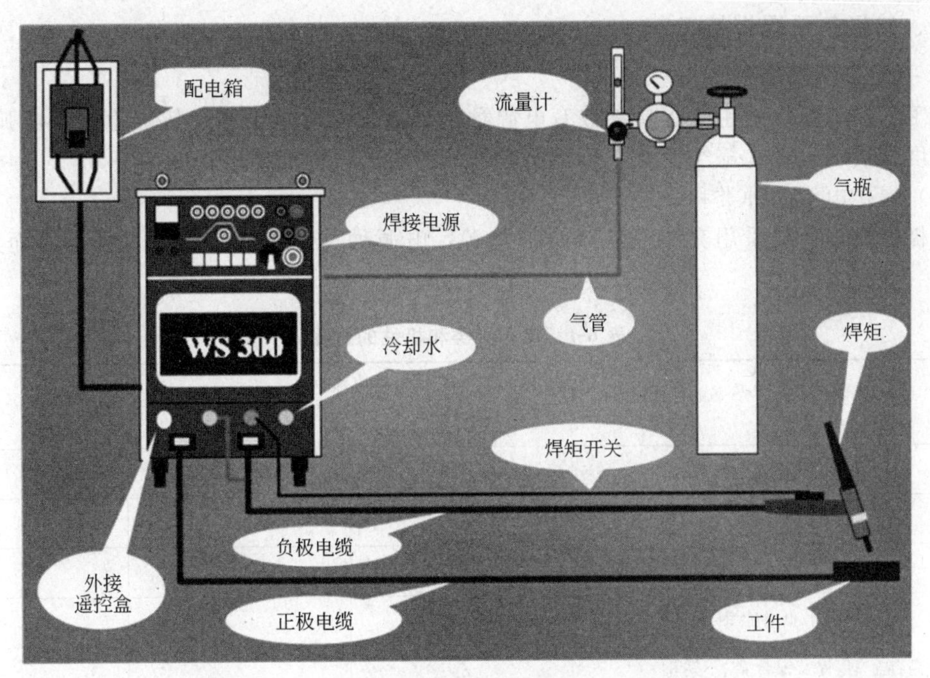

图 6-2 手工钨极氩弧焊设备

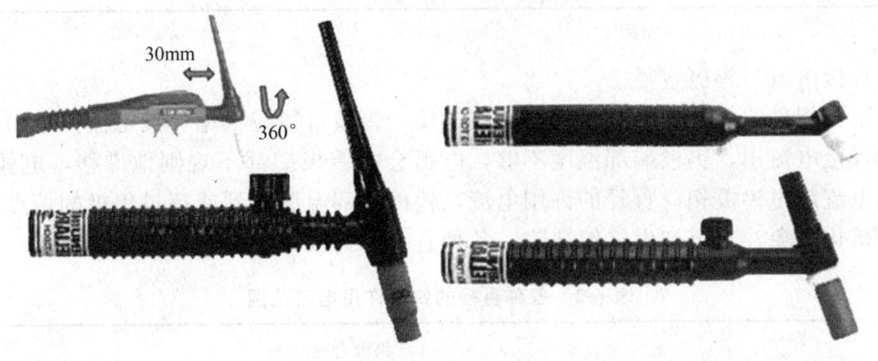

图 6-3 氩弧焊枪

4. 控制系统

控制系统对供电、供气、引弧与稳弧等实现控制。图 6-4 为手工钨极氩弧焊的控制程序方框图。

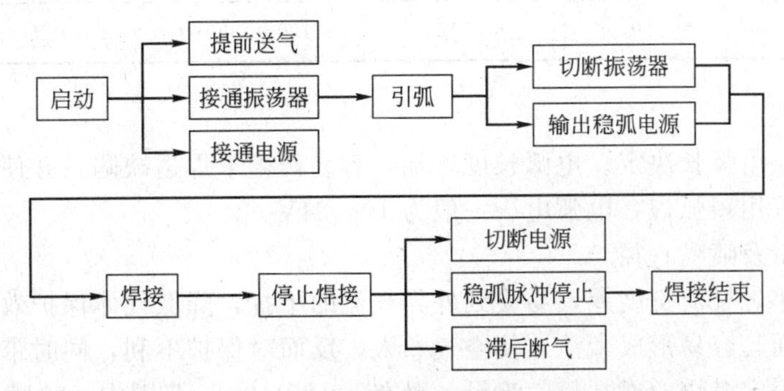

图 6-4 手工钨极氩弧焊焊接控制程序方框图

二、钨极氩弧焊焊接工艺

1. 手工 TIG 焊焊接参数

手工钨极氩弧焊的主要焊接参数有电源种类和极性、焊接电流、钨极直径、电弧电压、焊接速度、喷嘴直径、氩气流量、喷嘴与焊件间的距离、钨极伸出长度等。

(1) 焊接电源的种类和极性

钨极氩弧焊可以采用交流电源或直流电源，电源种类和极性应根据焊件材质而定，见表 6-1。

表 6-1 电源种类和极性的选择

材料	直流		交流
	正极性	反极性	
铝及铝合金	×	○	△
铜及铜合金	△	×	○
铸铁	△	×	○
低碳钢、低合金钢	△	×	○
高合金钢、镍及镍合金、不锈钢	△	×	○
钛合金	△	×	○

注：△—最佳；○—可用；×—不用。

(2) 焊接电流与钨极直径

通常根据焊件的材质、厚度来选择焊接电流。钨极直径应根据焊接电流大小而定。如果钨极粗而焊接电流小，钨极端部温度不够，电弧会在钨极端部不规则地漂移，电弧不稳定；如果焊接电流超过钨极相应直径的许用电流，钨极端部温度达到或超过钨极的熔点，会出现钨极端部熔化现象，甚至产生夹钨缺陷。各种直径的钨极许用电流范围见表 6-2。

表 6-2 各种直径的钨极许用电流范围 A

电源极性	钨极直径/mm				
	1.0	1.6	2.5	3.2	4.0
直流正接	15～80	70～150	150～250	250～400	400～500
直流反接		10～20	15～30	25～40	40～55
交流电源	20～60	60～120	100～180	160～250	200～320

(3) 电弧电压

电弧电压主要由弧长决定。电弧长度增加，容易产生未焊透缺陷，并使氩气保护效果变差，因此应尽量采用短弧焊，电弧电压一般为 10～24V。

(4) 氩气流量及喷嘴直径

氩气流量过小，气流挺度差，易受到外界气流的干扰，降低气体保护效果；氩气流量过大，不仅浪费，而且容易形成紊流，使空气卷入，反而对保护不利，同时带走电弧区的热量较多，影响电弧稳定燃烧。通常氩气流量一般在 3～20L/min 范围内。喷嘴直径随着氩气流量的增加而增加，一般取 5～14mm。

(5) 喷嘴与焊件间的距离

喷嘴与焊件间的距离以 8～14mm 为宜。距离过大，气体保护效果差；距离过小，虽对气体保护有利，但能观察的范围和保护区域变小。

(6) 钨极伸出长度

为了防止电弧热烧坏喷嘴，钨极端部应凸出喷嘴以外，其伸出长度一般为 3～4mm。伸出长度过小，焊工不便于观察熔化状况，对操作不利；伸出长度过大，气体保护效果会受到一定的影响。

经验点滴

生产实践中，可通过直接观察焊缝表面色泽来判定氩气保护效果。不锈钢焊缝色泽与保护效果见表 6-3，铝及铝合金焊缝色泽与保护效果见表 6-4。

表 6-3 不锈钢焊缝色泽与保护效果

焊缝色泽	银白色、金黄色	蓝色	红灰色	黑灰色
保护效果	最好	良好	较好	差

表 6-4 铝及铝合金焊缝色泽与保护效果

焊缝色泽	银白色有光泽	白色无光泽	灰白色无光泽	灰黑色无光泽
保护效果	最好	较好	差	最差

生产实践中，喷嘴直径 D（mm）可按下式确定：

$$D=2d+4\text{mm}$$

式中 d——钨极直径，mm。

氩气流量 Q(L/min) 可按下式确定：

$$Q=(0.8\sim1.2)D$$

式中 D——喷嘴直径，mm。

当 D 较小时，Q 取下限；D 较大时，Q 取上限。

2. TIG 焊基本操作工艺

(1) 持枪姿势和焊枪、焊件与焊丝的相对位置

手工钨极氩弧焊持枪的姿势如图 6-5(a) 所示。一般焊枪与焊件表面成 70°～80°的夹角，填充焊丝与焊件表面成 15°～20°的夹角，焊枪、焊丝与焊件的相对位置如图 6-5(b) 所示。

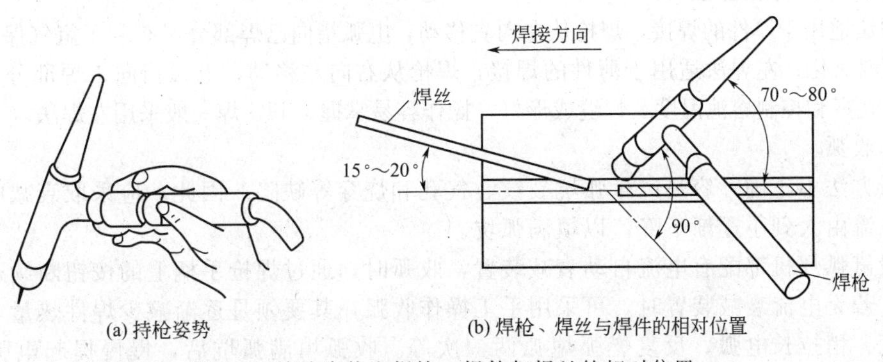

图 6-5 持枪姿势和焊枪、焊件与焊丝的相对位置

(2) 引弧

通常手工钨极氩弧焊机本身具有引弧装置(高压脉冲发生器或高频振荡器),钨极与焊件保持一定距离,就能在施焊点上直接引燃电弧,可使钨极端头保持完整,钨损耗小,不会产生夹钨缺陷。

(3) 送丝方法

① 断续送(填)丝法 以左手的拇指、食指捏住,并用中指和虎口配合托住焊丝便于操作的部位。送丝时,将弯曲捏住焊丝的拇指和食指伸直,即可将焊丝稳稳地送入焊接区,如图 6-6(a) 所示。然后借助中指和虎口托住焊丝,迅速弯曲拇指、食指,向上倒换捏住焊丝,如此反复进行填充焊丝。

② 连续送(填)丝法 如图 6-6(b) 所示夹持焊丝,用左手拇指、食指、中指配合动作送丝,无名指和小手指夹住焊丝控制方向,靠手臂和手腕的上、下反复动作,将焊丝端部的熔滴连续送入熔池,全位置焊时多用此法。

③ 靠丝法 焊丝紧靠坡口,焊枪运动时,既熔化坡口又熔化焊丝。此法适用于小直径管子的氩弧焊打底。

④ 反面送(填)丝法 该方法又称内送(填)丝法,焊枪在外,填丝在里面,适用于管子仰焊部位的氩弧焊打底,对坡口间隙、焊丝直径和操作技术要求较高。

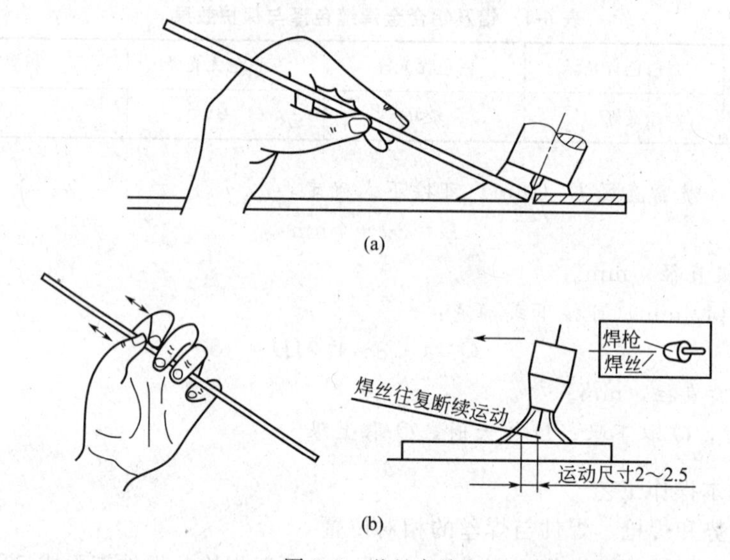

图 6-6 送丝方法

(4) 右焊法与左焊法

右焊法适用于厚件的焊接,焊枪从左向右移动,电弧指向已焊部分,有利于氩气保护焊缝表面不受高温氧化;左焊法适用于薄件的焊接,焊枪从右向左移动,电弧指向未焊部分有预热作用,容易观察和控制熔池温度,焊缝成形好,操作容易掌握。TIG 焊一般采用左焊法。

(5) 收弧

收弧方法不正确,容易产生弧坑裂纹、气孔和烧穿等缺陷。因此,应采取衰减电流的方法,即电流由大到小逐渐下降,以填满弧坑。

一般氩弧焊机都配有电流自动衰减装置,收弧时,通过焊枪手柄上的按钮断续送电来填满弧坑。若无电流衰减装置时,可采用手工操作收弧,其要领是逐渐减少焊件热量,如改变焊枪角度、稍拉长电弧、反复燃弧熄弧两三次等。收弧填满弧坑后,慢慢提起电弧直至熄弧,不要突然拉断电弧。

熄弧后，氩气会自动延时几秒钟停气，以防止金属在高温下被氧化。

模块二 板对接平位TIG焊

学习目标及技能要求

能正确选用板对接平位手工钨极氩弧焊参数及掌握板对接平位手工钨极氩弧焊的操作方法。

焊接试件图（图6-7）

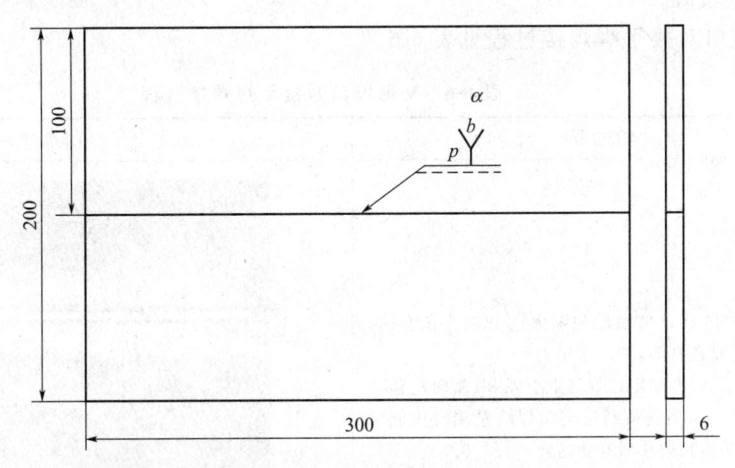

图6-7 板对接平焊试件图

工艺分析

手工钨极氩弧焊主要应用于薄板焊接。薄板打底焊时，尽量采用短弧操作，填丝量要少，焊枪尽可能不摆动，当焊件间隙较小时，还可直接进行击穿焊接。焊丝填充要均匀，否则过快焊缝余高大，过慢则焊缝下凹和咬边。此外手工钨极氩弧焊是双手同时操作进行焊枪移动与送丝，这一点有别于焊条电弧焊，所以双手要配合协调，才能保证焊缝的质量。

1. 焊前准备

① 试件材料 Q235，300mm×100mm×6mm，两块、钝边0～0.5mm，坡口形式及技术要求见图6-7。

② 焊接材料 焊丝选用ER49-1，直径2.5mm；电极选用铈钨极WCe-20，直径2.5mm，为使电弧稳定，要修磨电极；保护气体用氩气，纯度应≥99.99%。

③ 焊机 WS-400，采用直流正接。

④ 焊前清理 清理坡口及其正反面两侧20mm范围内和焊丝表面的油污、锈蚀、水分，直至露出金属光泽，然后用丙酮进行清洗。

⑤ 装配定位 装配间隙为1.2～2.0mm，错边量≤0.5mm；试件两端正面坡口内定位

焊，焊缝长度为10～15mm，将焊缝接头处预先打磨成斜坡；反变形量为3°。

2. 焊接参数

V形坡口对接平位手工钨极氩弧焊焊接参数的选择见表6-5。

表6-5 V形坡口对接平位手工钨极氩弧焊焊接参数

焊接层次	焊接电流/A	氩气流量/(L/min)	钨极直径/mm	焊丝直径/mm	钨极伸出长度/mm	喷嘴直径/mm	喷嘴至焊件距离/mm
打底层	90～100	8～10	2.5	2.5	4～6	8～10	≤12
填充层	100～120						
盖面层	100～110						

3. 焊接过程

V形坡口对接平焊焊接过程见表6-6。

表6-6 V形坡口对接平焊焊接过程

<table>
<tr><th>焊接过程</th><th>图示</th></tr>
<tr><td rowspan="3">(1)打底焊
采用左向焊法，将试件装配间隙大的一端放在左侧，间隙小的一端放在右侧，如图所示
①引弧　在试件右端定位焊缝上引弧，电弧向左移动并长弧预热4～5s，当电弧到达定位焊缝左端时压低电弧，形成熔池并出现熔孔后开始送丝
②焊接　焊接打底层时，采用较小的焊枪倾角和较小的焊接电流。焊丝、焊枪与焊件的角度如图所示。焊丝送入要均匀，焊枪移动要平稳、速度一致。焊接时，要密切注意焊接熔池的变化，随时调节有关参数，保证背面焊缝成形良好。当熔池增大、焊缝变宽且不出现下凹时，说明熔池温度过高，应减小焊枪与焊件夹角，加快焊接速度；当熔池减小时，说明熔池温度过低，应增加焊枪与焊件夹角，减慢焊接速度
③接头　当更换焊丝或暂停焊接时需要接头。这时松开焊枪上按钮开关，停止送丝，借焊机电流衰减熄弧，但焊枪仍需对准熔池进行保护，待其完全冷却后方能移开焊枪。接头时，在弧坑右侧15～20mm处引弧，缓慢向左移动，待弧坑处开始熔化形成熔池和熔孔后，继续填丝转入正常焊接
④收弧　当焊至试件末端时，应减小焊枪与试件夹角，使热量集中在焊丝上，加大焊丝熔化量以填满弧坑。切断控制开关后，焊接电流将逐渐减小，熔池也随之减小，将焊丝抽离电弧(但不离开氩气保护区)。停弧后，氩气延时约10s关闭，从而防止熔池金属在高温下被氧化
打底焊背面焊缝如图所示</td><td>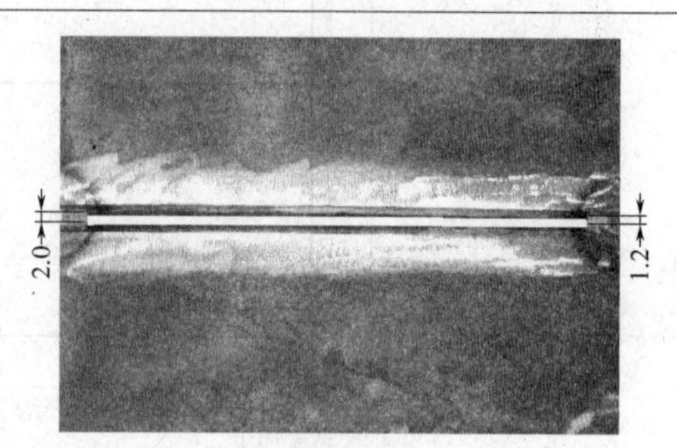

装夹位置</td></tr>
<tr><td>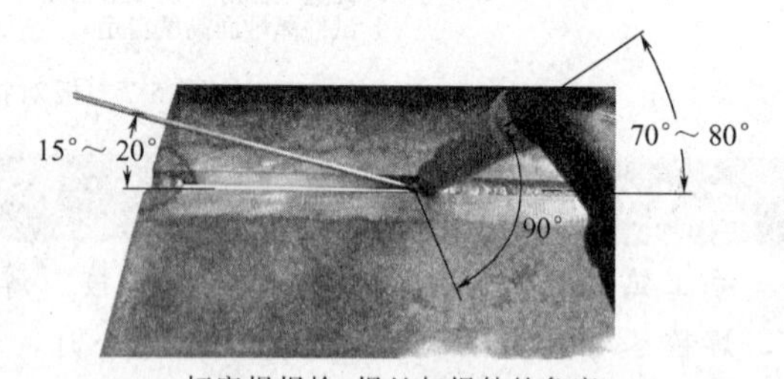

打底焊焊枪、焊丝与焊件的角度</td></tr>
<tr><td>
打底焊背面焊缝</td></tr>
</table>

续表

焊接过程	图示
(2)填充焊 填充层焊接操作与打底层相同。焊接时焊枪可作锯齿形横向摆动,其幅度应稍大,并在坡口两侧停留,保证坡口两侧熔合好,焊道均匀。从试件右端开始焊接,注意熔池两侧熔合情况,保证焊缝表面平整且稍下凹。填充层的焊道焊完后应比焊件表面低 1～1.5mm,以免坡口边缘熔化导致盖面层产生咬边或焊偏,焊完后将焊道表面清理干净	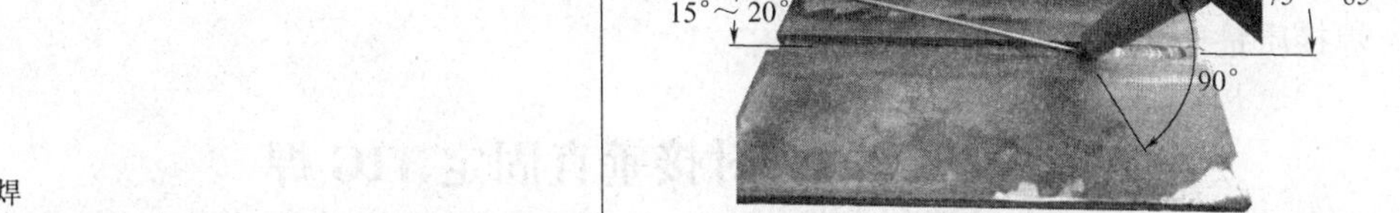 填充焊焊接操作 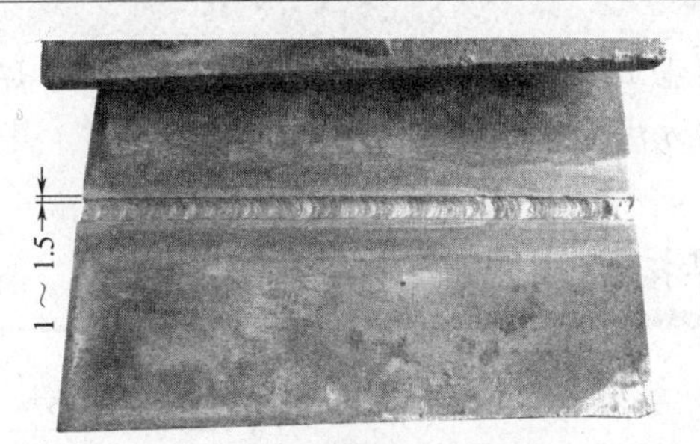 填充焊焊缝
 (3)盖面焊 盖面层焊接操作与填充层基本相同,但要加大焊枪的摆动幅度,保证熔池两侧超过坡口边缘 0.5～1mm,并按焊缝余高决定填丝速度与焊接速度,尽可能保持焊缝速度均匀,熄弧时必须填满弧坑,盖面焊焊缝如图所示	 盖面焊焊接操作  盖面焊焊缝

经验点滴

① 操作中，如果焊丝与钨极相触碰，发生瞬间短路造成焊缝污染和夹钨，应立即停止焊接，用砂轮磨掉被污染处，直至露出金属光泽，被污染的钨极要重新磨削后，方可继续

施焊。

② 为了使用方便，钨极的一端常涂有颜色，以便识别。例如，钍钨极涂红色，铈钨极涂灰色，纯钨极涂绿色。

4. 焊接质量要求

焊接质量要求及评分标准见表 3-10。

模块三　管对接垂直固定 TIG 焊

学习目标及技能要求

能正确选择管对接垂直固定手工 TIG 焊焊接参数及掌握管对接垂直固定手工 TIG 焊的操作方法。

焊接试件图（图 6-8）

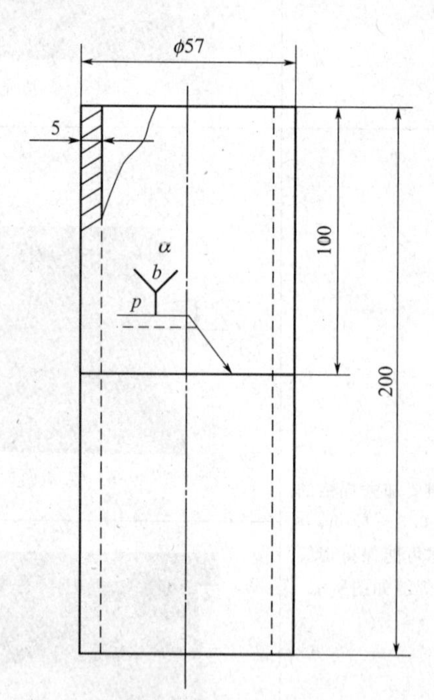

技术要求：
1. 单面焊双面成形。
2. 试件材料20，60° V形坡口。
3. 钝边、间隙自定。
4. 试件的空间位置符合垂直固定焊要求。

图 6-8　管对接垂直固定焊试件图

工艺分析

管对接垂直固定焊时，由于管径小，管壁薄，焊接时温度上升较快，容易造成打底层焊穿或焊道过高；填充层焊缝上部产生咬边，下部成形不良，甚至出现下垂、焊瘤等缺陷。因此焊接时，应控制焊枪摆动到焊缝两侧时的停留时间，上侧稍短，下侧稍长，并控制送丝位置在熔池的上缘。当熔敷金属过热将要出现下坠时停止送丝，灭弧待熔池温度稍低后再次引弧焊接。

1. 焊前准备

① 试件材料 20钢管，ϕ57mm×100mm×5mm，两段，坡口形式及技术要求如图6-8所示。

② 焊接材料 焊丝H08A，直径2.5mm；电极为铈钨极WCe-20，直径2.5mm；氩气，纯度≥99.99%。

③ 焊机 WS-400，直流正接。

④ 焊前清理 清理坡口及其两侧内外表面各20mm范围内和焊丝表面的油污、锈蚀、水分及其他污物，直至露出金属光泽（钢管内表面的清理使用内磨机打磨）。

⑤ 装配定位 装配间隙为1.5～2.0mm，错边量≤0.5mm；一点定位，焊缝长10mm左右，并保证该处间隙为2mm，与它相隔180°处间隙为1.5mm。定位焊点两端应先打磨成斜坡，以利于接头。

2. 焊接参数

管对接垂直固定焊焊接参数的选择见表6-7。

表6-7 管对接垂直固定焊焊接参数

焊接层次	焊接电流/A	氩气流量/(L/min)	钨极直径/mm	焊丝直径/mm	钨极伸出长度/mm	喷嘴直径/mm	喷嘴至焊件距离/mm
打底层	90～95	8～10	2.5	2.5	4～6	8	≤8
盖面层	95～100	8～10					

3. 焊接过程

管对接垂直固定焊焊接过程见表6-8。

表6-8 管对接垂直固定焊焊接过程

焊接过程	图示
(1)打底焊 打底焊时焊枪和焊丝角度如图所示，在右侧间隙最小处(1.5mm)引弧，先不加焊丝，待坡口根部熔化形成熔池后，将焊丝轻轻地向熔池里送一下，并向管坡口内摆动，将熔液送到坡口根部，以保证背面焊缝的高度。填充焊丝的同时，焊枪小幅度作横向摆动并向左均匀移动。在焊接过程中，填充焊丝以往复运动方式间断地送入电弧内的熔池前方，在熔池前呈滴状加入。当操作者移动位置暂停焊接时，应按收弧要点操作。继续焊接时，焊前应将收弧处修磨成斜坡并清理干净，在斜坡上引弧移至离接头8～10mm处，焊枪不动，当获得明亮清晰的熔池后，即可填加焊丝，继续从右向左进行焊接 小管垂直固定打底焊时，熔池的热量要集中在坡口的下部，以防止上部坡口过热，母材熔化过多，产生咬边或焊缝背面的余高下坠 打底焊表面要保证内凹，这样有利于盖面焊，打底焊焊缝如图所示	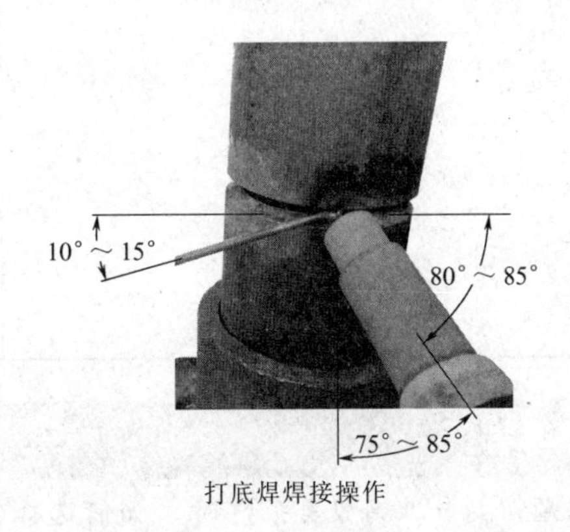 打底焊焊接操作

续表

<table>
<tr><th>焊接过程</th><th>图示</th></tr>
<tr><td>(1)打底焊
打底焊时焊枪和焊丝角度如图所示，在右侧间隙最小处(1.5mm)引弧，先不加焊丝，待坡口根部熔化形成熔池后，将焊丝轻轻地向熔池里送一下，并向管坡口内摆动，将熔液送到坡口根部，以保证背面焊缝的高度。填充焊丝的同时，焊枪小幅度作横向摆动并向左均匀移动。在焊接过程中，填充焊丝以往复运动方式间断地送入电弧内的熔池前方，在熔池前呈滴状加入。当操作者移动位置暂停焊接时，应按收弧要点操作。继续焊接时，焊前应将收弧处修磨成斜坡并清理干净，在斜坡上引弧移至离接头 8～10mm 处，焊枪不动，当获得明亮清晰的熔池后，即可填加焊丝，继续从右向左进行焊接
小管垂直固定打底焊时，熔池的热量要集中在坡口的下部，以防止上部坡口过热，母材熔化过多，产生咬边或焊缝背面的余高下坠
打底焊表面要保证内凹，这样有利于盖面焊，打底焊焊缝如图所示</td><td>
打底焊焊缝</td></tr>
<tr><td>(2)盖面焊
盖面焊时焊枪和焊丝角度如图所示。焊接盖面焊道时，电弧对准打底焊道下部，使熔池下沿和上沿均超出管子坡口的棱边 0.5～1.5mm。盖面焊焊接速度可适当加快，送丝频率也加快，适当减少送丝量，防止焊缝下坠
盖面焊焊缝如图所示</td><td>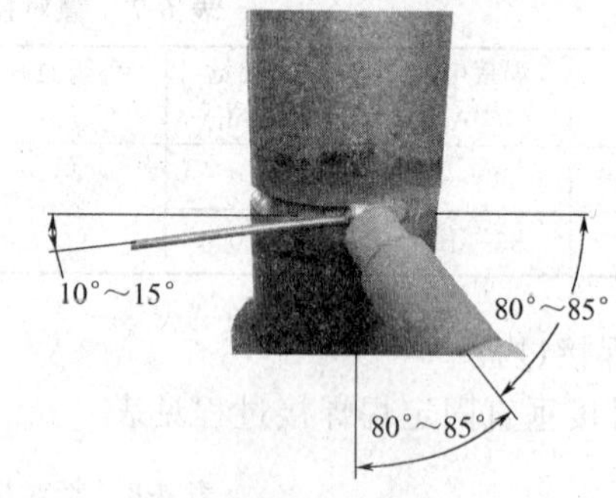

盖面焊焊接操作

盖面焊焊缝</td></tr>
</table>

师傅答疑

问题1　手工钨极氩弧焊时，如何选择钨极端部角度及形状？

答：一般在小电流焊接时，为了提高电弧热量的集中性，常采取较小的电极锥角；直流大电流时，钨极宜磨成钝角；交流钨极氩弧焊时，一般将钨极端部磨成圆珠形。钨极端部角度及形状如图 6-9 所示。

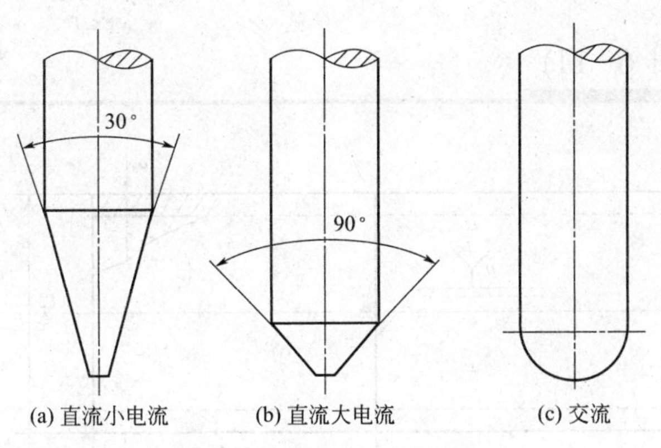

图 6-9 钨极端部角度及形状

此外，在焊接不同材料时，钨极端部的形状要求是不同的，如图 6-10 所示。端部球形适用于焊接铝、镁及其合金；端部圆台形适用于焊接低碳钢、低合金钢；端部圆锥形适用于焊接不锈钢。

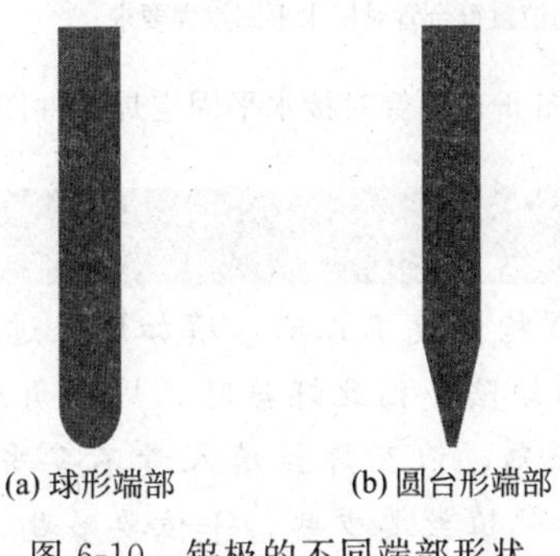

图 6-10 钨极的不同端部形状

问题 2 手工钨极氩弧焊过程中应注意哪些事项？

答：打底焊时，应尽量采用短弧焊接，填丝量要少，焊枪尽可能不摆动，当焊件间隙较小时，可直接进行击穿焊接；如果定位焊缝有缺陷，必须将缺陷磨掉，不允许用重熔的办法来处理定位焊缝上的缺陷。

盖面焊时，填充焊丝要均匀，快慢适当。过快焊缝余高大；过慢则焊缝下凹和咬边。焊至收尾处焊件温度会提高很多，这时就应适当加快焊接速度，收弧时多送几滴熔滴填满弧坑，防止产生弧坑裂纹。

手工钨极氩弧焊是双手同时操作，这一点有别于焊条电弧焊。操作时，双手配合协调显得尤为重要。因此，应加强这方面的基本功训练。

4. 焊接质量要求

焊接质量要求及评分标准见表 3-21。

模块四 管对接水平固定 TIG 焊

学习目标及技能要求

能正确选择管对接水平固定手工 TIG 焊参数及掌握管对接水平固定手工 TIG 焊的操作方法。

焊接试件图（图 6-11）

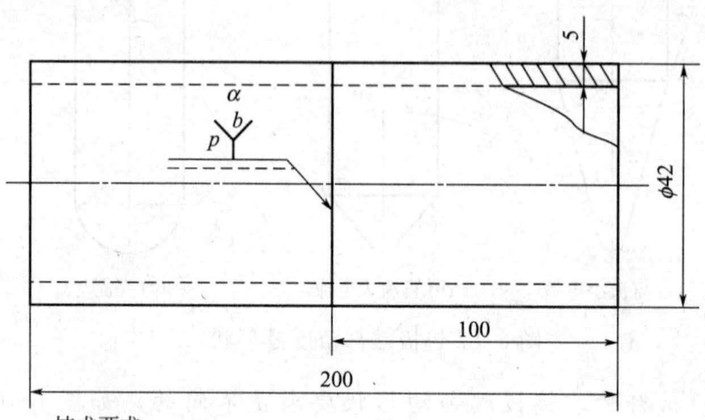

技术要求：
1. 单面焊双面成形。
2. 试件材料20，60° V形坡口。
3. 钝边、间隙自定。
4. 试件的空间位置符合管对接水平固定焊要求。

图 6-11　管对接水平固定焊试件图

工艺分析

管水平固定 TIG 焊时，若焊枪角度不正确，填加焊丝过早（未熔透即填加焊丝），很有可能出现底层仰焊部位未焊透的缺陷。因此焊接时，焊枪角度要正确，待形成熔孔后再填加焊丝；此外，焊枪摆动频率不正确，以及焊丝填入量不妥当，也容易出现整体焊缝仰位超高、平位偏低等问题。这时在仰位填丝要少些，平位要多些，立位焊枪摆动要快些，平位要慢些。

1. 焊前准备

① 试件材料　20 钢管，ϕ42mm×100mm×5mm，两段，60°V 形坡口，钝边 0.5～1mm，坡口形式及技术要求如图 6-11 所示。

② 焊接材料　焊丝 H08A，直径 2.5mm；电极为铈钨极 WCe-20，直径 2.5mm；氩气，纯度≥99.99%。

③ 焊机　WS-400，直流正接。

④ 焊前清理　清理坡口及其两侧内外表面各 20mm 范围内和焊丝表面的油污、锈蚀、水分及其他污物，直至露出金属光泽，然后用干净棉纱蘸丙酮擦拭管件清理待焊部位。

⑤ 装配定位　上部（12 点位置）间隙 2.0mm，下部（6 点位置）间隙 1.5mm；错边量≤0.5mm；一点定位，焊缝长约 10mm，定位焊缝两端修磨成斜坡，以利于接头。

2. 焊接参数

管对接水平固定焊焊接参数选择见表 6-9。

表 6-9　管对接水平固定焊焊接参数

焊接层次	焊接电流/A	氩气流量/(L/min)	钨极直径/mm	焊丝直径/mm	钨极伸出长度/mm	喷嘴直径/mm	喷嘴至焊件距离/mm
打底层	90～100	8～10	2.5	2.5	4～6	8	≤8
盖面层	95～110	8～10					

3. 焊接过程

采用两层两道焊，焊接分两个半圈进行。管对接水平固定焊焊接过程见表 6-10。

表 6-10　管对接水平固定焊焊接过程

焊接过程	图示
(1)打底焊 ①引弧：前半圈在图示 A 点位置引弧，引弧时将钨极对准坡口根部并使其逐渐接近母材引燃电弧 引燃电弧后控制弧长为 2～3mm，对坡口根部两侧加热，待钝边熔化形成熔池后，即可填丝。始焊时焊接速度应慢些，并多填焊丝加厚焊缝，以达到背面成形和防止裂纹的目的 ②焊枪角度：打底焊时，焊枪与管子、焊丝的夹角如图所示 ③送丝手法：焊丝端部应始终处于氩气保护范围内，以避免焊丝被氧化，且不能直接插入熔池，应位于熔池的前方，边熔化边送丝。送丝动作干净利落，使焊丝端部呈球形 ④焊接：在焊接过程中，电弧应交替加热坡口根部和焊丝端部，控制坡口两侧熔透均匀，以保证背面焊缝的成形 ⑤收弧　在图示 B 点位置灭弧，灭弧前应送几滴填充金属，以防止出现冷缩孔，并将电弧移至坡口一侧，然后收弧 ⑥后半圈从仰焊位置引弧，焊至平焊位置结束，操作时的注意事项及要点同前半圈 ⑦打底焊接时，每半圈一气呵成，中途尽量不停顿。若中断时，应将原焊缝末端重新熔化，使起焊焊缝与原焊缝重叠 5～10mm 打底层焊道厚度一般控制为 3mm 左右，并保证焊缝表面呈内凹状如图所示，这样有利于盖面焊	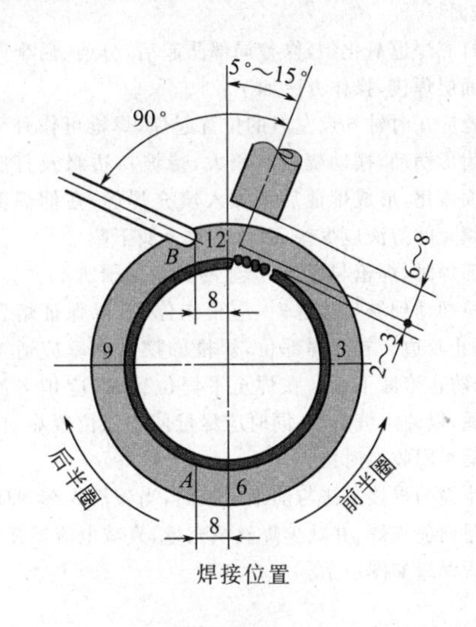 焊接位置 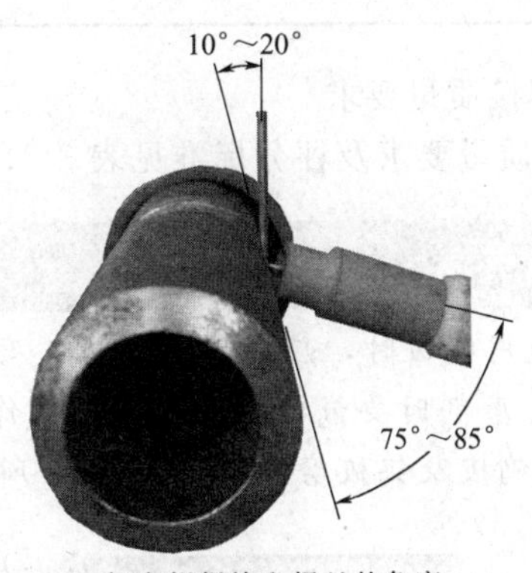 打底焊焊枪和焊丝的角度  打底焊焊缝

续表

焊接过程	图示
(2)盖面焊 清除打底焊道氧化物,修整局部凸起后,分前、后半圈进行盖面层焊接,操作方法如下: ①焊枪应在时钟6点左右的位置起焊,焊枪可作月牙形或锯齿形摆动,摆动幅度应稍大,待坡口边缘及打底焊道表面熔化,形成熔池后可加入填充焊丝,在仰焊部位每次填充的溶液应少些,以免熔敷金属下坠 ②盖面焊时,焊枪与管子、焊丝的夹角如图所示 ③焊枪摆动到坡口边缘时,应稍作停顿,以保证熔合良好,防止咬边。在立焊部位,焊枪的摆动频率应适当加快,以防止熔液下滴。在焊至平焊位置时,应稍多加填充金属,以使焊缝饱满,同时应尽量使熄弧位置靠前,以利于后半圈收弧时接头 ④后半圈的焊接方法与前半圈相同,当盖面焊缝封闭时应尽量向前施焊,并减少焊丝填充量,衰减电流熄弧 盖面焊焊缝如图所示	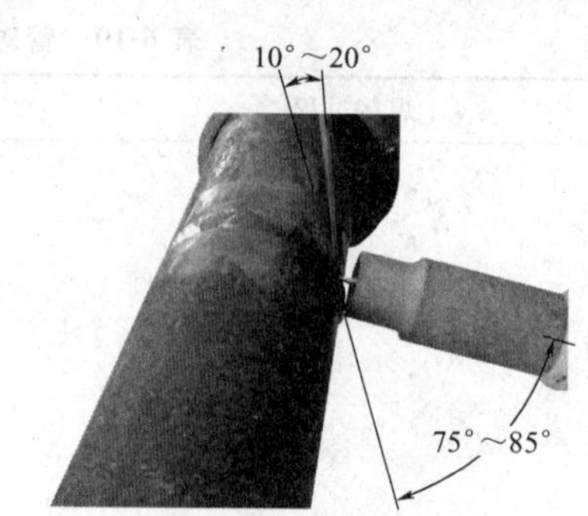 盖面焊焊枪和焊丝的角度  盖面焊焊缝

4. 焊接质量要求

焊接质量要求及评分标准见表3-21。

经验点滴

① 使用钨极时，应使用铈钨极；磨削钨极时应使用密封式或抽风式砂轮机（也称钨极磨尖机）；磨削时要戴口罩和手套，工作后要洗手；存放钨极时，若数量较大，最好在铅盒中保存。钨极及钨极磨尖机如图6-12所示。

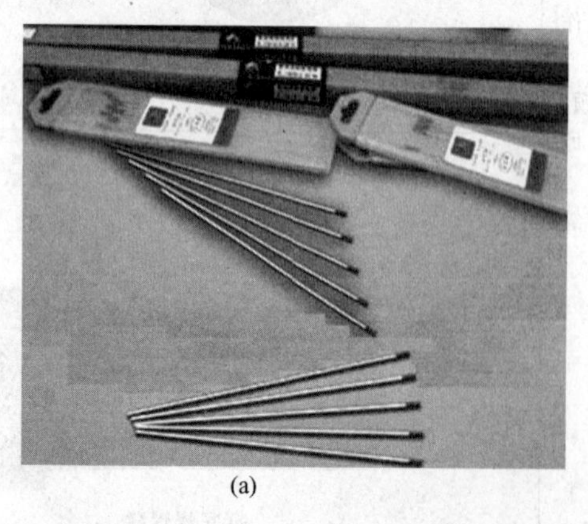

(a)

(b)

图6-12 钨极及钨极磨尖机

② 手工钨极氩弧焊操作时，焊丝端头要跟随电弧行走，始终保证焊丝在氩气的保护区内。同时注意不得使焊丝与钨极端部接触，以免污染、烧损钨极，使焊缝产生夹钨缺陷。

第七单元　等离子弧焊接与切割

等离子弧焊是借助水冷喷嘴对电弧的约束作用，获得高能量密度的等离子弧进行焊接的方法。等离子弧焊如图 7-1(a) 所示。利用等离子弧的热能实现切割的方法称为等离子弧切割，它是以高温、高速的等离子弧为热源，将被切割件局部熔化，并利用压缩的高速气流的机械冲刷力，将已熔化的金属或非金属吹走而形成狭窄切口的过程，如图 7-1(b) 所示。

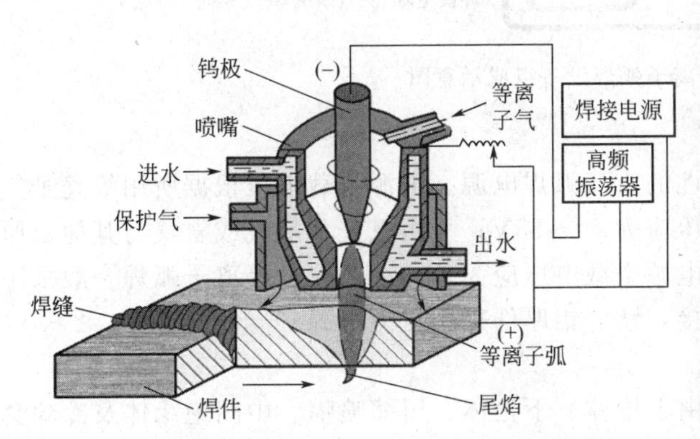

(a) 等离子弧焊接

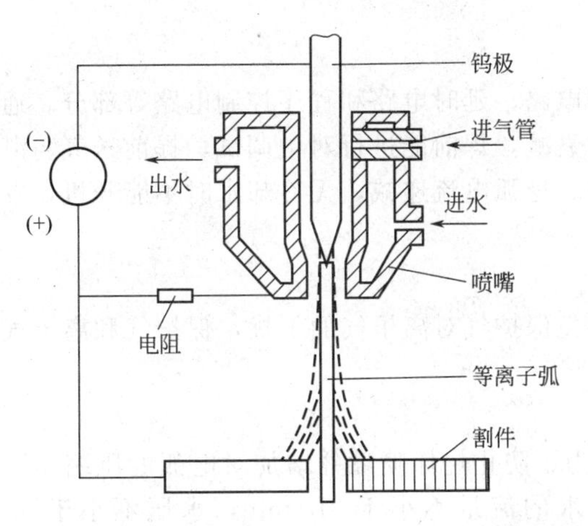

(b) 等离子切割

图 7-1　等离子弧焊接与切割

模块一　等离子弧焊（割）设备及工艺

一、等离子弧焊接设备与工艺

1. 等离子弧焊设备

手工等离子弧焊设备由焊接电源、焊枪、供气和供水系统、控制系统等部分组成，其设备组成如图 7-2 所示。

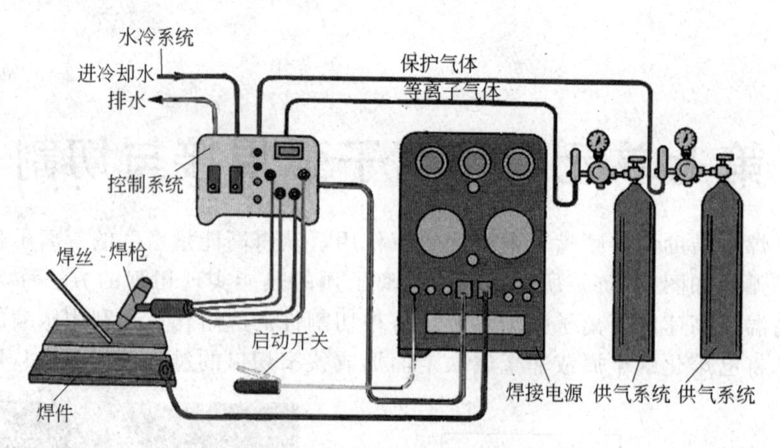

图 7-2　等离子弧焊设备组成示意图

（1）焊接电源

一般采用具有陡降或垂直下降外特性的直流弧焊电源。电源空载电压根据所用等离子气而定：采用氩气作等离子气时，空载电压应为60～85V；采用氩气和氢气或氩气与其他双原子分子气体的混合气体作等离子气时，电源空载电压应为110～120V。等离子弧焊一般采用直流正接，镁、铝薄件时可采用直流反接，镁、铝厚件采用交流电源。

（2）焊枪

焊枪又称为等离子弧发生器，主要由上枪体、下枪体、压缩喷嘴、中间绝缘体及冷却套等组成，其中最关键的部件为喷嘴。大部分等离子弧焊枪采用圆柱形压缩孔道，而收敛扩散型压缩孔道有利于电弧的稳定。

（3）控制系统

控制系统包括高频引弧电路、拖动控制电路、延时电路和程序控制电路等部分。通过控制系统，可预调气体流量并实现离子气流的衰减，焊前能进行对中调试，提前送气、滞后停气，可靠的引弧及转换，实现起弧电流递增、熄弧电流递减，无冷却水时不能开机，发生故障及时停机。

（4）供气系统

供气系统包括离子气、保护气等。为避免保护气对离子气的干扰，保护气和离子气最好由独立气路分开供给。

（5）供水系统

由于等离子弧的温度在10000℃以上，为了防止烧坏喷嘴并增加对电弧的压缩作用，必须对电极及喷嘴进行有效的水冷却。冷却水的流量不小于3L/min，水压不小于0.15～0.2MPa。水路中应设有水压开关，在水压达不到要求时，切断供电回路。

2. 等离子弧焊工艺

等离子弧焊接有三种工艺方法：小孔型等离子弧焊工艺、熔透型等离子弧焊工艺和微束型等离子弧焊工艺。

（1）小孔型等离子弧焊

小孔型等离子弧焊又称穿孔焊、锁孔焊或穿透焊。它是利用等离子弧能量密度大、电弧挺度好的特点，将焊件的焊接处完全熔透，并产生一个贯穿焊件的小孔。在表面张力的作用下，熔化金属不会从小孔中滴落下去（小孔效应）。随着焊枪的前移，小孔在电弧后锁闭，形成完全熔透的焊缝。

小孔型等离子弧焊采用的焊接电流范围在100～300A，适宜于3～8mm的不锈钢、

12mm 以下钛合金、2～6mm 低碳钢或低合金钢及铜、镍的对接焊，可以不开坡口和背面不用衬垫进行单面焊双面成形。

（2）熔透型等离子弧焊

当等离子气流量较小、弧柱压缩程度较弱时，等离子弧在焊接过程中只熔透焊件，但不产生小孔效应的熔焊工艺为熔透型等离子弧焊工艺，它采用较小的焊接电流（30～100A），主要用于薄板单面焊双面成形及厚板的多层焊。

（3）微束型等离子弧焊

采用 30A 以下的焊接电流进行的等离子弧焊，称为微束型等离子弧焊。微束型等离子弧焊的焊接电流很小（约为 0.2～30A），主要用来焊接厚度在 0.01～2mm 的薄板及金属丝网。

二、等离子弧切割设备与工艺

等离子弧切割如图 7-3 所示。

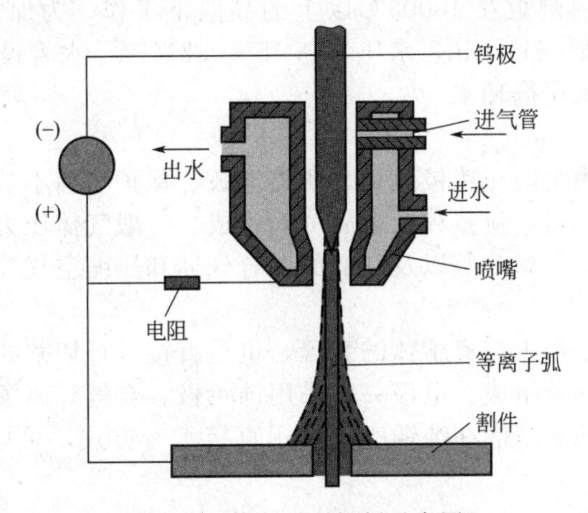

图 7-3 等离子弧切割示意图

1. 等离子弧切割设备

等离子弧切割设备包括电源、控制系统、供水系统、供气系统及割炬等，常见的空气等离子弧切割设备如图 7-4 所示。

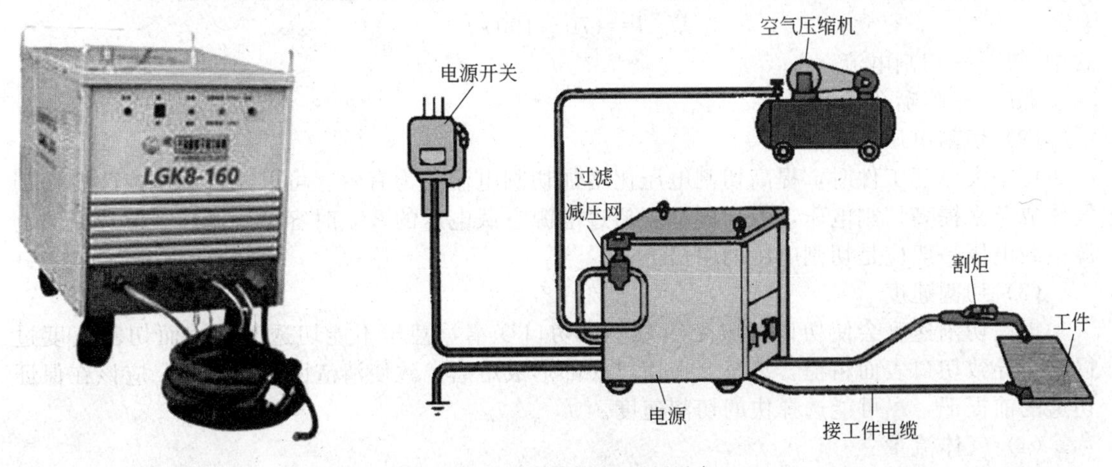

图 7-4 空气等离子弧切割设备

（1）电源

等离子弧切割采用具有陡降外特性的直流电源，并采用直流正接。要求具有较高的空载电压，一般空载电压在150～400V之间。

（2）控制系统

控制系统主要包括程序控制接触器、高频振荡器、电磁气阀、水压开关等。目的是对供电、供气、供水及引弧等进行控制。等离子弧切割控制程序方框图如图7-5所示。

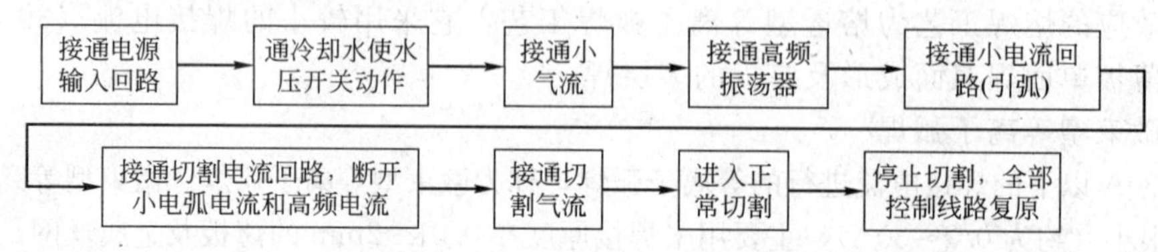

图7-5 等离子弧切割控制程序方框图

（3）供水系统

由于等离子弧切割的割炬在10000℃以上的高温下工作，为保持正常切割必须通水冷却，冷却水流量应大于2～3L/min，水压为0.15～0.2MPa。水管设置不宜太长，一般自来水即可满足要求，也可采用循环水。

（4）供气系统

供气系统气体的作用是防止钨极氧化、压缩电弧、保护喷嘴不被烧毁及吹掉割缝中的熔化金属，它由气瓶、减压器、流量计及电磁气阀组成。一般气体压力为0.25～0.35MPa。

常用的工作气体是氮、氩、氢以及它们的混合气体和压缩空气等。

（5）割炬

割炬（也称割枪）是产生等离子弧的装置，也是直接进行切割的工具，主要由本体、电极组件、喷嘴和压帽等部分组成。电极一般采用铈钨极。空气等离子弧切割一般采用纯锆或纯铪电极，是将纯锆或纯铪镶嵌在纯铜座中，用直接水冷方式，可以承受较大的工作电流，并减少电极损耗。

2. 等离子弧切割参数

（1）切割电流

切割电流及电压决定了等离子弧功率能量的大小。在增加切割电流的同时，应相应增大其他参数，若单纯增加电流，则切口变宽，喷嘴烧损会加剧，而且过大的切割电流会产生双弧现象，因此应根据电极和喷嘴来选择合适的电流。一般切割电流可按下式选取：

$$I=(70\sim100)d$$

式中 I——切割电流，A；

d——喷嘴孔径，mm。

（2）切割电压

切割大厚度工件时，提高切割电压比增加切割电流更为有效。可以通过调整或改变切割气体成分来提高切割电压，但切割电压超过电源空载电压的2/3时容易熄弧，因此选择的电源空载电压一般应是切割电压的两倍。

（3）切割速度

提高切割速度会使切口区域受热减小，切口变窄，甚至不能切透工件；而切割速度过慢，会导致切口表面粗糙，甚至会在切口底部形成熔瘤，致使清渣困难。因此，应该在保证切透的前提下，尽可能选择快的切割速度。

（4）气体流量

气体流量要与喷嘴孔径相适应。气体流量大，有利于压缩电弧，能量更为集中，同时工作电压也随之提高，可提高切割速度和切割质量。但气体流量过大，会使电弧散失一定的热量，降低切割能力。

（5）电极内缩量

电极端头至喷嘴端面的距离称为电极内缩量，电极内缩量一般为 8～11mm。

（6）喷嘴与割件的距离

喷嘴与割件的距离一般为 6～8mm，切割厚度较大的工件时，可增大到 10 ～15mm，空气等离子弧切割所需距离略小，一般为 2～5mm。

师傅答疑

问题 1　等离子弧焊与钨极氩弧焊相比具有哪些优点？

答：① 等离子弧的温度高，能量密度大，熔透能力强，对于 8mm 或更厚的金属可不开坡口、不加填充金属焊接，可用比钨极氩弧焊高得多的焊接速度施焊。

② 等离子弧的形态近似于圆柱形，挺直性好，弧长发生波动时，熔池表面的加热面积变化不大，容易得到均匀的焊缝成形。

③ 等离子弧的稳定性好，特别是微束型等离子弧焊，使用很小（0.1A）的焊接电流，也能保持稳定的焊接过程，可焊超薄件。

④ 钨级内缩在喷嘴里面，不会与工件接触。因此，不仅可减少钨极损耗，并可防止焊缝金属产生夹钨等缺陷。

问题 2　等离子弧切割与氧气切割有什么区别？

答：等离子弧切割的原理与氧气切割的原理有着本质的不同。氧气切割主要是靠氧与金属的化合燃烧而进行切割的。而等离子弧切割不是依靠氧化反应，而是靠熔化来切割工件的。因此，等离子弧切割的适用范围比氧气切割要大得多，氧气不能切割的材料可用等离子弧切割。

模块二　不锈钢薄板等离子弧焊接

学习目标及技能要求

能正确选用不锈钢薄板等离子弧焊接参数及熟悉不锈钢薄板等离子弧焊接操作技术。

焊接试件图（图 7-6）

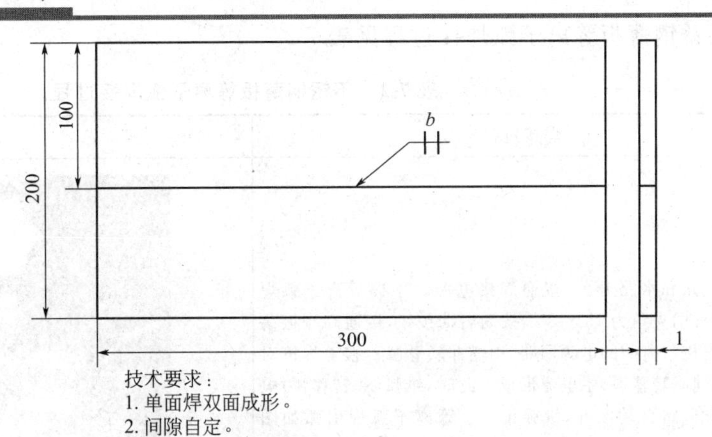

图 7-6　等离子弧焊试件图

工艺分析

材料为06Cr19Ni10不锈钢，焊件板厚仅为1mm，所以采用微束型等离子弧焊。焊前使用焊接夹具，以保证装配质量（如间隙、错边等）；焊接过程中按合适的焊接参数施焊。

1. 焊前准备

① 试件材料　06Cr19Ni10，300mm×100mm×1mm，I形坡口。

② 焊接材料　焊丝H0Cr19Ni9，直径1.0mm；离子气、保护气采用氩气，纯度≥99.99%。

③ 焊接设备　LH-30微束等离子弧焊机及其他辅助设备。

④ 焊前清理　清理坡口及其正反两侧各20mm范围内的油污、锈蚀、水分及其他污物，直至露出金属光泽，并用丙酮清洗干净。

⑤ 装配定位　置于铜垫板上，专用夹具装配；不留间隙，每隔3～5mm设置一个定位焊点；不出现错边（图7-7）。

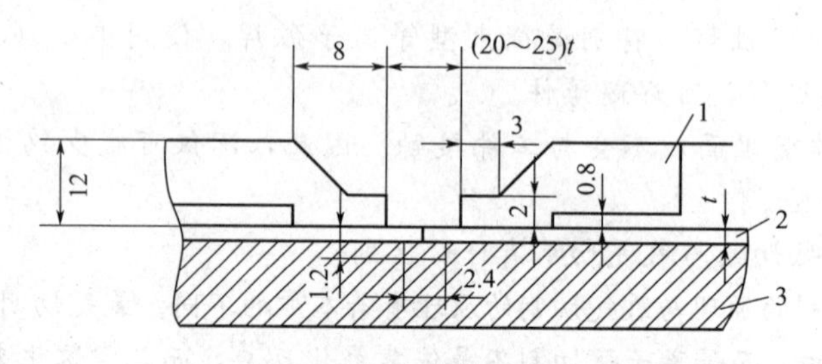

图7-7　装配定位示意图

1—不锈钢压板；2—焊件；3—紫铜板

2. 焊接参数

不锈钢薄板等离子弧焊接参数的选择见表7-1。

表7-1　不锈钢薄板等离子弧焊接参数

焊接层次	焊接电流/A	焊接电压/V	焊接速度/(cm/min)	离子气体Ar流量/(L/min)	保护气体Ar流量/(L/min)	喷嘴孔径/mm
单层焊	2.6～2.8	24	27.0	0.6	11	1.2

3. 焊接过程

不锈钢薄板等离子弧焊接过程见表7-2。

表7-2　不锈钢薄板等离子弧焊接过程

焊接过程	图示
(1)引弧 打开气路和水路开关，接通焊接电源。手握等离子弧焊枪，与焊件的夹角为75°～85°，按动启动按钮，接通高频振荡装置及电极与喷嘴的电源回路，引燃非转移弧。接着焊枪对准焊件，建立转移弧，主电流形成。此时，维弧（非转移弧）电路的高频电路自动断开，维弧消失。等离子弧焊引弧如图所示	等离子弧焊引弧

续表

<table>
<tr><th>焊接过程</th><th>图示</th></tr>
<tr><td>(2)焊接
采用左向焊法。起焊时，等离子弧在起焊处稍停片刻，用焊丝迅速触及焊接部位，当该部位开始熔化时，立即填加焊丝，进行焊接，如此重复，直至焊完
焊接时，焊丝的填加和焊枪的运行要协调一致。焊枪移动要平稳，保持匀速直线形移动。喷嘴与焊件距离保持在4～5mm之间。焊枪、焊丝与焊件的相对位置如图所示
中途停顿或焊丝用完再继续焊接时，要用等离子弧将起焊处的熔敷金属重新熔化，形成新的熔池后再加焊丝，并与原焊道重叠5mm左右。在重叠处要少填加焊丝，避免接头过高</td><td>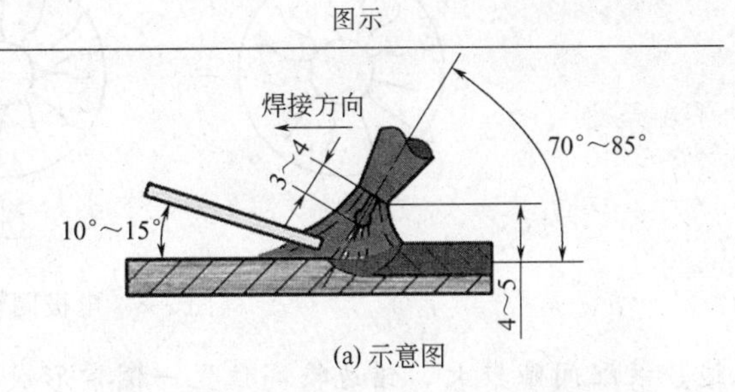

(a) 示意图
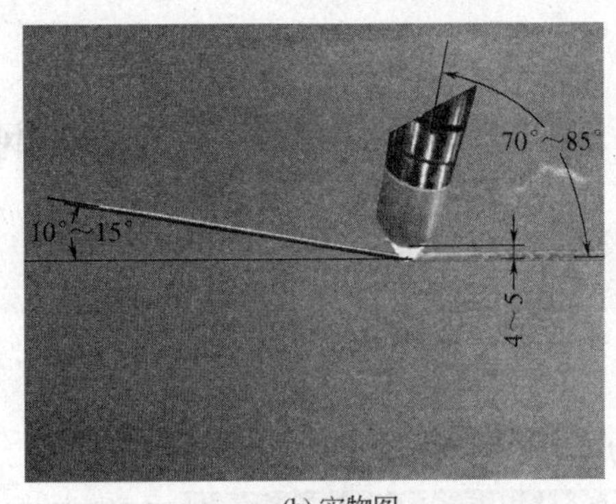

(b) 实物图
焊枪、焊丝与焊件的相对位置</td></tr>
<tr><td>(3)收弧
当焊至焊缝末端时，适当填加一定量的焊丝填满弧坑，避免产生弧坑缺陷
断开按钮，随电流衰减熄灭电弧
完整焊缝如图所示</td><td>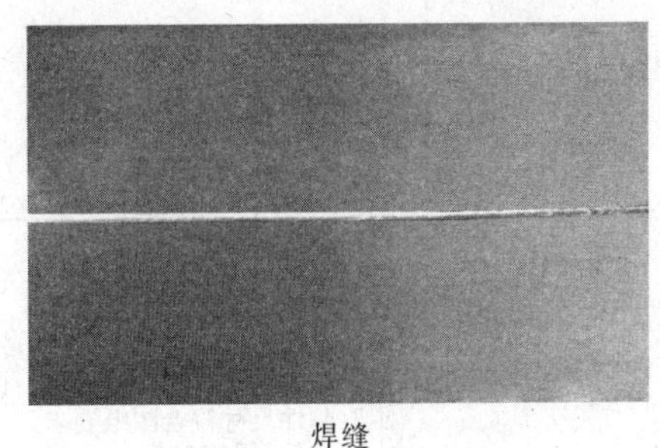
焊缝</td></tr>
</table>

4. 焊接质量要求

① 焊缝与母材圆滑过渡，表面不得有裂纹、未熔合、夹渣、气孔和焊瘤。

② 焊缝直线度≤1mm，焊缝宽度差≤1mm。焊缝余高0～3mm，余高差≤1mm。

③ 焊缝边缘咬边深度≤0.5mm。

④ 背面焊透成形，余高为0～0.2mm。

经验点滴

① 焊接时一定要保证钨极与喷嘴的同轴度，否则产生双弧，影响焊缝成形和喷嘴使用寿命。实际生产中，可以通过观测高频引弧的火花在电极四周分布的情况来判断，如图7-8所示。一般高频火花布满四周75%～80%以上，其同轴度能较好满足要求。

② 薄板焊接时，以下几种情况易产生咬边，必须加以注意：不填加焊丝最容易出现咬

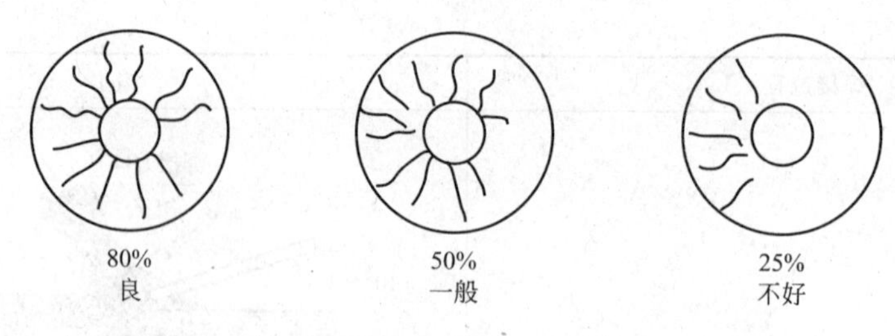

图 7-8　电极同轴度及高频火花

边；装配间隙较大、错边较高位置一侧常形成咬边；焊枪角度不对，当焊枪向接口一侧倾斜时，也会形成该侧咬边；离子气流及焊接电流过太时，也会造成咬边，严重时甚至出现烧穿。

模块三　碳钢空气等离子弧切割

学习目标及技能要求

能正确选择空气等离子弧切割参数及掌握空气等离子弧切割的操作技能。

切割试件图（图 7-9）

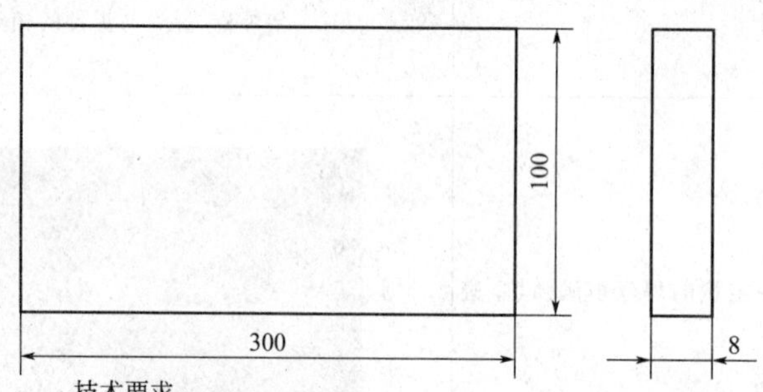

图 7-9　碳钢空气等离子弧切割试件图

工艺分析

碳钢等离子弧切割，要合理选择等离子弧切割参数。如果切割速度太快，等离子弧功率不够，气体流量太大或喷嘴离割件距离太远，会产生割不透的现象；如果割件表面有污物，割速与割炬高低不均，气体流量过小，会产生切割表面不光洁的现象。

1. 切割前准备

① 试件材料　Q235，300mm×100mm×8mm。在钢板上沿长度方向每隔 20mm 划一切割线，作为等离子弧切割的运行轨迹。

② 铈钨电极　直径 5.5mm。

③ 切割设备 LGK-100。

2. 切割参数

切割参数的选择见表 7-3。

表 7-3 切割参数

板厚/mm	喷嘴孔径/mm	切割电流/A	空气流量/(L/min)	切割速度/(mm/min)	空气压力/MPa
8	1.0	45	9	200	0.35

3. 切割过程

碳钢空气等离子弧切割过程见表 7-4。

表 7-4 碳钢空气等离子弧切割过程

切割过程	图示
(1)引弧 将割炬移到割件起割边缘,保持割炬垂直割件并确定喷嘴与割件表面距离。开启割炬开关,引燃等离子弧	 切割引弧
(2)切割 ①起割从割件边缘开始,将割件边缘切穿后,向切割方向匀速移动 需要注意的是,起割时工件是冷的,割炬应稍作停留,待割件充分预热切穿后才可开始向切割方向移动割炬 ②整个切割过程中,割炬应与割缝两侧割件表面保持垂直,以保证割口平直光洁。为了提高切割生产率,割炬在割件表面上应沿切割方向的反方向倾斜一个角度(0°～45°),如图所示	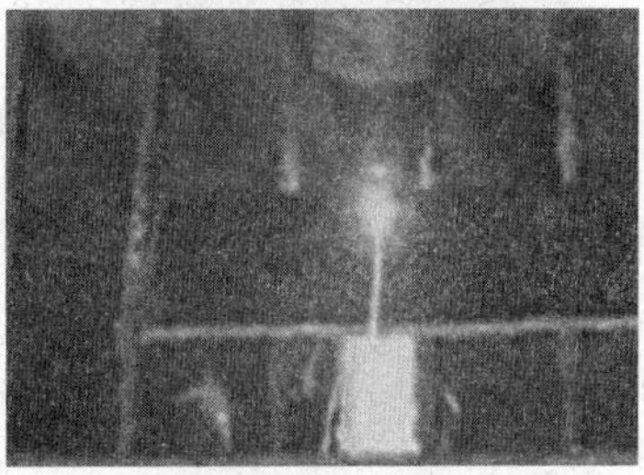 沿切割方向切割 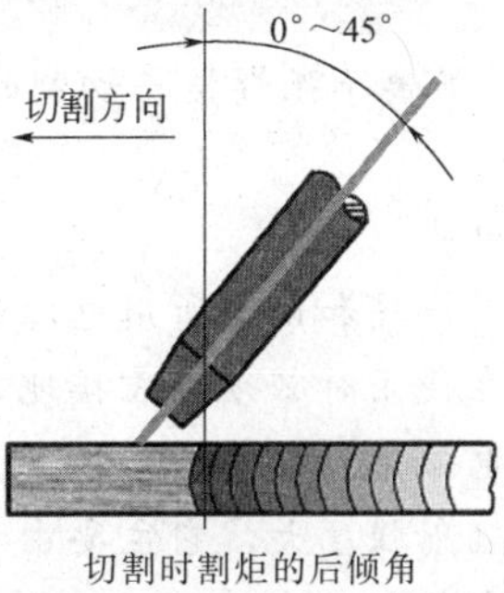 0°～45° 切割方向 切割时割炬的后倾角
(3)熄弧 切割完毕,关闭割炬开关,等离子弧熄灭。此时,压缩空气延时喷出,以冷却割炬。数秒钟后,自动停止喷出。移开割炬,完成切割全过程;切断电源电路,关闭水路和气路	

4. 切割质量要求

切割表面平整光滑，切割面与割件表面垂直；割件尺寸符合图纸要求，尺寸公差 1mm，对角线差 1mm。

经验点滴

① 非转移型等离子弧切割和氧-乙炔焰切割在技术上比较相似，但转移型等离子弧切割则需要与被割工件构成电源回路，在操作中如果割炬和工件距离过大就要断弧，因此在操作过程中割炬就不如氧-乙炔焰切割那样自在，同时还由于割炬结构较大，使切割时的可见性差，也给等离子弧切割操作带来一定困难。但经过一段操作实践，掌握好等离子弧切割操作技术也并不困难。

② 切割时，一般均从割件边缘开始切割，当需要从割件中间切割时，应先用钻头在起始切割处钻 ϕ5mm 孔后再引弧切割，否则会被割件翻浆，造成喷嘴烧损，如图 7-10 所示。

(a) 起割

(b) 割孔时

(c) 割件翻浆

图 7-10　割件翻浆

③ 由于压缩空气来源广、价格低廉，可大大降低成本，加之切割过程中氧与被切割金属的氧化反应是放热反应，切割速度快，生产率高，所以空气等离子弧切割得到了广泛应用，常用于切割铜、不锈钢、铝等材料，特别适合切割厚度在 30mm 以下的碳钢及低合金钢。

师傅答疑

问题 1　等离子弧焊接与切割时，如何进行安全防护？

答：

（1）防电击

等离子弧焊接和切割所用电源的空载电压较高，尤其在手工操作时，有被电击的危险。因此，电源在使用时必须可靠接地，焊炬或割炬体与手触摸部分必须可靠绝缘。

（2）防电弧光辐射

电弧光辐射强度大，它主要由紫外线辐射、可见光辐射与红外线辐射组成。等离子弧较其他电弧的光辐射强度更大，尤其是紫外线强度，故对皮肤损伤严重。操作者在焊接或切割时必须戴上良好的面罩、手套，最好加上吸收紫外线的镜片。

（3）防烟气与灰尘

等离子弧焊接和切割过程中伴有大量汽化的金属蒸气、臭氧、氮化物等。尤其切割时，由于气体流量大，致使工作场地产生灰尘，这些烟气与灰尘对操作者的呼吸道、肺等产生严重影响。因此切割时，需安装通风设备和设置抽风工作台。

(4) 防噪声

等离子弧会产生高强度、高频率的噪声，尤其采用大功率等离子弧切割时，其噪声更大，这对操作者的听觉系统和神经系统有害。要求操作者戴耳塞，在可能的条件下，尽量采用自动化切割，使操作者在隔声良好的操作室内工作。

(5) 防高频

等离子弧焊接和切割采用高频振荡器引弧，由于高频电场对人体有一定的危害，因此引弧频率选择在20～60kHz较为合适。同时还要求工件接地可靠，转移弧引燃后，应立即可靠地切断高频振荡器电源。

问题2　等离子弧焊接与切割时，出现双弧影响正常焊接怎么办？

答：等离子弧焊接或切割过程中，正常的等离子弧应稳定地在钨极和工件之间燃烧，如图7-11中弧1。但由于某些原因往往还会在钨极和喷嘴及喷嘴和工件之间产生与主弧并列的电弧（弧2和弧3），这种现象就称为双弧。

出现双弧时，主弧电流降低，使焊接时熔透能力和切割时的切割厚度减小，恶化焊缝成形和切口质量，以及导致喷嘴烧毁。

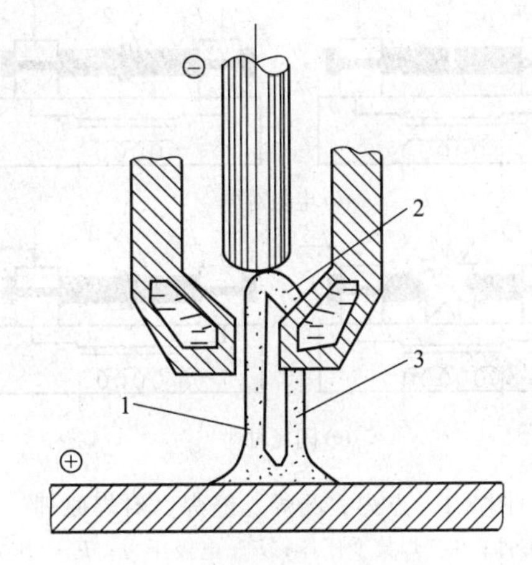

图7-11　双弧

1—主弧；2,3—并列弧

为防止产生双弧，可采取以下措施：

① 正确选择焊接电流和离子气流量。焊接电流过大，离子气流量过小，易产生双弧。

② 喷嘴孔道长度不要太长，喷嘴到工件的距离不宜太近。

③ 电极与喷嘴尽可能同心，电极内缩量适宜，不要太大。

④ 加强对喷嘴和电极的冷却，保持喷嘴端面清洁。

第八单元 电 阻 焊

电阻焊是焊件组合后通过电极施加压力，将被焊工件压紧于两电极之间，并通以电流，利用电流流经工件接触面及邻近区域产生的电阻热将其加热到熔化或塑性状态，使之形成金属结合的一种方法。最常用的电阻焊有点焊、凸焊、缝焊和对焊，如图 8-1 所示。

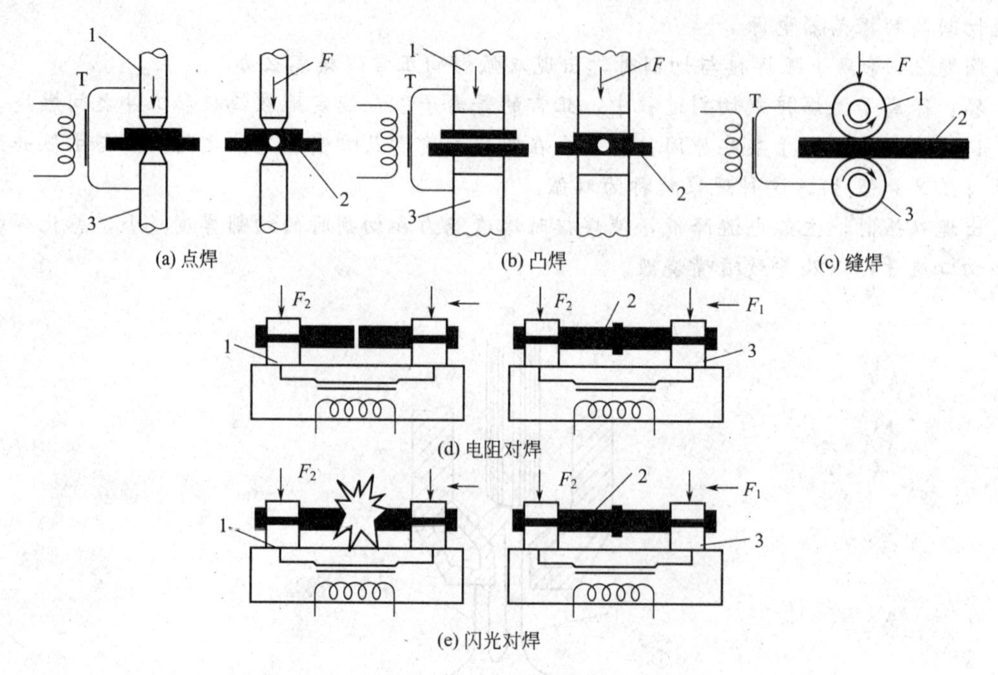

图 8-1 点焊、凸焊、缝焊、对焊原理

1,3—电极；2—工件；T—焊接变压器；F—电极压力；F_1—压力；F_2—夹紧力

模块一 电阻焊设备及工艺

一、电阻焊设备

1. 点焊机

固定式点焊机的结构如图 8-2 所示，它由机架、加压机构、焊接回路、电极、传动与减速机构以及开关与调节装置组成。目前常用的点焊设备有 DN-10 型、DN-25 型、DN1-40-1 型等。

2. 缝焊机

缝焊机的结构如图 8-3 所示。缝焊机与点焊机的基本区别在于用旋转的圆形电极代替了固定的圆柱电极。目前常用的缝焊设备有 FN-80、FN-100、FN-160-1 等。

3. 对焊机

对焊机的结构如图 8-4 所示，它由机架、导轨、固定夹具、动夹具、送进机构和变压器等组成。常用的对焊设备有 UN2-16、UN2-40、UN2-63、UNY-80 等。

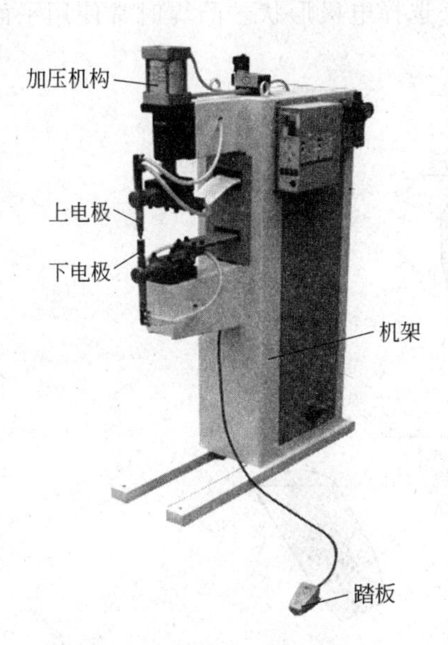

图 8-2 点焊机

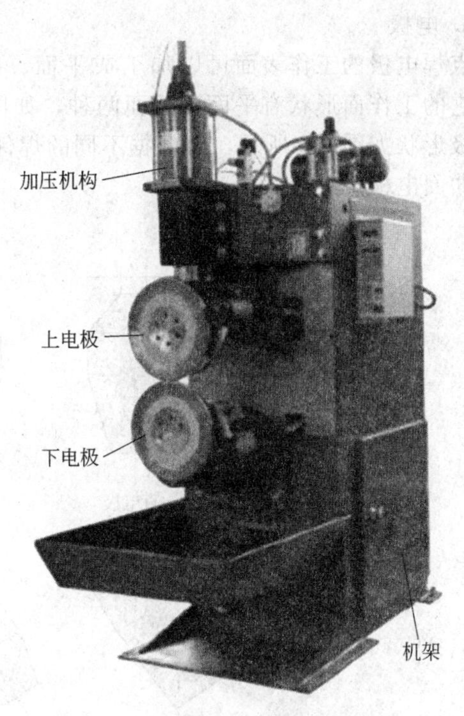

图 8-3 缝焊机

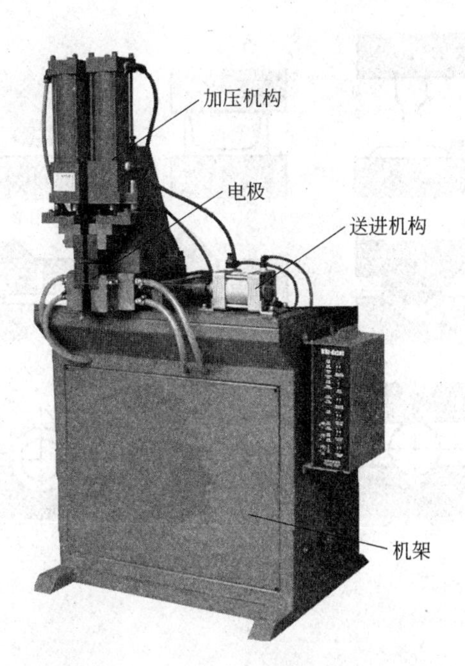

图 8-4 对焊机

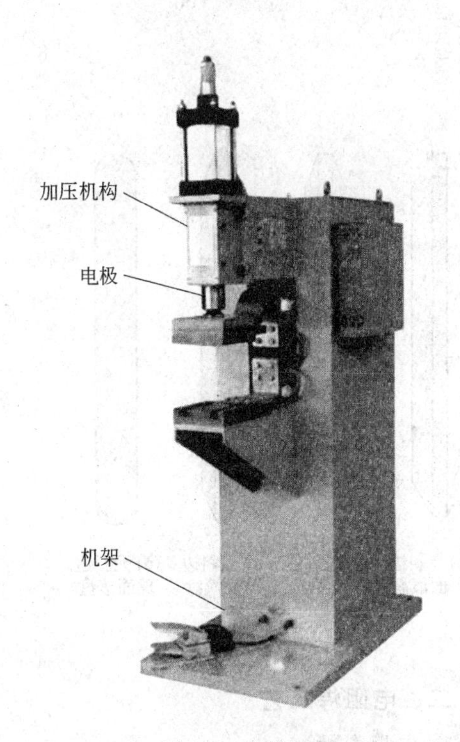

图 8-5 凸焊机

4. 凸焊机

电阻凸焊机的结构与点焊机相似，仅是电极有所不同，凸焊时采用平板形电极，如图8-5所示。常用电阻凸焊设备有DTN-25、DTN-75、DTN-150等。

5. 电极

点焊电极的工作表面可以加工成平面、曲面或球面，如图 8-6 所示。缝焊电极也称滚盘，它的工作面形状有平面和球面两种，如图 8-7 所示。滚盘直径通常在 300mm 以内。对焊电极形状如图 8-8 所示，要根据不同的焊件尺寸来选择电极形状。凸焊时常使用平面、球面或曲面电极。

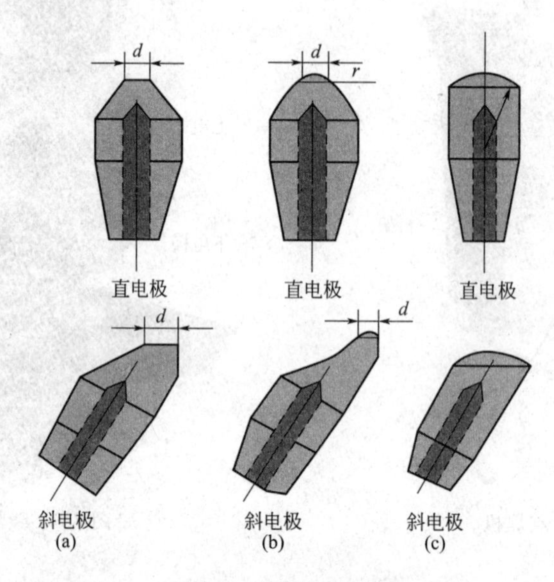

图 8-6　点焊电极形状

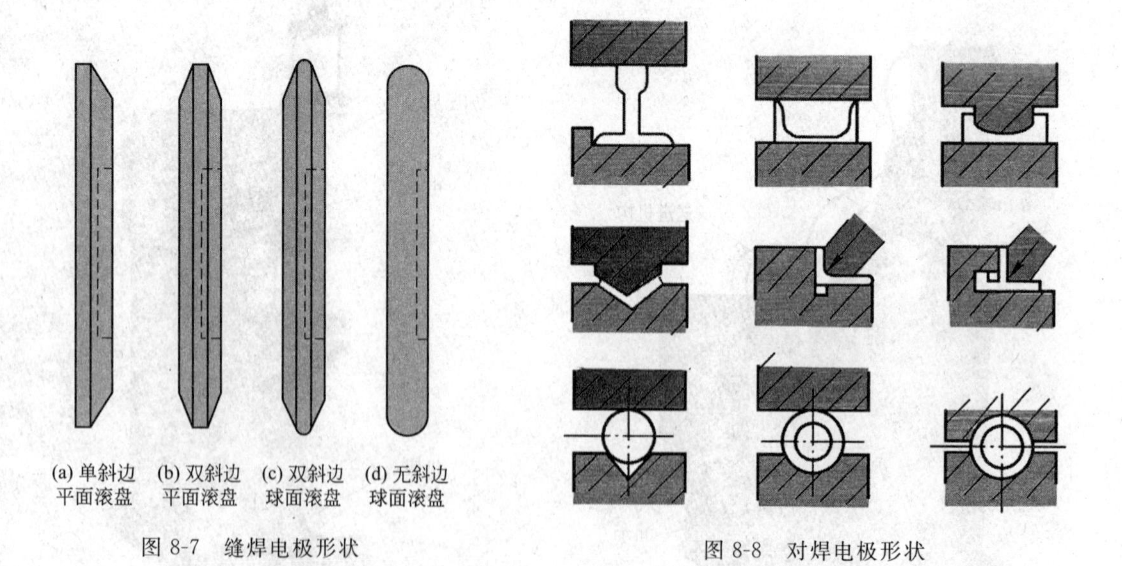

图 8-7　缝焊电极形状

图 8-8　对焊电极形状

二、电阻焊工艺

1. 点焊参数

点焊参数包括焊接电流、焊接时间、电极压力、电极端部形状与尺寸、搭接宽度及焊点间距等。

（1）焊接电流

电流太小，无法形成熔核或熔核过小，接头强度低；电流太大，焊件熔化过快，熔核来不及形成，易引起飞溅。

（2）焊接时间

焊接通电时间太短，则难以形成熔核或熔核过小。要想获得所要求的熔核，应使焊接通电时间有一个合适的范围，并与焊接电流相配合。焊接时间一般以周波计算，一周波为0.02s。

（3）电极压力

电极压力增大，接触电阻减小，使焊点熔核直径减小。压力过小，则容易导致焊件表面产生飞溅。如在增大电极压力的同时，适当延长焊接时间或增大焊接电流，可使焊点熔核增加，从而提高焊点的强度。

（4）电极端部形状与尺寸

根据焊件结构形式、焊件厚度及表面质量要求等来选用不同形状的电极。一般熔核的直径（$d_{核}$）与电极工作表面直径（$D_{极}$）有以下关系：

$$d_{核}=(0.9\sim1.4)D_{极}$$

（5）搭接宽度及焊点间距

点焊时，搭接宽度及焊点间距的选择应以满足焊点强度为准。需要注意焊点间距过大则接头强度不足，焊点间距过小又有很大的分流，所以应控制焊点间距。点焊搭接宽度及焊点间距最小值见表8-1。

表8-1 点焊搭接宽度及焊点间距最小值 mm

材料厚度	结构钢		不锈钢		铝合金	
	搭接宽度	焊点间距	搭接宽度	焊点间距	搭接宽度	焊点间距
0.3+0.3	6	10	6	7		
0.5+0.5	8	11	7	8	12	15
0.8+0.8	9	12	9	9	12	15
1.0+1.0	12	14	10	10	14	15
1.2+1.2	12	14	10	12	14	15
1.5+1.5	14	15	12	12	18	20
2.0+2.0	18	17	12	14	20	25
2.5+2.5	18	20	14	16	24	25
3.0+3.0	20	24	18	18	26	30
4.0+4.0	22	26	20	22	30	35

低碳钢点焊参数见表8-2。

2. 闪光对焊参数

闪光对焊的主要参数有伸出长度、闪光电流、闪光留量、闪光速度、顶锻留量、顶锻速度、顶锻压力、顶锻电流、夹钳夹持力等。

（1）伸出长度

棒材和厚壁管材伸出长度取（0.7～1.0）d（d为圆棒料的直径或方棒料的边长）；对于薄板（$\delta=1\sim4$mm），则取（4～5）δ。

表 8-2 低碳钢点焊参数

板厚/mm	电极端部直径/mm	电极压力/kN	焊接时间/周波	熔核直径/mm	焊接电流/kA
0.3	3.2	0.75	8	3.6	4.5
0.5	4.8	0.90	9	4.0	5.0
0.8	4.8	1.25	13	4.8	6.5
1.0	6.4	1.50	17	5.4	7.2
1.2	6.4	1.75	19	5.8	7.7
1.5	6.4	2.40	25	6.7	9.0
2	8.0	3.00	30	7.6	10.3

(2) 闪光电流和顶锻电流

闪光电流取决于工件的断面积和闪光所需要的电流密度。顶锻电流与闪光电流有关。

(3) 闪光留量

闪光留量应满足在闪光结束时整个工件端面有一熔化金属层，同时在一定深度上达到塑性变形温度。

(4) 闪光速度

足够大的闪光速度才能保证闪光的强烈和稳定。

(5) 顶锻留量

顶锻留量根据工件断面积选取，随着断面积的增大而增大。过小，易形成疏松、缩孔、裂纹等缺欠；过大，降低接头的冲击韧度。

(6) 顶锻速度

顶锻速度越快越好。

(7) 顶锻压力

顶锻压力通常以顶锻压强来表示。顶锻压强过大，则变形不足，接头强度下降；顶锻压强过小，则降低接头冲击韧度。

(8) 夹钳夹持力

夹钳夹持力的大小必须保证在顶锻时不打滑，通常夹钳夹持力为顶锻压力的1.5～4.0倍。

表8-3为强度较低的低合金钢及低碳钢棒材闪光对焊焊接参数。

表 8-3 钢棒材闪光对焊焊接参数

直径/mm	顶锻压力/MPa	伸出长度/mm	闪光留量/mm	顶锻留量/mm	闪光时间/s
5	60	9	3	1	1.5
6	60	11	3.5	1.3	1.9
8	60	13	4	1.5	2.25
10	60	17	5	2	3.25
12	60	22	6.5	2.5	4.25

续表

直径/mm	顶锻压力/MPa	伸出长度/mm	闪光留量/mm	顶锻留量/mm	闪光时间/s
14	70	24	7	2.8	5.00
16	70	28	8	3	6.75
18	70	30	9	3.3	7.5
20	70	34	10	3.6	9.0
25	80	42	12.5	4.0	13
30	80	50	15	4.6	20
40	80	60	20	6.0	45

模块二 薄板电阻点焊

学习目标及技能要求

能正确选择薄板电阻点焊参数及掌握薄板电阻点焊的操作方法。

焊接试件图（图 8-9）

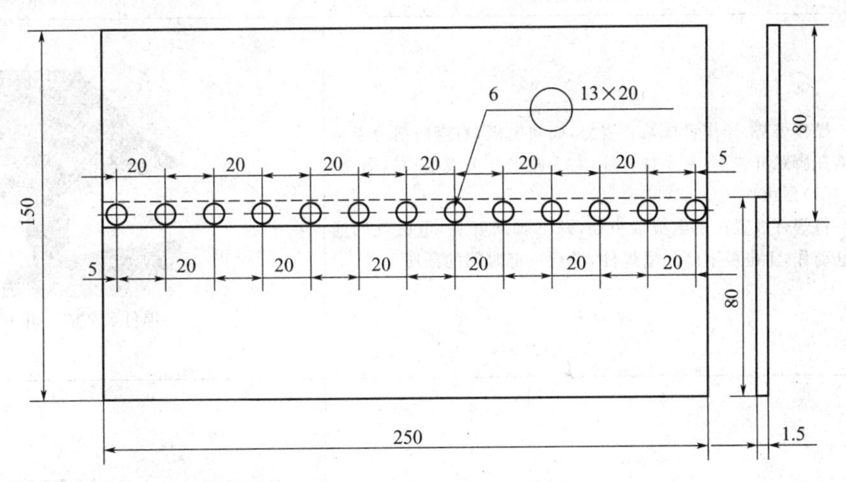

图 8-9 薄板电阻点焊试件图

工艺分析

薄板电阻点焊时，如果参数选用不当，容易出现以下问题，在操作中必须应引起注意：焊接电流太小，通电时间太短等，会使熔核太小或未形成熔核，产生未熔透缺陷；电极端部不清洁或形状不规则，焊接电流大，压力小会使焊点表面损伤，出现飞溅或烧穿；焊接电流太大，通电时间太长，压力太大等会造成压痕太深，焊点严重下凹等。

1. 焊前准备

① 试件材料　Q235，250mm×80mm×1.5mm，每组两块，装配时搭接量为8～10mm，如图8-9所示。

② 焊接材料　选用Cu-Cr电极，电极直径为6.4mm，修磨好电极端头直径，尽量使表面光滑。

③ 焊接设备　DN2-200点焊机。

④ 焊前清理　用钢丝刷清理焊件表面的铁锈及污物，并在短时间内进行焊接。

⑤ 装配定位　为保证焊点位置准确，防止变形，按图8-9所示的装配尺寸在焊件的两端进行定位焊两处。

2. 电阻点焊参数

电阻点焊参数见表8-4。

表8-4　电阻点焊参数

板厚/mm	焊接通电时间/s	焊接电流/kA	电极压力/kN
1.5	0.2～0.4	6～8	1.5

3. 焊接过程

薄板电阻点焊过程见表8-5。

表8-5　薄板电阻点焊过程

焊接过程	图示
操作姿势：操作者成站立姿势，面向电极，右脚向前跨半步踏在脚踏开关上，左手持焊件，右手搬动开关或手动三通阀 (1)预压 将焊件放置在下电极端头处，踩下脚踏开关，电磁气阀通电动作，上电极下降压紧焊件，进行一定时间的预压	焊件放置在下电极端头处
(2)焊接 触发电路启动工作，按已调好的焊接电流对焊件进行通电加热，电阻热将两工件接触表面加热到熔化温度，并逐渐向四周扩大形成熔核	 焊接通电加热

续表

焊接过程	图示
(3)锻压 切断焊接电流,电极压力继续保持,熔核在电极压力作用下冷却结晶形成焊点	 焊件焊点经过锻压
(4)休止 抬起脚踏开关,电极上升,去掉压力,获得焊点,则一个焊点焊接过程结束 焊接结束时,应先切断电源开关,然后经过 10min 后再关闭冷却水	 焊接休止获得焊点

4. 焊接质量要求

焊点表面形状规则，无黏附铜斑；焊点直径大小一致，且≥6mm，无偏移；焊点压痕深度一致且小于0.2mm；焊点熔合良好，无环状或径向裂纹。

师傅答疑

问题1　电阻点焊操作过程中，应掌握哪些操作要点？

答：① 修磨电极端头尽量使表面光滑；调整好上、下电极的位置，保证电极端头平面平行，轴线对中。

② 零件较大时应有焊接工装，保证焊点位置准确，防止变形。

③ 焊接顺序的安排要使焊点交叉分布，使可能产生的变形均匀分布，避免变形积累。

④ 对于焊件表面要求无压痕或压痕很小时，则使表面要求高的一面放于下电极上，尽可能加大下电极表面直径。

问题2　电阻点焊应遵守哪些安全操作规程？

答：① 焊机安装必须牢固，可靠接地，其周围 15 m 内应无易燃易爆物品，并备有专用消防器材。

② 焊机安装应高出地面 20～30mm，周围应有专用排水沟。

③ 焊机安装、拆卸、检修均由电工负责，焊工不得随意接线。

④ 为防止触电，焊机周围应保持干燥清洁，并垫绝缘胶板，焊工穿好绝缘鞋。

⑤ 操作时，焊工戴防护眼镜，穿劳保服，以免被金属飞溅物或焊件烫伤。

⑥ 点焊时电极压力大，为防止压手，操作过程中要精神集中，不允许把手指放到电极间，以免压伤。

模块三　钢筋闪光对焊

学习目标及技能要求

能正确选用钢筋闪光对焊焊接参数及掌握钢筋闪光对焊的操作方法。

焊接试件图（图 8-10）

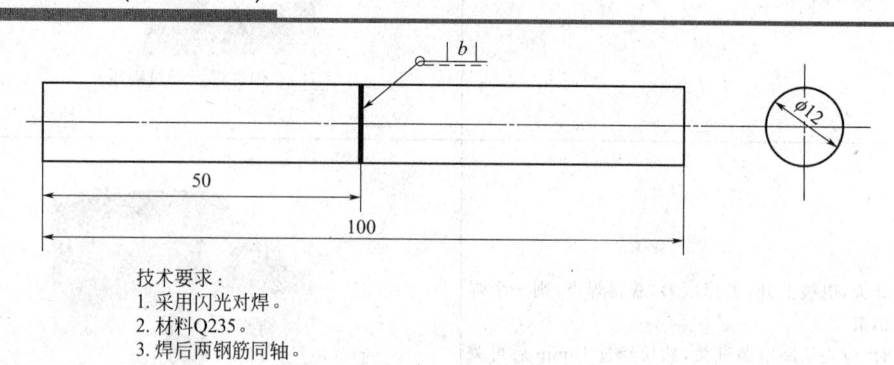

图 8-10　钢筋闪光对焊试件图

工艺分析

闪光对焊的关键是正确选择焊接参数。闪光对焊操作中易出现的问题是焊接接头处错位、弯曲以及凸度过大。此外，因端头金属在闪光时会被烧掉，所以对端面清理要求并不太高。

1. 焊前准备

① 试件材料　Q235，ϕ12mm×50mm，每组两根。

② 焊接设备　UN2-150 闪光对焊机。

③ 焊前清理　焊前清除钢筋端头约 20 mm 范围内的油污、锈蚀。弯曲的端头不能装夹，必须调直或切除。

④ 装夹与调整　按焊件的形状调整钳口，使两钳口中心线对准，调整好钳口距离。将钢筋放在两钳口上，夹紧钢筋，间隙≤1mm。

2. 闪光对焊参数

闪光对焊参数见表 8-6。

表 8-6　闪光对焊参数

钢筋直径 /mm	顶锻压力 /MPa	伸出长度 /mm	闪光留量 /mm	顶锻留量/mm		闪光时间 /s
				有电	无电	
12	60	22	6.5		1.5	4.25

3. 焊接过程

钢筋闪光对焊操作过程见表 8-7。

4. 焊接质量要求

焊缝形状、尺寸一致，接头处凸度不超过母材 2.5mm；试件直线度小于 1mm；接头错边量不超过 1.2mm。

表 8-7 钢筋闪光对焊操作过程

焊接过程	图示
(1)闪光预热 手握手柄将两钢筋接头端面顶紧并通电，先一次闪光，将钢筋端面闪平；然后预热，方法是使两钢筋端面交替地轻微接触和分开，使其间隙发生断续闪光来实现预热或使两钢筋端面紧密接触，以产生电阻热(不闪光)来现实预热，如图所示。一般预热温度为800℃左右合适	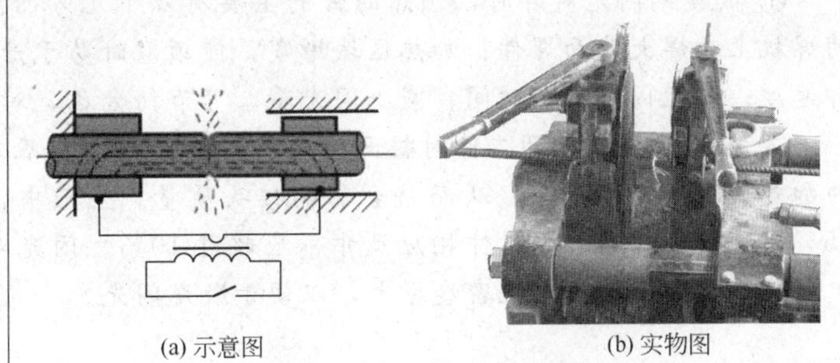 (a) 示意图 (b) 实物图 闪光预热
(2)连续闪光加热 当钢筋达到预热温度后进入闪光阶段，火花飞溅喷出，排出接头间的杂质，露出新的金属表面，如图所示	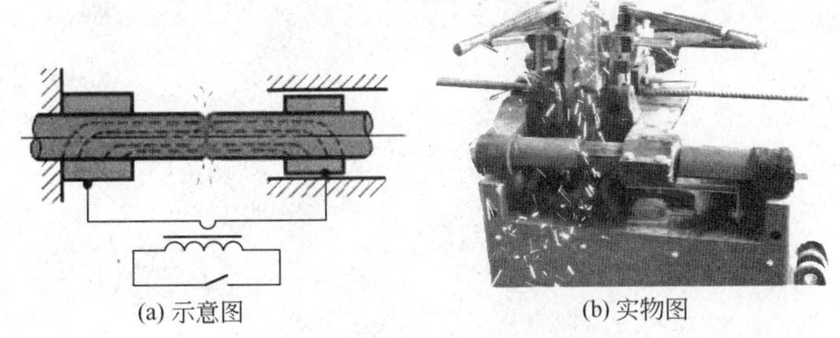 (a) 示意图 (b) 实物图 连续闪光加热
(3)顶锻阶段 当闪光到预定的长度，以一定的压力迅速进行顶锻。先带电顶锻，再无电顶锻到一定长度，焊接接头即告完成，如图所示。顶锻过程不能造成接头错位、弯曲，加压使接头处形成焊缝的最大凸出量高于母材 2mm 左右为宜	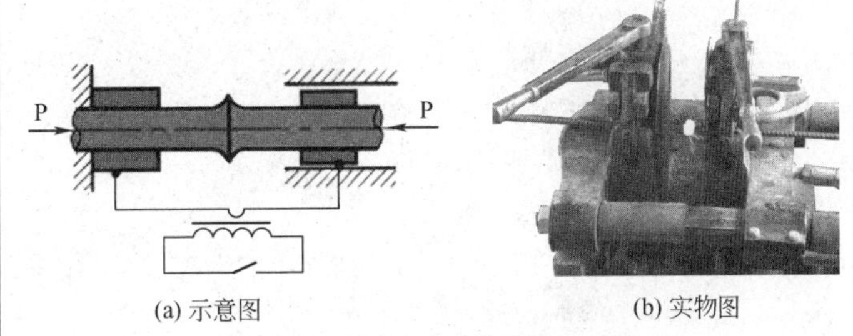 (a) 示意图 (b) 实物图 顶锻断电并继续顶锻
(4)卸压 卸下钢筋，焊接完成 焊接完成的焊件如图所示 焊接停止时，应先切断电源开关，然后经过 10min 后再关闭冷却水	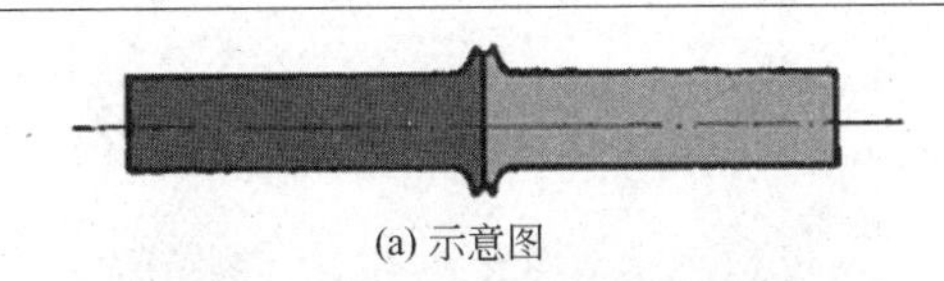 (a) 示意图 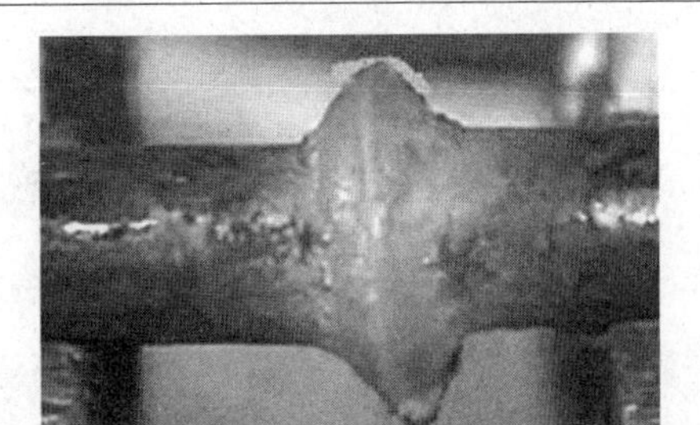 (b) 实物图 焊接后的钢筋

经验点滴

① 低碳钢闪光对焊时，预热的目的主要有以下几方面：减少需用功率，可在较小容量的焊机上对焊大截面焊件；加热区域增宽，使顶锻时易于产生塑性变形，同时能降低焊后冷却速度；缩短闪光加热时间、减小闪光量，可节约金属，对管材还能减小毛刺。

② 闪光对焊时，两工件对接面的几何形状和尺寸应基本一致，否则将不能保证两工件的加热和塑性变形一致，从而将会影响接头质量。生产中，圆形工件直径的差别不应超过15%，方形工件和管形工件相应尺寸不应超过10%。闪光对焊大断面工件时，最好将一个工件的端部倒角，使电流密度增大，以便于激发闪光。

第九单元　先进焊割工艺与技术

模块一　机器人焊接

焊接机器人是一种仿人操作、自动控制、可重复编程并能在三维空间完成各种焊接作业的自动化生产设备。目前焊接机器人已成为工业机器人家族中的主力军，它能在恶劣的环境下连续工作并能提供稳定的焊接质量，提高了工作效率，减轻了工人的劳动强度。焊接机器人按焊接工艺主要可分为点焊机器人和弧焊机器人。弧焊机器人主要有CO_2/MIG/MAG弧焊机器人、TIG弧焊机器人、等离子弧焊机器人、激光弧焊机器人等。

一、焊接机器人工作原理

现在广泛应用的焊接机器人绝大多数属于第一代工业机器人，它的基本工作原理是“示教-再现”。“示教”就是机器人学习的过程，在这个过程中，操作者需要手把手地教机器人做某些动作，而机器人的控制系统会以程序的形式将其记忆下来。机器人按照示教时记录下来的程序重复展现这些动作，就是“再现”过程。

在焊接机器人工作前，通常是通过“示教”的方法为机器人作业程序生成运动命令，也就是由操作者通过示教器，操作机器人使其动作。当认为动作合乎实际作业中要求的位置与姿态时，将这些位置点记录下来，生成动作命令，存入控制器某个指定的示教数据区，并在程序中的适当位置加入相应工艺参数的作业命令及其他输入输出命令。当机器人工作时，控制系统将自动逐条取出示教命令及其他有关数据，按预先设定好的路径（轨迹）和动作进行运动，在运动过程中，根据工艺要求发出各种焊接作业命令，完成焊接作业任务。

二、焊接机器人组成

焊接机器人主要由操作机、控制系统、焊接系统和示教器等组成，如图9-1所示。

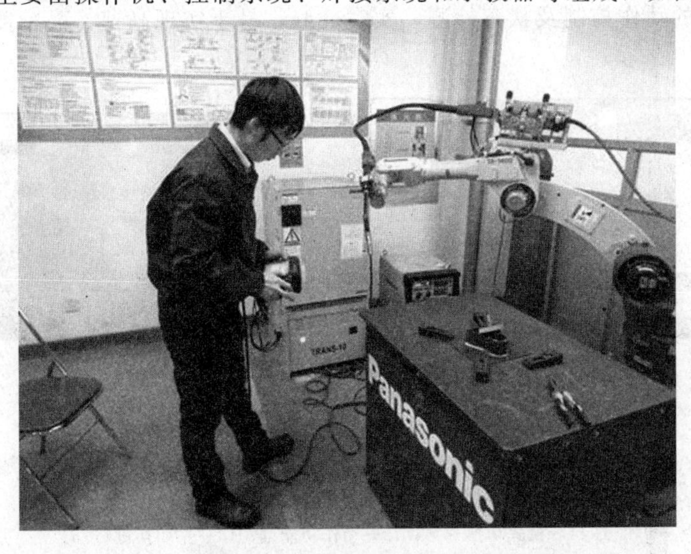

图9-1　焊接机器人的组成

1. 操作机

焊接机器人操作机的结构与通用型工业机器人基本相似，其主要区别在于末端执行器——焊枪（焊钳）。操作机所具有的自由度通常在3～5个以上，6个由度的机器人可以保证焊枪的任意空间位置和姿态。焊接机器人的操作机如图9-2所示。

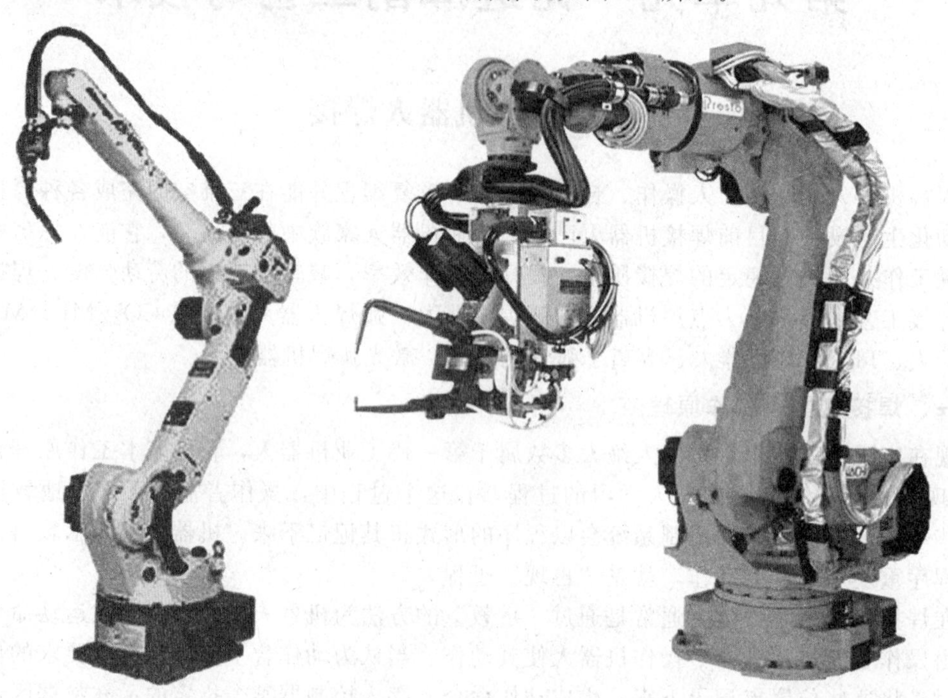

图9-2 焊接机器人的操作机

2. 控制系统

焊接机器人控制系统在控制原理、功能及组成上和通用型工业机器人基本相同，目前最流行的是采用分级控制的系统结构。一般分为两级：上级具有存储单元，可实现重复编程、存储多种操作程序，负责管理、坐标变换、轨迹生成等；下级由若干处理器组成，每一处理器负责一个关节的动作控制及状态检测，实时性好，易于实现高速、高精度控制。此外，弧

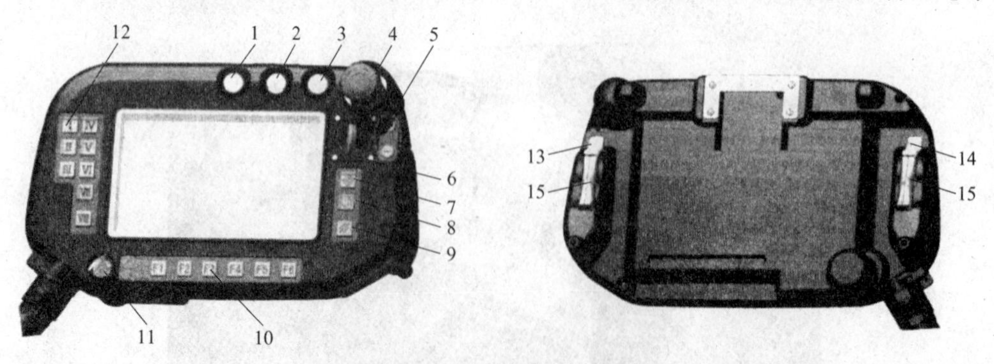

图9-3 示教器

1—启动按钮；2—暂停按钮；3—伺服ON按钮；4—紧急停止按钮；5—+/-键；
6—拨动按钮；7—登录键；8—窗口切换键；9—取消键；10—用户功能键；
11—模式切换开关；12—动作功能键；13—左切换键；
14—右切换键；15—安全开关（三段位）

焊机器人周边设备的控制，如工件定位夹紧、变位、保护气体供断等调控均设有单独的控制装置，可以单独编程，同时又可和机器人控制装置进行信息交换，由机器人控制系统实现全部作用的协调控制。

3. 焊接系统

焊接系统是完成弧焊作业的核心装备，主要由焊接电源、送丝机、焊枪和气瓶等组成。用于弧焊机器人的焊接电源、送丝设备由于参数选择（如电弧电压、焊接电流、送丝速度等）的需要，必须由机器人控制器直接控制。

4. 示教器

示教器主要由液晶屏幕和操作按键组成，示教器上配有用于机器人示教编程所需的操作按键。示教-再现型机器人的所有操作基本上是通过示教器来完成的。Panasonic GⅢ示教器如图 9-3 所示。

经验点滴

① 目前，我国应用的焊接机器人主要分为日系、欧系和国产三种类型。日系中主要包括 Motoman、OTC、Panasonic、FANUC、NACHI、Kawasaki 等公司的产品；欧系中主要包括德国的 KUKA、CLOOS，瑞典的 ABB，意大利的 COMAU 及奥地利的 IGM 等公司的产品；国产机器人主要是沈阳新松机器人公司的产品。

② 焊接机器人的示教主要有两种方式：一种是在线示教，由操作人员引导，控制机器人运动，记录机器人作业的程序点（示教点）并插入所需的机器人命令来完成程序的编制；另一种是离线示教，操作者不对实际作业的机器人直接进行示教，而是在离线编程系统中进行编程或在模拟环境中进行仿真，生成示教数据，通过 PC 间接对机器人进行示教。

三、机器人直线平敷焊操作

学习目标及技能要求

能掌握直线平敷焊示教、编程、跟踪及焊接操作技术。

焊接试件图（图 9-4）

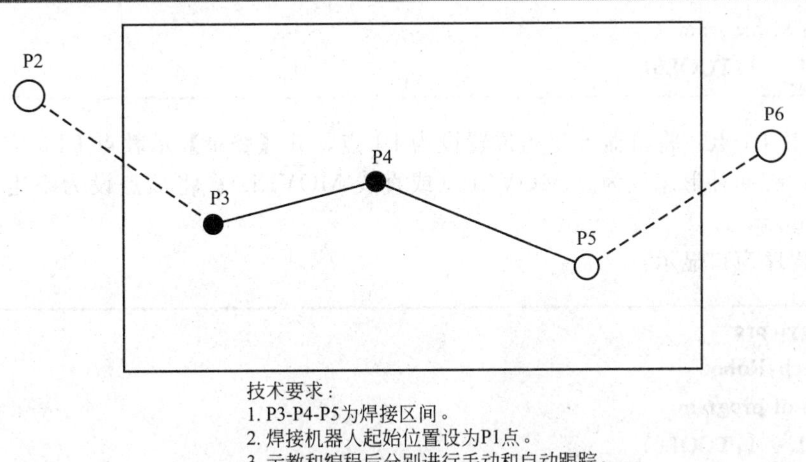

图 9-4 机器人直线平敷焊试件图

工艺分析

机器人焊接分为示教编程、跟踪确认、焊接三个步骤，其中示教编程是关键。机器人平敷焊的示教编程比较容易，是板状试件、管状试件和其他位置示教操作的基础。用机器人完成 P3-P4-P5 平敷焊作业通常需要六个示教点，P1、P2、P6 为空走点，焊接开始点 P3、焊接中间点 P4 为焊接点，焊接结束点 P5 为空走点。

1. 焊前准备

① 试件材料　Q235，300mm×200mm×12mm，形状如图 9-4 所示。

② 焊接材料　焊丝 ER49-1（ER50-6），直径 1.0mm；CO_2 气体，纯度≥99.5%。

③ 焊机　TA-1400 型 Panasonic G Ⅱ（Ⅲ）机器人。

④ 焊前清理　清理待焊部位两侧各 20mm 范围内的油污、锈蚀、水分及其他污物，直至露出金属光泽。

⑤ 工件装夹　利用夹具将试件固定在机器人工作台上。

2. 焊接参数

CO_2 平敷焊焊接参数的选择见表 9-1。

表 9-1　CO_2 平敷焊焊接参数

焊接层次	焊丝直径/mm	焊接电流/A	电弧电压/V	焊接速度/(m/min)	气体流量/(L/min)
平敷层	1.0	120	19	0.45	15～20

3. 示教和编程步骤

① 将【模式】开关打到［Teach］上。

② 打开文件菜单。

③ 单击【新建】。

④ 输入新文件名，如［zhangyi］。

此时程序窗口显示：

```
zhangyi.prg
1:Mech:Robot
Begin of program
TOOL= 1:TOOL01
```

⑤ 示教 P1 点：将机器人起始位置设为 P1 点，并【登录】示教点 P1，完成相关设置。

例如：将插补形态设为点 MOVEP（或直线 MOVEL）；将该点设为空走点；示教速度确定为 10m/min。

此时程序窗口显示：

```
zhangyi.prg
1:Mech:Robot
Begin of program
TOOL= 1:TOOL01
↓
MOVEP   P1,  10.00m/min
```

⑥ 示教 P2 点：将机器人移动到示教点 P2；【登录】示教点 P2；将插补形态设为直线 MOVEL（或点 MOVEP）；将该点设为空走点；将示教速度设为 3m/min。

此时程序窗口显示：

```
zhangyi. prg
1:Mech:Robot
Begin of program
TOOL= 1:TOOL01
MOVEP   P1,   10.00m/min
↓
MOVEL   P2,   3.00m/min
```

⑦ 示教 P3 点：将机器人移动到示教点 P3；【登录】示教点 P3；将插补形态设为直线 MOVEL；将该点设为焊接点，速度为 10m/min；设置焊接参数（也可以编完程序再设置）。

此时程序窗口显示：

```
↓
MOVEL   P3 ,10.00m/min
ARC-SET AMP=120   VOLT=19   S=0.45
ARC-ON ArcStart1. prg RETRY=0
```

显示内容含义见表 9-2。

表 9-2 显示内容含义

点	次序指令	内容
P3	MOVEL P3,10.00m/min	以 10.00m/min 的速度向 P3 点直线移动
	ARC-SET AMP=120 VOLT=19 S=0.45	从 P3 到 P5 点，以 0.45m/min 的速度，120A、19V 的焊接规范执行焊接
	ARC-ON ArcStart1	开始焊接

⑧ 示教 P4 点：将机器人移动到示教点 P4；【登录】示教点 P4；将插补形态设为直线 MOVEL；将该点设为焊接点，速度为 10m/min。

此时程序窗口显示：

```
↓
MOVEP   P4,10.00m/min
```

⑨ 示教 P5 点：将机器人移动到示教点 P5；【登录】示教点 P5；将插补形态设为直线 MOVEL；将该点设为空走点，速度为 10m/min。

此时程序窗口显示：

```
↓
MOVEP   P5,10.00m/min
CRATER AMP =100   VOLT=15.0   T=0.5
ARC-OFF ArcEND1. prg RETRY=0
```

显示内容含义见表 9-3。

表 9-3 显示内容含义

点	次序指令	内容
P5	MOVEL P5,10.00m/min	以 0.45m/min 的速度向 P5 点直线移动。运行时以 ARC-SET 中设定的速度运行
	CRATER AMP=100 VOLT=15.0 T=0.5	在 P5 点，按照 100A、15V 的收弧规范进行 0.5s 的收弧处理
	ARC-OFF ArcEND1	焊接结束

⑩ 示教 P6 点：将机器人移动到示教点 P6；【登录】示教点 P6；将插补形态设为直线 MOVEL；将该点设为空走点，速度为 10m/min。

此时程序窗口显示：

```
↓
MOVEL   P6,10.00m/min
```

4. 跟踪

(1) 手动跟踪

① 关闭机器人动作。

② 在【程序窗口】中移动光标到目标位置点：从第一个点开始时光标的位置；从中间点开始时光标的位置（例如从第三个点）。

③ 打开“机器人动作”按钮。

④ 打开“跟踪”（图标绿灯亮）。

⑤ 进行跟踪：向前跟踪（从光标所在位置向下一个点移动）；向后跟踪（从光标所在位置向上一个点移动）。

(2) 自动跟踪

① 将模式切换开关打到“AUTO”上。

② 打开伺服电源。

③ 按下“启动”开关。

5. 焊接

① 在编辑状态下，移动光标到程序开始 begin of program。

② 将模式切换开关打到“AUTO”上。

③ 打开伺服电源。

④ 按下“启动”开关，机器人开始焊接。

6. 焊接质量要求

① 焊缝表面焊波均匀，成形美观，无未熔合、气孔，咬边深度≤0.5mm。

② 焊缝宽窄差、高低差≤2mm。收尾处弧坑填满。

师傅答疑

问题 1 示教编程、跟踪后，焊接机器人启动方式有哪两种？

答：通过示教操作生成机器人作业程序，当完成运行确认（跟踪）无误后，将模式切换开关切换到自动（AUTO）上，即可运行在示教模式（TEACH）下编辑好的程序，对工件进行施焊作业。焊接机器人启动方式有两种，一种是使用示教器上的【启动按钮】来启动程序的“手动启动”方式；另一种是利用外部设备输入信号来启动程序的“自动启动”方式。在实际生产中通常采用后者，具体采用哪种方法可在示教器上设定。

问题2 什么是空走点/焊接点？

答：空走点/焊接点决定机器人从当前示教点移动到下一示教点是否起弧焊接。空走点是指从当前示教点移动到下一示教点的整个过程不需要起弧焊接，主要用于示教不焊接的点和焊接结束点两种情况；而焊接点是指从当前示教点移动到下一示教点的整个过程需要起弧焊接，主要用于焊接开始点和焊接中间点两种情况。

问题3 插补方式有哪几种？

答：插补方式决定在示教点之间机器人采取何种轨迹移动的方式。在进行示教时，默认插补方式是“PTP”。Panasonic的五种插补方式见表9-4。

表9-4 Panasonic焊接机器人的五种插补方式

插补形态	方式说明	移动命令	插补图示
PTP	机器人在未规定采取何种轨迹移动时，使用关节插补。出于安全方面的考虑，通常在示教点1及空走点用关节插补示教	MOVEP	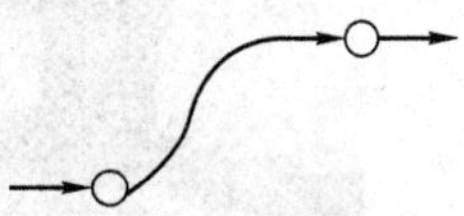
直线插补	机器人从当前示教点到下一示教点运行一段直线。直线插补常被用于直线焊缝的焊接作业示教	MOVEL	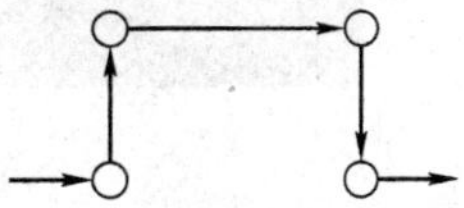
圆弧插补	机器人沿着用圆弧插补示教的三个示教点执行圆弧轨迹移动。圆弧插补常被用于环形焊缝的焊接作业示教	MOVEC	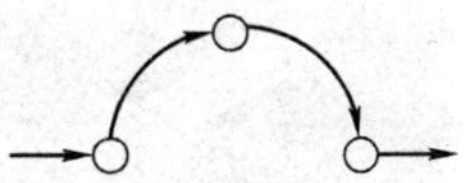
直线摆动	机器人在用直接摆动示教的两个振幅点之间一边摆动一边向前沿直线轨迹移动	MOVELW	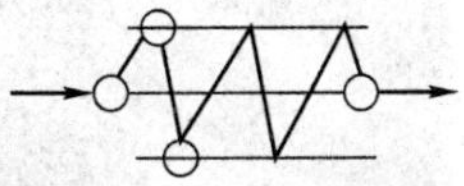
圆弧摆动	机器人在用圆弧摆动示教的两个振幅点之间一边摆动一边向前沿圆弧轨迹移动	MOVECW	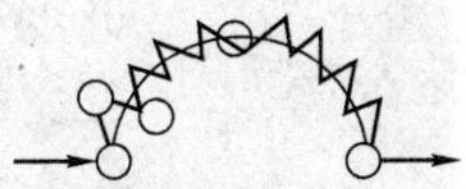

模块二 数控火焰切割

数控是指用于控制机床或设备的工作指令（或程序）以数字形式给定的一种新的控制方式。数控气割是按照数字指令规定的程序进行的自动气割。数控气割不仅可省去放样、划线等工序，使焊工劳动强度大大降低，而且切口质量好，生产效率高，现已大量应用于切割加工中。

一、数控气割机

数控气割机按其结构，有龙门式数控气割机、悬臂式数控气割机、便携式数控气割机等

图 9-5 龙门式数控气割机

1—导轨；2—门架；3—小车；4—控制机构；5—割炬

图 9-6 “小蜜蜂”便携式数控气割机

形式。龙门式数控气割机即传统大中型机床的双底架横梁座立式结构，跨距和纵向行走距离大，适合大型板材加工。龙门式数控气割机结构如图 9-5 所示，门架可在两根导轨上行走，门架上装有横移小车，其各装有一个割炬架，在割炬架上装有割炬自动升降传感器，可自动调节高低，同时还装有高频自动点火装置。悬臂式数控气割机也是一种传统经典的机械结构，单底座与横梁一端相接，割炬在横梁上横向移动，此类设备适合于中小型板材加工。便携式数控气割机由半自动小车式切割机发展而来，在小车式切割机上加装了数控系统和传动装置，基本外形与小车式半自动切割机相似，此类机型成本低廉，结构轻巧，操作较简单，特别适合于中小型板材加工。“小蜜蜂”便携式数控气割机结构如图 9-6 所示。

二、便携式数控气割机编程与操作

学习目标及技能要求

掌握便携式数控火焰气割机编程及切割操作技术。

切割试件图（图 9-7）

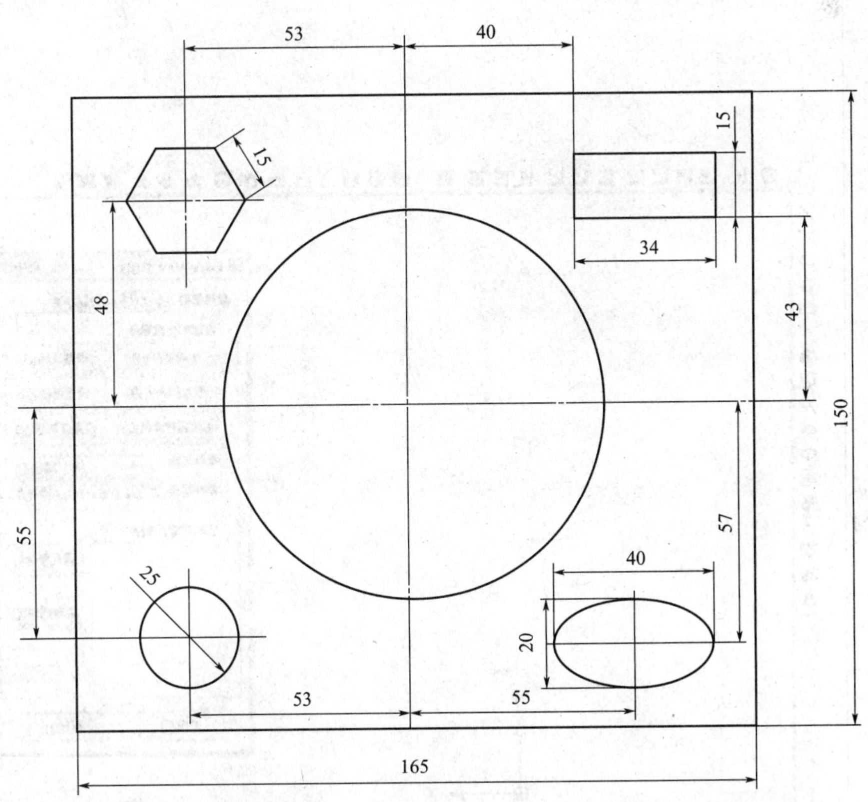

图 9-7 多形状组合切割试件图

工艺分析

“小蜜蜂”便携式数控气割机切割时，先通过编程软件获得数控切割 G 代码并存入 U

盘，然后将U盘插入数控气割机的USB端口，待数控气割机获得切割指令，并人工调试好割炬的火焰能率后，启动气割机进行数控自动切割。所以数控火焰气割的关键就是编程，这就要求熟练使用EasyWay编程套料软件及AutoCAD制图软件。

1. 割前准备

① 试件材料　Q235、165mm×150mm×8mm。

② 气割设备及工具“小蜜蜂”便携式数控气割机，氧气瓶、乙炔瓶、减压器等。

③ 割前清理　用钢丝刷等将试件表面的铁锈和油污等清理干净，并将其置于工作台上。

2. 气割参数

① 火焰性质　中性焰。

② 气割速度600mm/min，氧气压力0.4～0.5MPa，乙炔压力0.05～0.10MPa。

3. 编程及气割

多形状组合切割试件数控火焰切割编程及气割操作过程见表9-5。

表9-5　数控火焰切割编程及气割操作过程

<table>
<tr><td>(1)编程
①打开EasyWay编程套料软件,并运行</td><td>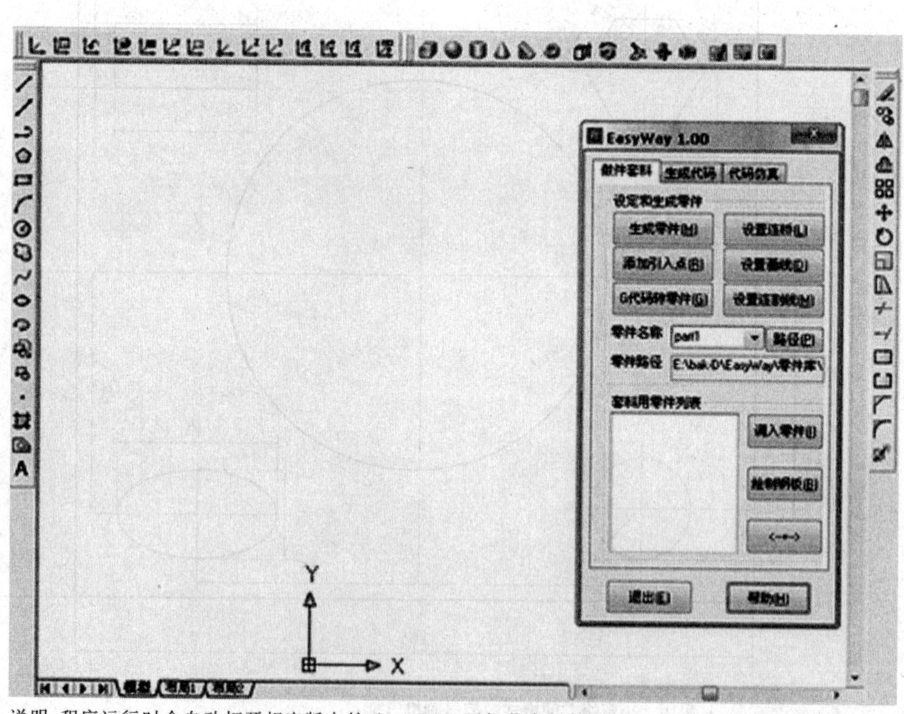

说明：程序运行时会自动打开相应版本的AutoCAD再加载套料软件，进入主对话框界面</td></tr>
</table>

续表

<table>
<tr><td>②绘制图形、生成零件</td><td>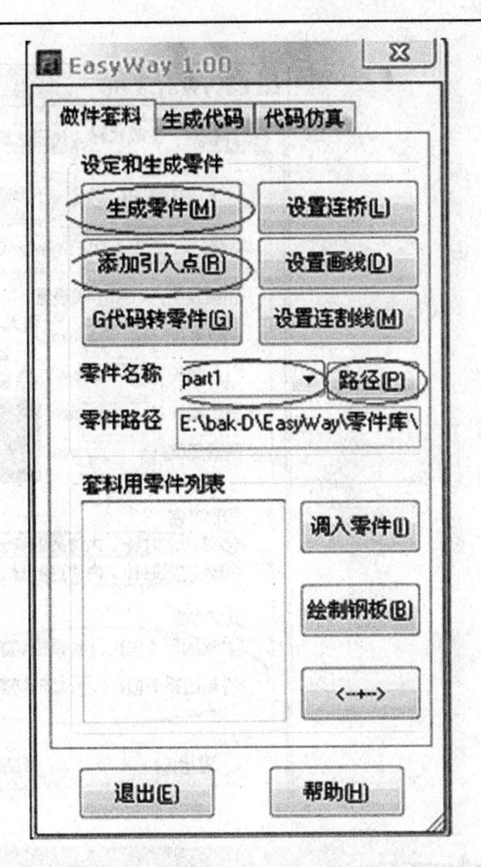

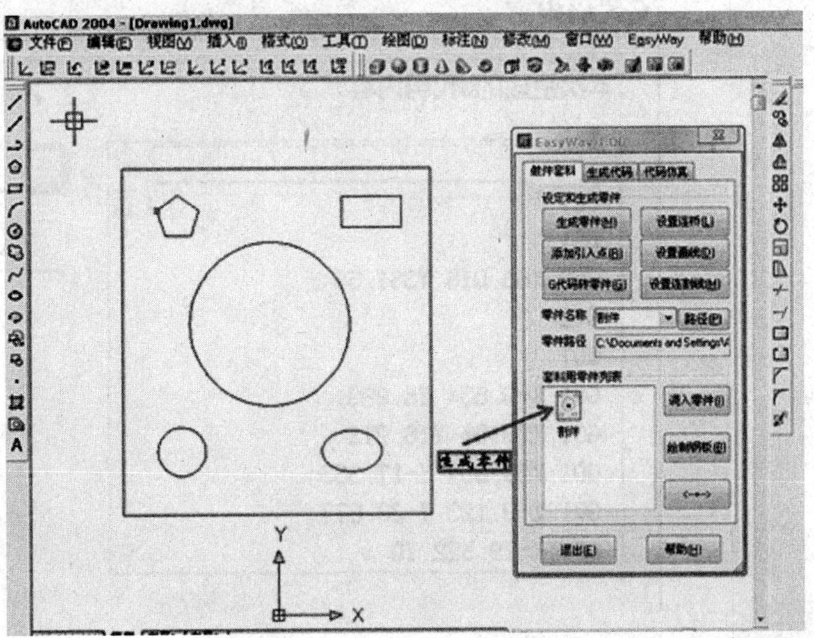

说明：在AutoCAD界面下，根据割件的实际尺寸绘制图形，在主对话框上，分别输入零件名称、路径、添加引入点后，单击“生成零件(M)”按钮。如果图形符合要求，程序自动将零件存入零件库中，并在套料用零件列表中显示出做好的零件</td></tr>
</table>

续表

③生成G代码	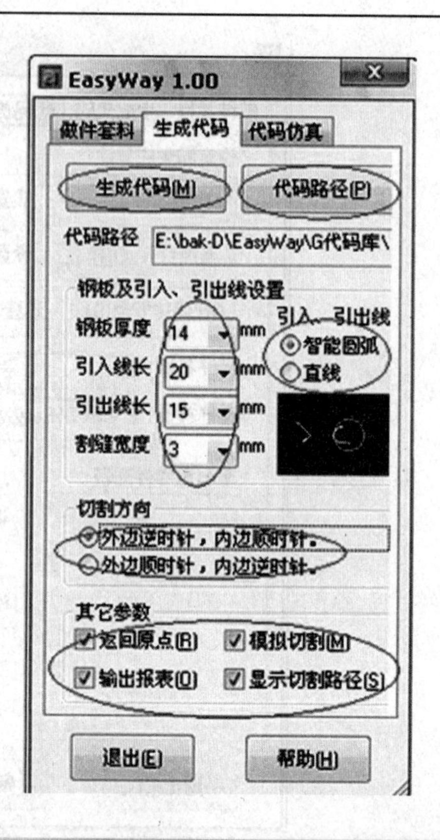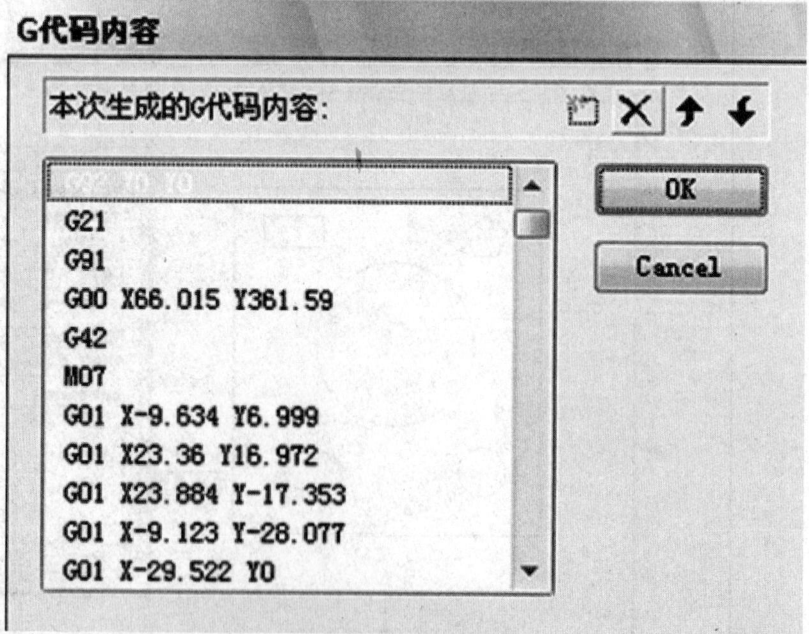 说明：在生成G代码界面，根据割件的实际情况设定各项参数，单击"生成代码(M)"按钮后，程序将显示模拟切割。模拟切割完后，出现G代码内容对话框，单击OK按钮生成G代码。然后将生成的G代码存入U盘

续表

(2)切割	①将U盘插入数控气割机的USB端口 ②按主菜单【F4】对切割“参数”设定：按【F4】子菜单下F2速度按钮，设定切割“速度”600mm/min；按【F4】子菜单下F3“调整”切割起始原点坐标X：000020.000，Y：000160.000；按【F4】子菜单下F4“控制”起割时对钢板的预热时间为10s ③按【F3】进入编辑模式；按【F3】子菜单下F6将切割G代码程序传输到气割机；点击Y+或Y-键，在显示屏中找到刚传输到气割机中的G代码程序名称，并选中其程序，按确定键↵；按【F3】子菜单下F3存储按钮，将多边形组合割件程序进行“存储”；按◀或▶键，返回主界面，按【F1】自动按钮，将采用“自动”模式对割件进行切割操作；按【F1】子菜单下F4图形按钮，在显示屏下观察并了解切割过程中气割机割炬的切割路径 ④将割炬点火并调整火焰能率，按绿色启动键，数控气割机将自动切割。程序执行完后，气割机自动停止

4. 气割质量要求

气割切口表面平整光滑，切割面与割件表面垂直；气割切口缝隙较窄，且宽窄一致；气割切口的钢板边缘棱角没有熔化，且氧化铁熔渣容易去除；割件尺寸符合图纸要求。

经验点滴

① 正式数控切割前，为确保准确无误，需将数控气割机空车运行。首先合上离合器，按绿色的启动键进行割件的模拟切割。模拟切割完成之后，按红色的停止键，数控气割机停止运行。然后松开离合器，将数控气割机返回到起割位置。

② 数控气割机的保养维护应按说明书进行，当保养、维修、调整参数和检查时，机器必须切断电源。

第十单元　焊工技能考证

目前，焊工考证主要有两种类型：一种是为获得焊工国家职业资格证的职业技能鉴定（俗称“考工”）；另一种是一些行业上岗要求的焊接操作证，如从事锅炉、压力容器、压力管道等设备的受压受力焊缝的焊接操作人员，按照《特种设备焊接操作人员考核细则》考核获得《特种设备作业人员证》等。这里介绍焊工的职业技能鉴定及特种设备焊工考证相关知识。

模块一　焊工职业技能鉴定

职业技能鉴定是一项基于职业技能水平的考核活动，属于标准参照性考试。焊工职业技能鉴定是按照《焊工国家职业技能标准》，由政府授权的考试考核机构对劳动者从事焊接职业所应掌握的技术理论知识和实际操作能力作出客观的测量和评价。通过焊工职业技能鉴定者获得相应职业资格证书。

国家职业资格共设有五级，即国家一级（高级技师）、二级（技师）、三级（高级工）、四级（中级工）和五级（初级工）。

一、焊工职业技能鉴定方式

焊工职业技能鉴定分为理论知识（应知）考试和技能操作（应会）考核两部分。内容是依据焊工国家职业技能标准、职业技能鉴定规范（即考试大纲）和相应教材来确定的，并通过编制试卷来进行鉴定考核。

理论知识考试一般采用笔试，技能操作考核一般采用现场操作加工典型工件、生产作业项目、模拟操作等方式进行。理论知识考试时间为60～120min；技能操作考核时间：初级不少于60min，中级不少于90min，高级不少于120min，技师不少于90min，高级技师不少于60min。技师和高级技师还必须进行综合评审，综合评审时间为20～40min。计分一般采用百分制，两部分成绩都在60分以上为合格。

二、焊工职业技能鉴定的条件

参加不同级别鉴定的人员，其申报条件不尽相同，考生要根据鉴定公告的要求，确定申报的级别。

① 申报焊工初级应具备以下条件之一。

a. 经本职业初级正规培训达规定标准学时数，并取得结业证书。

b. 在本职业连续见习工作2年以上。

c. 本职业学徒期满。

② 申报焊工中级应具备以下条件之一。

a. 取得本职业初级职业资格证书后，连续从事本职业工作3年以上，经本职业中级正规培训达规定标准学时数，并取得结业证书。

b. 取得本职业初级职业资格证书后，连续从事本职业工作5年以上。

c. 连续从事本职业工作7年以上。

d. 取得经人力资源和社会保障行政部门审核认定的、以中级技能为培养目标的中等以上职业学校本职业（专业）毕业证书。

③ 申报焊工高级应具备以下条件之一。

a. 取得本职业中级职业资格证书后，连续从事本职业工作4年以上，经本职业高级正规培训达规定标准学时数，并取得结业证书。

b. 取得本职业中级职业资格证书后，连续从事本职业工作6年以上。

c. 取得高级技工学校或经人力资源和社会保障行政部门审核认定的、以高级技能为培养目标的高等职业学校本职业（专业）毕业证书。

d. 取得本职业中级职业资格证书的大专以上本专业或相关专业毕业生，连续从事本职业工作2年以上。

④ 申报焊工技师应具备以下条件之一。

a. 取得本职业高级职业资格证书后，连续从事本职业工作5年以上，经本职业技师正规培训达规定标准学时数，并取得结业证书。

b. 取得本职业高级职业资格证书后，连续从事本职业工作7年以上。

c. 取得本职业高级职业资格证书的高级技工学校本职业（专业）毕业生和大专以上本专业或相关专业的毕业生，连续从事本职业工作2年以上。

⑤ 申报焊工高级技师应具备以下条件之一。

a. 取得本职业技师职业资格证书后，连续从事本职业工作3年以上，经本职业高级技师正规培训达规定标准学时数，并取得结业证书。

b. 取得本职业技师职业资格证书后，连续从事本职业工作5年以上。

三、焊工职业技能鉴定的技能及相关知识要求

《焊工国家职业技能标准》对初级、中级、高级、技师和高级技师的技能要求依次递进，高级别涵盖低级别的要求。焊工中级的技能及相关知识要求见表10-1，职业功能1～6项任选其二进行考核即可。

表10-1 焊工中级的工作要求

职业功能	工作要求	技能要求	相关知识
1. 焊条电弧焊	(1)管板插入式或骑座式焊接的单面焊双面成形	①能选择符合管板焊接要求的焊条 ②能根据焊接工艺文件要求进行管板的坡口制备 ③能根据管板施焊焊接方向调整焊条角度 ④能根据焊接工艺文件选择焊接参数，焊出符合要求的角焊缝 ⑤能根据工艺文件对管板焊缝外观质量进行自检	①低碳钢管板全位置焊接的坡口选择原则 ②低碳钢管板全位置焊接的操作要领 ③低碳钢管板焊接接头外观质量和内部质量检查的知识
	(2)厚度 $\delta \geqslant 6$mm低碳钢板或低合金钢板的对接立焊单面焊双面成形	①能进行钢板对接立焊坡口的制备 ②能预留焊件的反变形 ③能根据焊接工艺文件选择钢板对接立焊焊条电弧焊的工艺参数 ④能根据焊接工艺文件要求确定钢板对接立焊打底焊道及其他焊道的运条方式 ⑤能焊接符合根部透度要求的钢板对接打底焊道，清理中间焊道以及成形良好的盖面焊缝 ⑥能根据工艺文件对厚度 $\delta \geqslant 6$mm低碳钢板或低合金钢板的对接立焊焊缝外观质量进行自检	①钢板对接立焊焊条电弧焊引弧、收弧、焊接操作和定位焊的知识 ②钢板对接立焊焊条电弧焊安全操作规程 ③钢板对接立焊焊接变形的知识 ④钢板对接立焊焊条电弧焊焊接工艺参数的选择 ⑤钢板对接立焊焊缝表面缺陷的知识 ⑥钢板对接立焊焊条电弧焊的基本操作方法 ⑦厚度 $\delta \geqslant 6$mm低碳钢板或低合金钢板的对接立焊焊缝质量检查的知识

续表

职业功能	工作要求	技能要求	相关知识
1. 焊条电弧焊	(3)厚度 $\delta\geqslant6$mm 低碳钢板或低合金钢板的对接横焊单面焊双面成形	①能选择符合中等厚度低碳钢板或低合金钢板对接横焊要求的焊条 ②能根据图样制备厚度 $\delta\geqslant6$mm 低碳钢板或低合金钢板的对接坡口 ③能通过焊件的反变形降低焊接残余变形 ④能焊接符合根部透度要求的钢板对接打底焊道，清理中间焊道以及成形良好的盖面焊缝 ⑤能根据工艺文件对厚度 $\delta\geqslant6$mm 低碳钢板或低合金钢板的对接横焊焊缝外观质量进行自检	①低碳钢和低合金钢的焊接性分析 ②厚度 $\delta\geqslant6$mm 低碳钢板或低合金钢板对接横焊的坡口选择原则 ③厚度 $\delta\geqslant6$mm 低碳钢板或低合金钢板对接横焊焊接应力与焊接变形的影响因素及控制措施 ④厚度 $\delta\geqslant6$mm 低碳钢板或低合金钢板对接横焊的操作要领 ⑤厚度 $\delta\geqslant6$mm 低碳钢板或低合金钢板对接横焊焊接接头质量检查的知识
	(4)管径 $\phi\geqslant76$mm 低碳钢管或低合金钢管的对接水平固定、垂直固定或45°固定焊接	①能选择符合管径 $\phi\geqslant76$mm 低碳钢管或低合金钢管的对接要求的焊条 ②能根据图样制备管径 $\phi\geqslant76$mm 低碳钢管或低合金钢管的坡口 ③能根据焊接工艺文件选择定位焊位置 ④能根据焊接位置调整焊条角度 ⑤能焊接符合焊缝尺寸要求的管径 $\phi\geqslant76$mm 低碳钢管或低合金钢管的对接打底焊道，清理中间焊道以及成形良好的盖面焊缝 ⑥能根据工艺文件对管径 $\phi\geqslant76$mm 低碳钢管或低合金钢管对接焊缝外观质量进行自检	①管径 $\phi\geqslant76$mm 低碳钢管或低合金钢管对接坡口的选择原则，坡口打磨、清理的技术要领以及定位焊的相关知识 ②管径 $\phi\geqslant76$mm 低碳钢管或低合金钢管对接的操作要领 ③管径 $\phi\geqslant76$mm 低碳钢管或低合金钢管的对接焊接应力与焊接变形的影响因素及预防措施 ④管径 $\phi\geqslant76$mm 低碳钢管或低合金钢管的对接焊接接头质量检查的基本知识
2. 熔化极气体保护焊	(1)厚度 $\delta=8\sim12$mm 低碳钢板或低合金钢板横位或立位对接的熔化极气体保护焊(单面焊双面成形)	①能选择符合低碳钢板或低合金钢板横位或立位对接要求的二氧化碳气体保护焊焊丝 ②能根据图样制备厚度 $\delta=8\sim12$mm 钢板对接横焊或立焊的坡口 ③能根据焊接工艺文件选择厚度 $\delta=8\sim12$mm 钢板横位或立位对接的焊接工艺参数 ④能选择二氧化碳气体保护焊左向焊和右向焊 ⑤能焊接符合透度要求的打底焊道，中间焊道及清理，以及成形良好的盖面焊缝 ⑥能据工艺文件对中等厚度低碳钢板或低合金钢板焊缝外观质量进行自检	①厚度 $\delta=8\sim12$mm 低碳钢板或低合金钢板横位或立位对接的熔化极气体保护焊熔滴过渡的类型及影响因素 ②厚度 $\delta=8\sim12$mm 低碳钢板或低合金钢板横位或立位对接的熔化极气体保护焊坡口制备原则 ③厚度 $\delta=8\sim12$mm 低碳钢板或低合金钢板横位或立位对接的熔化极气体保护焊焊接工艺参数选择原则 ④厚度 $\delta=8\sim12$mm 低碳钢板或低合金钢板横位或立位对接熔化极气体保护焊左向焊和右向焊的特点 ⑤厚度 $\delta=8\sim12$mm 低碳钢板或低合金钢板横位或立位对接焊枪的操作要领 ⑥厚度 $\delta=8\sim12$mm 低碳钢板或低合金钢板横位或立位对接焊接接头质量检查的知识

续表

职业功能	工作要求	技能要求	相关知识
2. 熔化极气体保护焊	(2)管径 $\phi=76\sim168$mm 低碳钢管或低合金钢管对接水平固定和垂直固定的二氧化碳气体保护焊	①能选择符合管径 $\phi=76\sim168$mm 低碳钢管或低合金钢管的对接工艺要求的二氧化碳气体保护焊焊丝 ②能根据图样制备管径 $\phi=76\sim168$mm 低碳钢管或低合金钢管的对接二氧化碳气体保护焊的坡口 ③能根据焊接工艺文件选择管径 $\phi=76\sim168$mm 低碳钢管或低合金钢管水平固定和垂直固定的二氧化碳气体保护焊的定位焊位置 ④能根据工艺文件选择管径 $\phi=76\sim168$mm 低碳钢管或低合金钢管水平固定和垂直固定的焊接工艺参数 ⑤能根据管径 $\phi=76\sim168$mm 低碳钢管或低合金钢管焊接位置方向的变化调整焊枪角度 ⑥能焊接符合透度要求的管径 $\phi=76\sim168$mm 管对接打底焊道，中间焊道及清理，以及成形良好的盖面焊缝 ⑦能根据工艺文件对管径 $\phi=76\sim168$mm 低碳钢或低合金钢管水平固定和垂直固定焊缝外观质量进行自检	①管径 $\phi=76\sim168$mm 低碳钢管或低合金钢管的对接水平固定和垂直固定二氧化碳气体保护焊的熔滴过渡类型及影响因素 ②管径 $\phi=76\sim168$mm 低碳钢管或低合金钢管的对接二氧化碳气体保护焊对接坡口的选择原则，坡口打磨、清理的技术要领以及管定位焊的知识 ③管径 $\phi=76\sim168$mm 低碳钢管或低合金钢管的对接水平固定和垂直固定的二氧化碳气体保护焊焊接工艺参数选择原则 ④管径 $\phi=76\sim168$mm 低碳钢管或低合金钢管的对接水平固定和垂直固定的焊枪操作要领 ⑤管径 $\phi=76\sim168$mm 低碳钢管或低合金钢管对接焊接应力与焊接变形的影响因素及预防措施 ⑥管径 $\phi=76\sim168$mm 低碳钢管或低合金钢管水平固定和垂直固定的焊缝外观检查的知识
	(3)低碳钢板或低合金钢板气电立焊	①能选择符合低碳钢板气电立焊要求的焊丝 ②能根据图样制备低碳钢板气电立焊的坡口、焊件清理、组对及定位 ③能根据焊接工艺文件选择焊接工艺参数 ④能进行气电立焊设备及工艺设备的安装 ⑤能进行气电立焊的引弧、焊接和收弧 ⑥能根据工艺文件对低碳钢气电立焊焊缝外观质量进行自检	①气电立焊的基本知识 ②低碳钢板或低合金钢板气电立焊坡口的选择原则，坡口打磨、清理的技术要领以及定位焊的知识 ③低碳钢板或低合金钢板气电立焊的设备组成及应用 ④低碳钢板或低合金钢板气电立焊焊接材料的知识 ⑤低碳钢板或低合金钢板气电立焊焊接的工艺要领 ⑥低碳钢板或低合金钢板气电立焊的基本操作要领 ⑦低碳钢板或低合金钢板气电立焊焊缝外观质量检查的知识

续表

职业功能	工作要求	技能要求	相关知识
3．非熔化极气体保护焊	(1)低碳钢管板插入式或骑座式手工钨极氩弧焊	①能选择符合低碳钢管板插入式或骑座式手工钨极氩弧焊的焊接材料 ②能制备低碳钢管板插入式或骑座式手工钨极氩弧焊的坡口 ③能选择低碳钢管板手工钨极氩弧焊焊接工艺参数 ④能进行低碳钢管板插入式或骑座式手工钨极氩弧焊打底、填充、盖面成形的焊接 ⑤能根据焊接工艺文件要求对低碳钢管板的手工钨极氩弧焊焊缝外观质量进行自检	①低碳钢管板手工钨极氩弧焊的工艺参数及操作要领 ②低碳钢管板手工钨极氩弧焊焊缝中的有害气体及有害元素 ③低碳钢管板手工钨极氩弧焊焊缝与热影响区的组织和性能 ④影响低碳钢管板手工钨极氩弧焊焊接接头质量的因素 ⑤低碳钢管板插入式或骑座式手工钨极氩弧焊焊缝外观检查的知识
	(2)管径 $\phi<60$mm低合金钢管对接水平固定和垂直固定的手工钨极氩弧焊	①能制备管径 $\phi<60$mm 低合金钢管对接水平固定和垂直固定的手工钨极氩弧焊的坡口 ②能选择管径 $\phi<60$mm 低合金钢管对接水平固定和垂直固定的手工钨极氩弧焊焊接工艺参数 ③能进行管径 $\phi<60$mm 低合金钢管对接水平固定和垂直固定的手工钨极氩弧焊打底焊道、填充焊道、盖面焊缝的焊接，单面焊双面成形 ④能根据焊接工艺文件要求对管径 $\phi<60$mm 低合金钢管对接水平固定和垂直固定焊缝外观质量进行自检	①管径 $\phi<60$mm 低合金钢管对接水平固定和垂直固定的手工钨极氩弧焊的工艺参数及操作要领 ②管径 $\phi<60$mm 低合金钢管对接水平固定和垂直固定的手工钨极氩弧焊焊缝中的有害气体及有害元素 ③管径 $\phi<60$mm 低合金钢管对接水平固定和垂直固定的手工钨极氩弧焊焊缝和热影响区的组织和性能 ④影响管径 $\phi<60$mm 低合金钢管对接水平固定和垂直固定的手工钨极氩弧焊焊接接头质量的因素 ⑤管径 $\phi<60$mm 低合金钢管对接水平固定和垂直固定的手工钨极氩弧焊焊缝外观质量检查的知识
4．埋弧焊	(1)低碳钢板或低合金钢板的平位对接焊	①能根据工艺文件进行低碳钢板或低合金钢板对接埋弧焊接坡口的清理、组对和定位焊 ②能根据工艺文件选择低碳钢板或低合金钢板对接平焊焊接工艺参数 ③能进行低碳钢板或低合金钢板平位对接的双面埋弧焊 ④能用碳弧气刨进行背部清根 ⑤能根据焊接工艺文件要求对低碳钢板或低合金钢板埋弧焊焊缝外观质量进行自检	①低碳钢板或低合金钢板对接埋弧焊工艺参数对焊缝成形的影响 ②低碳钢板或低合金钢板对接埋弧焊接热影响区的组织和性能 ③影响低碳钢板或低合金钢板对接埋弧焊焊接接头质量的因素 ④碳弧气刨清根的操作要领

续表

职业功能	工作要求	技能要求	相关知识
4. 埋弧焊	(2)低碳钢板或低合金钢板的双丝埋弧焊	①能选择低碳钢板或低合金钢板双丝埋弧焊的焊接材料 ②能根据低碳钢板或低合金钢板双丝埋弧焊的工艺要求进行焊件组对 ③能根据被焊材料和焊接材料选择双丝埋弧焊工艺参数 ④能根据双丝埋弧焊工艺要求进行焊接 ⑤能对低碳钢板或低合金钢板双丝埋弧焊的焊缝外观质量进行自检	①双丝埋弧焊的特点和应用 ②双丝埋弧焊焊接工艺 ③双丝埋弧焊焊接设备的组成 ④双丝埋弧焊焊丝的排列方式及其对焊缝成形的影响 ⑤双丝埋弧焊的焊接缺陷及预防措施
	(3)不锈钢覆层的带极埋弧堆焊	①能根据焊接工艺文件选择带极和基板材料 ②能选择带极埋弧堆焊的工艺参数 ③能根据带极埋弧堆焊工艺要求进行堆焊 ④能根据焊接工艺文件对带极埋弧堆焊焊缝外观质量进行自检	①带极埋弧堆焊的特点和应用 ②带极埋弧堆焊工艺 ③带极规格对埋弧堆焊工艺的影响 ④带极埋弧堆焊设备的组成 ⑤带极埋弧堆焊缺陷及预防措施
5. 气焊	(1)管径 $\phi<60$mm 低碳钢管的对接水平固定和45°固定气焊	①能根据图样制备管径 $\phi<60$mm 低碳钢管的坡口 ②能根据工艺文件确定可燃气体、助燃气体和焊炬，以满足低碳钢管气焊要求 ③能根据焊接工艺文件要求调整火焰类别，以适应低碳钢管的气焊 ④能根据管径 $\phi<60$mm 低碳钢管厚度确定焊接的层数 ⑤能根据管径 $\phi<60$mm 低碳钢管气焊工艺文件要求起焊、焊接和收尾 ⑥能对管径 $\phi<60$mm 低碳钢管气焊焊缝的外观质量进行自检	①根据低碳钢材质选择气焊火焰的原则 ②管径 $\phi<60$mm 低碳钢管气焊设备的维护和故障排除方法 ③管径 $\phi<60$mm 低碳钢管全位置气焊的操作要领 ④气焊工艺参数对管径 $\phi<60$mm 低碳钢管焊缝外观质量的影响 ⑤气焊安全操作规程及注意事项
	(2)管径 $\phi<60$mm 低合金钢管的对接水平固定或垂直固定气焊	①能根据图纸制备管径 $\phi<60$mm 低合金钢管的坡口 ②能根据工艺文件确定可燃气体、助燃气体和焊炬 ③能根据焊接工艺文件要求调整火焰类别 ④能根据低合金钢管厚度确定焊接的层数 ⑤能根据管径 $\phi<60$mm 低合金钢管气焊工艺文件的要求起焊、焊接和收尾 ⑥能对管径 $\phi<60$mm 低合金钢管气焊焊缝的外观质量进行自检	①根据低合金钢管材质选择气焊火焰的原则 ②管径 $\phi<60$mm 低合金钢管气焊设备的维护和故障排除方法 ③管径 $\phi<60$mm 低合金钢管气焊的操作技术要领 ④气焊工艺参数对低合金钢管焊缝质量的影响

续表

职业功能	工作要求	技能要求	相关知识
5. 气焊	(3)铝管搭接接头的手工火焰钎焊	①能进行铝管手工火焰钎焊前的清洗和表面处理 ②能进行铝管手工火焰钎焊前的装配和固定 ③能采用夹具调整钎焊接头间隙 ④能根据工艺文件选择钎剂、钎料 ⑤能选择铝管手工火焰钎焊钎剂、钎剂的施加方法 ⑥能选择火焰类别,以适应铝管的钎焊 ⑦能用火焰设备、工具进行铝管搭接的手工火焰钎焊 ⑧能进行铝管手工火焰钎焊钎缝的清洗 ⑨能根据焊接工艺文件要求对铝管搭接接头手工火焰钎焊钎缝外观质量进行自检	①铝管火焰钎焊焊件清洗的目的和方法 ②铝管清洗质量对火焰钎焊工艺的影响 ③铝钎料、钎剂的型号及应用 ④铝管火焰钎焊工艺 ⑤铝管火焰钎焊的操作要领 ⑥铝管火焰钎焊焊缝的清洗方法 ⑦铝管火焰钎焊钎缝外观质量的检查方法
6. 切割	(1)不锈钢板的空气等离子切割	①能进行等离子切割设备的组装和调整 ②能依据被切割材料的材质和厚度选择空气等离子切割参数 ③能进行直线、曲线和各种封闭孔的空气等离子切割 ④能根据工艺文件对割缝外观质量进行自检	①空气等离子切割的基本原理及特点 ②空气等离子切割的电源及工作气体 ③空气等离子切割工艺 ④空气等离子切割的操作要领 ⑤空气等离子切割的设备
	(2)不锈钢板的激光切割	①能根据板厚选择割嘴型号、气体流量 ②能根据工艺文件选择激光切割的工艺参数 ③能进行直线、曲线的激光切割 ④能根据工艺文件对割缝外观质量进行自检	①激光切割的原理及其应用范围 ②激光切割的设备及工具 ③激光切割的工艺参数 ④激光切割的特点及分类 ⑤激光切割的操作要领
	(3)厚度$\delta \geqslant 50$mm低碳钢板的气割	①能根据厚度选择割炬的型号、调整气体的流量 ②能根据低碳钢板的厚度确定火焰能率 ③能通过调整割炬角度气割厚度$\delta \geqslant 50$mm的低碳钢板 ④能进行直线、曲线的气割 ⑤能根据工艺文件对割缝外观质量进行自检	①低碳钢厚板气割的操作要领 ②低碳钢厚板气割的工艺参数

四、焊工职业技能鉴定试题

焊工职业技能鉴定分为理论知识考试和技能操作考核。理论知识考试题有判断题和选择题等题型，多采用闭卷笔试。技能操作考核多采用现场实际操作方式。技师和高级技师还必须撰写技术总结或技术论文并答辩。下面是某职业技能鉴定站中级焊工技能操作（应会）考试题标准题型。

Q345 V形坡口对接立位单面焊双面成形

1. 材料要求

① 试件材料、尺寸：Q345、300mm×100mm×12mm（两件），如图10-1所示。

② 焊材与母材相匹配，建议选用E5015，ϕ3.2mm焊条。

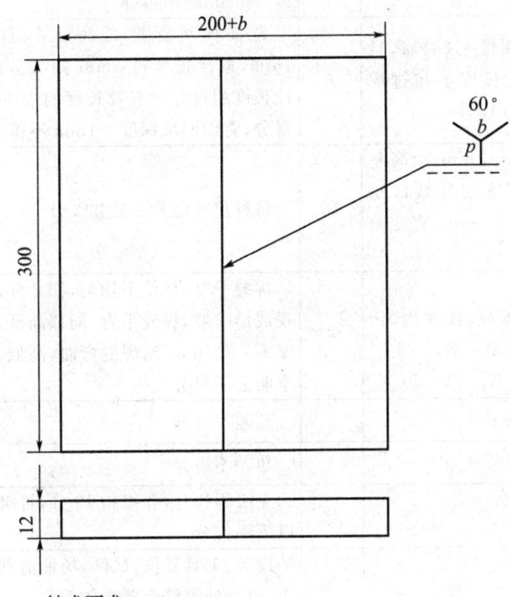

图10-1 Q345 V形坡口对接立位单面焊双面成形试件图

2. 考核要求

① 焊条必须按要求规定烘干，随用随取。

② 焊前清理坡口，露出金属光泽。

③ 试件的空间位置符合立焊要求。

④ 试件一经施焊不得任意改变焊接位置。

⑤ 焊缝表面清理干净，并保持焊缝原始状态。

⑥ 定位焊在试件背面两端20mm范围内。

⑦ 焊接操作时间为45分钟。

3. 评分标准

评分标准见表10-2。

表 10-2 评分标准

序号	考核内容	考核要点	配分	评分标准	检测结果	扣分	得分
1	焊前准备	劳保着装及工具准备齐全，并符合要求，参数设置、设备调试正确	5	劳保着装及工具准备不符合要求，参数设置、设备调试不正确有一项扣1分			
2	焊接操作	试件固定的空间位置符合要求	10	试件固定的空间位置超出规定范围不得分			
3	焊缝外观	焊缝表面不允许有焊瘤、气孔、夹渣	10	出现任何一种缺陷不得分			
		焊缝咬边深度≤0.5mm，两侧咬边总长不超过焊缝有效长度的15%	8	焊缝咬边深度≤0.5mm，累计长度每5mm扣1分，累计长度超过焊缝有效长度的15%不得分；咬边深度>0.5mm不得分			
		背面凹坑深度≤20%δ，且≤1mm，累计长度不超过焊缝有效长度的10%	8	背面凹坑深度≤20%δ，且≤1mm，累计长度每5mm扣1分，累计长度超过焊缝有效长度的10%不得分；背面凹坑深度>1mm不得分			
		焊缝余高0～3mm，余高差≤2mm；焊缝宽度比坡口每侧增宽0.5～2.5mm，宽度差≤3mm	10	每种尺寸超差一处扣2分			
		焊缝成形美观，纹理均匀、细密，高低、宽窄一致	6	焊缝平整，焊纹不均匀，扣2分；外观成形一般，焊缝平直，局部高低、宽窄不一致扣3分；焊缝弯曲，高低、宽窄明显不得分			
		错边≤10%δ	5	超差不得分			
		焊后角变形≤3°	3	超差不得分			
4	内部质量	X射线探伤	30	Ⅰ级不扣分，Ⅱ级扣10分，Ⅲ级及以下不得分			
5	其他	安全文明生产	5	设备、工具复位，试件、场地清理干净，有一处不符合要求扣1分			
6	定额	操作时间		超时停止操作			
合计			100				

否定项：焊缝表面存在裂纹、未熔合及烧穿缺陷；焊接操作时任意更改试件焊接位置；焊缝原始表面被破坏；焊接时间超出定额

模块二 特种设备焊工考证

根据国家质量监督检验检疫总局TSG Z6002—2010《特种设备焊接操作人员考核细则》规定，锅炉、压力容器（含气瓶，下同）、压力管道（统称为承压类设备）和电梯、起重机械、客运索道、大型游乐设施、场（厂）内机动车辆（统称为机电类设备）的焊接操作人员（焊工），若从事下列焊缝的焊接工作，应按照本细则培训考核合格，持有《特种设备作业人员证》方可上岗作业。

① 承压类设备的受压元件焊缝、与受压元件相焊的焊缝、受压元件母材表面堆焊。

② 机电类设备的主要受力结构（部）件焊缝，与主要受力结构（部）件相焊的焊缝。

③ 熔入前两项焊缝内的定位焊缝。

一、焊工的资质要求

申请考试的焊工，应具有初中以上（含初中）文化程度或同等学历，身体健康，能严格按照焊接工艺规程进行操作，独立承担焊接工作。所取得的《特种设备作业人员证》在全国各地同等有效。《特种设备作业人员证》每四年复审一次。对于持证的年龄超过55岁的焊工，需要继续从事特种设备焊接作业，根据情况由发证机关决定是否需要进行考试。

二、焊工考试内容

焊工考试包括基本知识考试和操作技能考试两部分。

1. 焊工基本知识考试范围

① 特种设备的分类、特点和焊接要求。

② 金属材料的分类、牌号、化学成分、使用性能、焊接特点和焊后热处理。

③ 焊接材料（包括焊条、焊丝、焊剂和气体等）类型、型号、牌号、性能、使用和保管。

④ 焊接设备、工具和测量仪表的种类、名称、使用和维护。

⑤ 常用焊接方法的特点、焊接工艺参数、焊接顺序、操作方法与焊接质量的影响因素。

⑥ 焊缝形式、接头形式、坡口形式、焊缝符号与图样识别。

⑦ 焊接缺陷的产生原因、危害、预防方法和返修。

⑧ 焊缝外观检查方法和要求，无损检测方法的特点、适用范围。

⑨ 焊接应力和变形的产生原因和防止方法。

⑩ 焊接质量控制系统、规章制度、工艺纪律基本要求。

⑪ 焊接作业指导书、焊接工艺评定。

⑫ 焊接安全和规定。

⑬ 特种设备法律、法规和标准。

⑭ 法规、安全技术规范有关焊接作业人员考核和管理规定。

2. 操作技能考试

(1) 焊接方法及代号

焊接方法及代号见表10-3，每种焊接方法都可以表现为手工焊、机动焊、自动焊等操作方式。

表10-3 焊接方法及代号

焊接方法	代号
焊条电弧焊	SMAW
气焊	OFW
钨极气体保护焊	GTAW
熔化极气体保护焊	GMAW（含药芯焊丝电弧焊FCAW）
埋弧焊	SAW
电渣焊	ESW
等离子弧焊	PAW
气电立焊	EGW
摩擦焊	FRW
螺柱电弧焊	SW

（2）试件材料类别及代号

试件材料类别及代号见表10-4。

表10-4 试件材料类别及代号

类别	代号	型号、牌号、级别				
低碳钢	FeⅠ	Q195	10	HP245	L175	S205
		Q215	15	HP265	L210	
		Q235	20	WCA		
		Q245R	25			
		Q275	20G			
低合金钢	FeⅡ	HP295	L245	Q345R	15MoG	09MnD
		HP325	L290	16Mn	20MoG	09MnNiD
		HP345	L320	Q370R	12CrMo	09MnNiDR
		HP365	L360	15MnV	12CrMoG	16MnD
		Q295	L415	20MnMo	15CrMo	16MnDR
		Q345	L450	10MnWVNb	15CrMoR	16MnDG
		Q390	L485	13MnNiMoR	15CrMoG	15MnNiDR
		Q420	L555	20MnMoNb	14Cr1Mo	15MnNiNbDR
			S240	07MnCrMoVR	14Cr1MoR	20MnMoD
			S290	12MnNiVR	12Cr1MoV	07MnNiCrMoVDR
			S315	20MnG	12Cr1MoVG	08MnNiCrMoVD
			S360	10MnDG	12Cr2Mo	10Ni3MoVD
			S385		12Cr2Mo1	06Ni3MoDG
			S415		12Cr2Mo1R	ZG230-450
			S450		12Cr2MoG	ZG20CrMo
			S480		12CrMoWVTiB	ZG15Cr1Mo1V
					12Cr3MoVSiTiB	ZG12Cr2Mo1G
Cr≥5%铬钼钢、铁素体钢、马氏体钢	FeⅢ	1Cr5Mo	06Cr13	12Cr13	10Cr17	1Cr9Mo1
		10Cr9MoVNb	00Cr27Mo	06Cr13Al	ZG16Cr5MoG	
奥氏体钢、奥氏体与铁素体双相钢	FeⅣ	06Cr19Ni10	06Cr17Ni12Mo2		06Cr23Ni13	
		06Cr19Ni11Ti	06Cr17Ni12Mo2Ti		06Cr25Ni20	
		022Cr19Ni10	06Cr19Ni13Mo3		12Cr18Ni9	
		CF3	022Cr17Ni12Mo2			
		CF8	022Cr19Ni13Mo3			
			022Cr23Ni5Mo3N			
纯铜	CuⅠ	T2、TU1、TU2、TP1、TP2				
铜锌合金、铜锌锡合金	CuⅡ	H62、HAl77-2、HSn70-1、HSn62-1				
铜硅合金	CuⅢ	QSi3-1				
铜镍合金	CuⅣ	B19、BFe10-1-1、BFe30-1-1				
铜铝合金	CuⅤ	QAl5、QAl10-4、ZCuAl10Fe3				
纯镍	NiⅠ	N5、N6、N7				
镍铜合金	NiⅡ	NCu30				
镍铬铁合金、镍铬钼合金	NiⅢ	NS312、NS315、NS334、NS335、NS336				

续表

类别	代号	型号、牌号、级别
镍钼铁合金	NiⅣ	NS321、NS322
镍铁铬合金	NiⅤ	NS111、NS112、NS142、NS143
纯铝、铝锰合金	AlⅠ	1A85、1060、1050A、1200、3003
铝镁合金（Mg≤4%）	AlⅡ	3004、5052、5A03、5454
铝镁硅合金	AlⅢ	6061、6063、6A02
铝镁合金（Mg>4%）	AlⅤ	5A05、5083、5086
强度纯钛、钛钯合金	TiⅠ	TA0、TA1、TA9、TA1-A、ZTi1
高强纯钛、钛钼镍合金	TiⅡ	TA2、TA3、TA10、ZTi2

（3）填充金属类别及代号

填充金属类别、代号与适用范围见表 10-5。

表 10-5 填充金属类别、代号与适用范围

类别	试件用填充金属类别代号	相应型号、牌号	适用于焊件填充金属类别范围	相应标准
碳钢焊条、低合金钢焊条、马氏体钢焊条、铁素体钢焊条	Fef1（钛钙型）	EXX03	Fef1	JB/T 4747［GB/T 5117 GB/T 5118 GB/T 983（奥氏体、奥氏体与铁素体双相钢焊条除外）］
	Fef2（纤维素型）	EXX10 EXX11 EXX10-X EXX11-X	Fef1 Fef2	
	Fef3（钛型、钛钙型）	EXXX(X)-16 EXXX(X)-17	Fef1 Fef3	
	Fef3J（低氢型、碱性）	EXX15 EXX16 EXX18 EXX48 EXX15-X EXX16-X EXX18-X EXX48-X EXXX(X)-15 EXXX(X)-16 EXXX(X)-17	Fef1 Fef3 Fef3J	
奥氏体钢焊条、奥氏体与铁素体双相钢焊条	Fef4（钛型、钛钙型）	EXXX(X)-16 EXXX(X)-17	FefF4	JB/T 4747［GB/T 983（奥氏体、奥氏体与铁素体双相钢焊条）］
	Fef4J（碱性）	EXXX(X)-15 EXXX(X)-16 EXXX(X)-17	Fef4 Fef4J	
全部钢焊丝	FefS	全部实芯焊丝和药芯焊丝	FefS	JB/T 4747
纯铜焊条	Cuf1	ECu	Cuf1	GB/T 3670
铜硅合金焊条	Cuf2	ECuSi-A ECuSi-B	Cuf2	GB/T 3670
铜锡合金焊条	Cuf3	ECuSn-A ECuSn-B	Cuf3	GB/T 3670
铜镍合金焊条	Cuf4	ECuNi-A ECuNi-B	Cuf4 NifX	GB/T 3670 GB/T 13814

续表

类　别	试件用填充金属类别代号	相应型号、牌号	适用于焊件填充金属类别范围	相应标准
铜铝合金焊条	Cuf6	ECuAl-A2　ECuAl-B ECuAl-C	Cuf6	GB/T 3670
铜镍铝合金焊条	Cuf7	ECu1Ni　ECuA1Ni	Cuf7	GB/T 3670
纯铜焊丝	CufS1	HSCu	CufS1	GB/T 9460
铜硅合金焊丝	CufS2	HSCuSi	CufS2	GB/T 9460
铜锡合金焊丝	CufS3	HSCuSn	CufS3	GB/T 9460
铜镍合金焊丝	CufS4	HSCuNi	CufS4 NifSX	GB/T 9460 GB/T 15620
铜铝合金焊丝	CufS6	HSCuAl	CufS6	GB/T 9460
铜镍铝合金焊丝	CufS7	HSCuAlNi	CufS7	GB/T 9460
纯镍焊条	Nif1	ENi-1	Nif1 Nif2 Nif3 Nif4 Nif5 Cuf4	GB/T 13814
镍铜合金焊条	Nif2	ENiCu-7		
镍基类 镍铬铁合金焊条 镍铬钼合金焊条	Nif3	ENiCrFe-1　ENiCrFe-2 ENiCrFe-3　ENiCrFe-4 ENiCrMo-2　ENiCrMo-3 ENiCrMo-4　ENiCrMo-5 ENiCrMo-6　ENiCrMo-7		
镍钼合金焊条	Nif4	ENiMo-1　ENiMo-3 ENiMo-7		
铁镍基 镍铬钼合金焊条	Nif5	ENiCrMo-1　ENiCrMo-9		
纯镍焊丝	NifS1	ERNi-1	NifS1 NifS2 NifS3 NifS4 NifS5 CufS4	GB/T 15620
镍铜合金焊丝	NifS2	ERNiCu-7		
镍基类 镍铬铁合金焊丝 镍铬钼合金焊丝	NifS3	ERNiCr-3 ERNiCrFe-5、ERNiCrFe-6 ERNiCrMo-2、ERNiCrMo-3 ERNiCrMo-4、ERNiCrMo-7		
镍钼合金焊丝	NifS4	ERNiMo-1、ERNiMo-2 ERNiMo-3、ERNiMo-7		
铁镍基类 镍铬钼合金焊丝 镍铬铁合金焊丝	NifS5	ERNiCrMo-1、ERNiCrMo-8 ERNiCrMo-9、ERNiFeCr-1		
纯铝焊丝	AlfS1	ER1100、ER1188	AlfS1 AlfS2 AlfS3	JB/T 4747
铝镁合金焊丝	AlfS2	ER5183、ER5356、ER5554 ER5556、ER5654		
铝硅合金焊丝	AlfS3	ER4145、ER4047. ER4043		
纯钛焊丝	TifS1	ERTi-1、ERTi-2 ERTi-3、ERTi-4	TifS1 TifS2 TifS4	JB/T 4747
钛钯合金焊丝	TifS2	ERTi7		
钛钼镍合金焊丝	TifS4	ERTi-12		

（4）试件位置

焊缝位置基本上由试件位置决定。试件类别、位置与代号见表 10-6、图 10-2 和图 10-3。板材对接焊缝试件、管材对接焊缝试件和管板角接头试件，分为带衬垫和不带衬垫两种。试件的双面焊、角焊缝及不要求焊透的对接焊缝和管板角接头均视为带衬垫。

表 10-6 试件类别、位置与代号

<table>
<tr><th>试件类别</th><th colspan="2">试件位置</th><th>代号</th></tr>
<tr><td rowspan="4">板材对接焊缝试件</td><td colspan="2">平焊试件</td><td>1G</td></tr>
<tr><td colspan="2">横焊试件</td><td>2G</td></tr>
<tr><td colspan="2">立焊试件</td><td>3G</td></tr>
<tr><td colspan="2">仰焊试件</td><td>4G</td></tr>
<tr><td rowspan="4">板材角焊缝试件</td><td colspan="2">平焊试件</td><td>1F</td></tr>
<tr><td colspan="2">横焊试件</td><td>2F</td></tr>
<tr><td colspan="2">立焊试件</td><td>3F</td></tr>
<tr><td colspan="2">仰焊试件</td><td>4F</td></tr>
<tr><td rowspan="6">管材对接焊缝试件</td><td colspan="2">水平转动试件</td><td>1G(转动)</td></tr>
<tr><td colspan="2">垂直固定试件</td><td>2G</td></tr>
<tr><td rowspan="2">水平固定试件</td><td>向上焊</td><td>5G</td></tr>
<tr><td>向下焊</td><td>5GX(向下焊)</td></tr>
<tr><td rowspan="2">45°固定试件</td><td>向上焊</td><td>6G</td></tr>
<tr><td>向下焊</td><td>6GX(向下焊)</td></tr>
<tr><td rowspan="5">管材角焊缝试件(分管-板角焊缝试件和管-管角焊缝试件两种)</td><td colspan="2">45°转动试件</td><td>1F(转动)</td></tr>
<tr><td colspan="2">垂直固定横焊试件</td><td>2F</td></tr>
<tr><td colspan="2">水平转动试件</td><td>2FR(转动)</td></tr>
<tr><td colspan="2">垂直固定仰焊试件</td><td>4F</td></tr>
<tr><td colspan="2">水平固定试件</td><td>5F</td></tr>
<tr><td rowspan="5">管板角接头试件</td><td colspan="2">水平转动试件</td><td>2FRG(转动)</td></tr>
<tr><td colspan="2">垂直固定平焊试件</td><td>2FG</td></tr>
<tr><td colspan="2">垂直固定仰焊试件</td><td>4FG</td></tr>
<tr><td colspan="2">水平固定试件</td><td>5FG</td></tr>
<tr><td colspan="2">45°固定试件</td><td>6FG</td></tr>
<tr><td rowspan="3">螺柱焊试件</td><td colspan="2">平焊试件</td><td>1S</td></tr>
<tr><td colspan="2">横焊试件</td><td>2S</td></tr>
<tr><td colspan="2">仰焊试件</td><td>4S</td></tr>
</table>

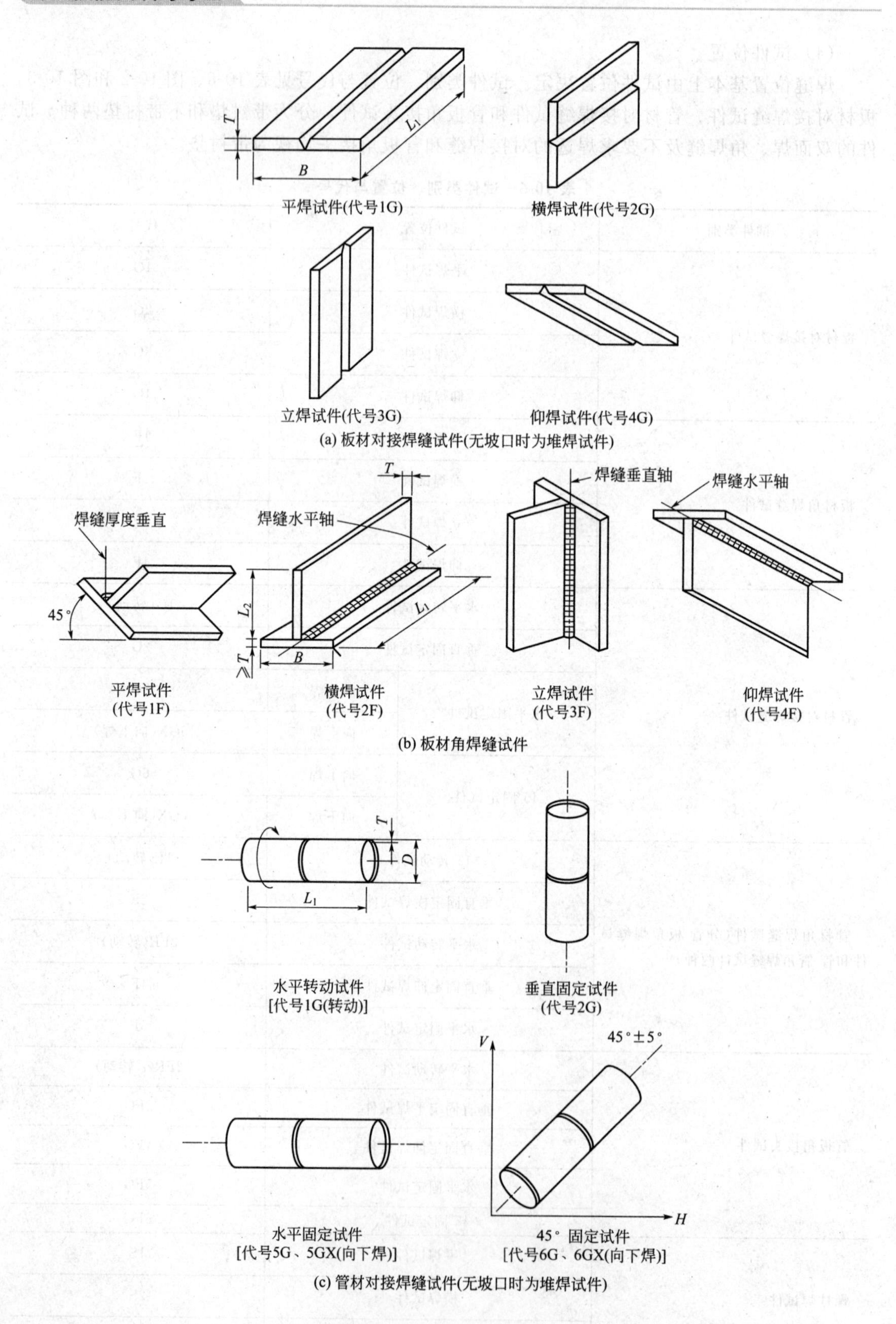

T
L1
B
平焊试件(代号1G)
横焊试件(代号2G)
立焊试件(代号3G)
仰焊试件(代号4G)
(a) 板材对接焊缝试件(无坡口时为堆焊试件)
焊缝厚度垂直
45°
T
焊缝水平轴
L2
L1
≥T
B
焊缝垂直轴
焊缝水平轴
平焊试件
(代号1F)
横焊试件
(代号2F)
立焊试件
(代号3F)
仰焊试件
(代号4F)
(b) 板材角焊缝试件
T
D
L1
水平转动试件
[代号1G(转动)]
垂直固定试件
(代号2G)
V
45°±5°
H
水平固定试件
[代号5G、5GX(向下焊)]
45° 固定试件
[代号6G、6GX(向下焊)]
(c) 管材对接焊缝试件(无坡口时为堆焊试件)

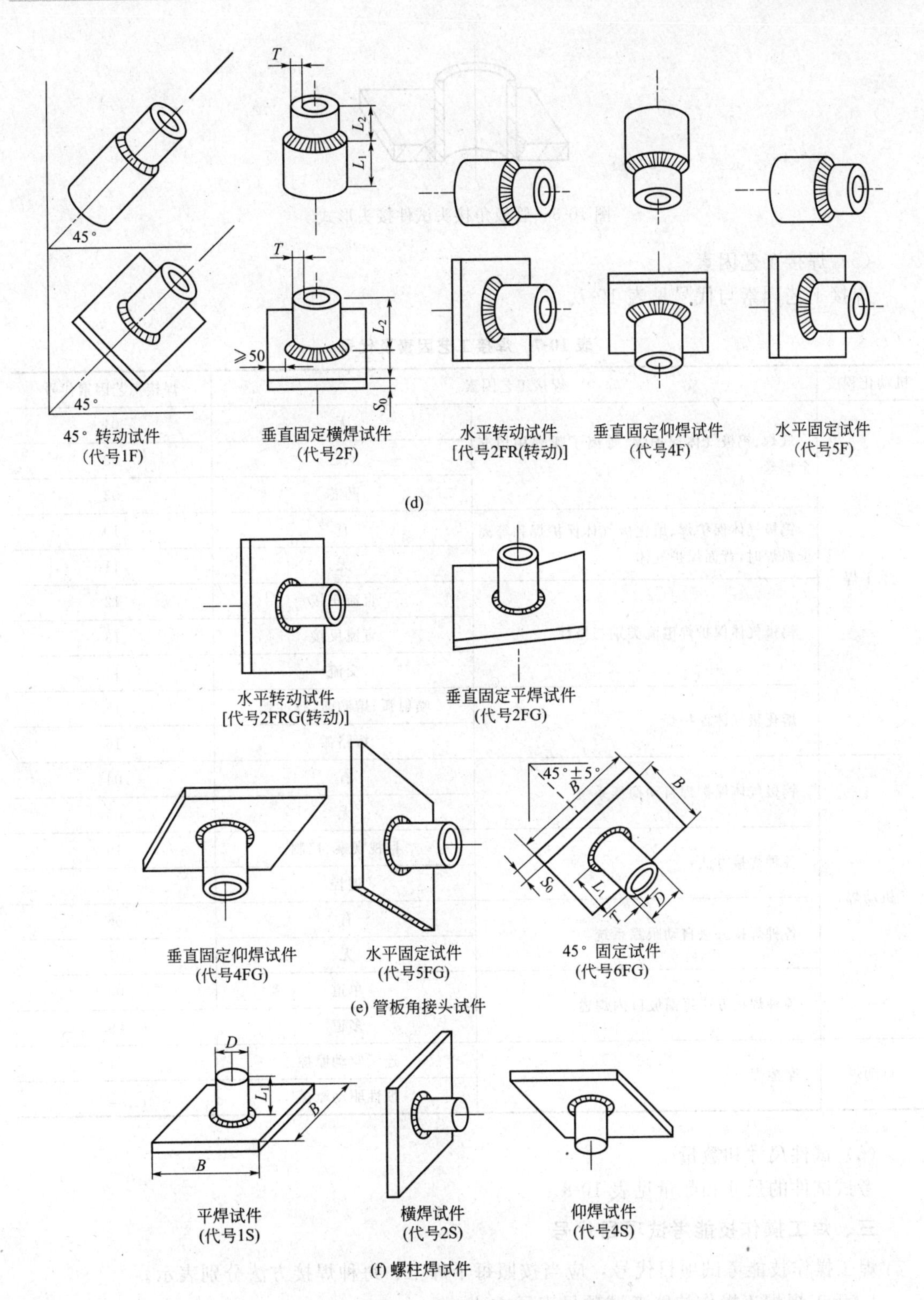

图 10-2 焊接考试试件形式

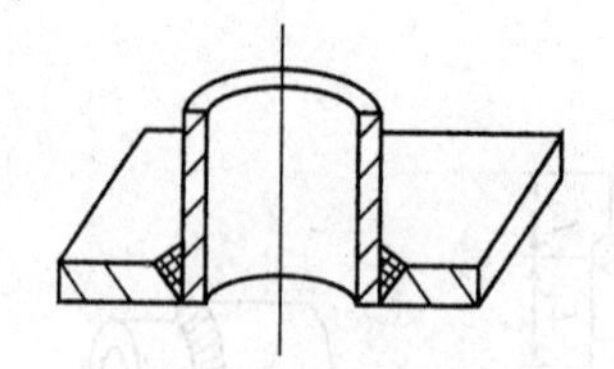

图 10-3　管板角接头试件接头形式

（5）焊接工艺因素

焊接工艺因素与代号见表 10-7。

表 10-7　焊接工艺因素及代号

<table>
<tr><th>机动化程度</th><th colspan="2">焊接工艺因素</th><th>焊接工艺因素代号</th></tr>
<tr><td rowspan="10">手工焊</td><td rowspan="3">气焊、钨极气体保护焊、等离子弧焊用填充金属丝</td><td>无</td><td>01</td></tr>
<tr><td>实芯</td><td>02</td></tr>
<tr><td>药芯</td><td>03</td></tr>
<tr><td rowspan="2">钨极气体保护焊、熔化极气体保护焊和等离子弧焊时，背面保护气体</td><td>有</td><td>10</td></tr>
<tr><td>无</td><td>11</td></tr>
<tr><td rowspan="3">钨极气体保护焊电流类别与极性</td><td>直流正接</td><td>12</td></tr>
<tr><td>直流反接</td><td>13</td></tr>
<tr><td>交流</td><td>14</td></tr>
<tr><td rowspan="2">熔化极气体保护焊</td><td>喷射弧、熔滴弧、脉冲弧</td><td>15</td></tr>
<tr><td>短路弧</td><td>16</td></tr>
<tr><td rowspan="8">机动焊</td><td rowspan="2">钨极气体保护焊自动稳压系统</td><td>有</td><td>04</td></tr>
<tr><td>无</td><td>05</td></tr>
<tr><td rowspan="2">各种焊接方法</td><td>目视观察、控制</td><td>19</td></tr>
<tr><td>遥控</td><td>20</td></tr>
<tr><td rowspan="2">各种焊接方法自动跟踪系统</td><td>有</td><td>06</td></tr>
<tr><td>无</td><td>07</td></tr>
<tr><td rowspan="2">各种焊接方法每面坡口内焊道</td><td>单道</td><td>08</td></tr>
<tr><td>多道</td><td>09</td></tr>
<tr><td rowspan="2">自动焊</td><td rowspan="2">摩擦焊</td><td>连续驱动摩擦</td><td>21</td></tr>
<tr><td>惯性驱动摩擦</td><td>22</td></tr>
</table>

（6）试件尺寸和数量

考试试件的尺寸和数量见表 10-8。

三、焊工操作技能考试项目代号

焊工操作技能考试项目代号，应当按照每个焊工、每种焊接方法分别表示。

1. 手工焊焊工操作技能考试项目表示方法

手工焊焊工操作技能考试项目表示为①-②-③-④-⑤-⑥-⑦，如果操作技能考试项目中不出现其中某项时，则不包括该项。项目具体含义如下。

①——焊接方法代号，见表 10-3。耐蚀堆焊加代号 N 与试件母材厚度。

表 10-8 试件尺寸和数量

试件类别	试件形式		试件尺寸/mm						试件数量/个
			L_1	L_2	B	T	D	S_0	
对接焊缝试件	板	手工焊	≥300	—	≥200	自定	—	—	1
		机动焊、自动焊	≥400	—	≥240				
	管	手工焊、机动焊、自动焊	≥200	—	—	自定	<25	—	3
							25≤D<76	—	3
							≥76	—	1
		手工向下焊	≥200	—	—	自定	≥300	—	1
角焊缝试件	板	手工焊	≥300	≥75	≥100	≤10	—	≥T	1
		机动焊、自动焊	≥400	≥75	≥100		—	≥T	1
	管与板（管）	手工焊	—	≥75	≥D+100	自定	<76	≥T	2
		机动焊、自动焊	—	≥5			≥76		1
管板角接头试件	管与板	手工焊	—	≥75	≥D+100	自定	<76	≥T	2
		机动焊、自动焊		≥5			≥76		1
堆焊试件	板		≥250	—	≥150	<25 或 ≥25	—	—	1
	管		≥200	—	—				
螺柱焊试件	板与柱		—	(8～10)D	≥50	—	—	—	5

②——金属材料类别代号，见表 10-4。试件为异类金属材料用“X/X”表示。

③——试件位置代号，见表 10-6。带衬垫加代号 K。

④——焊缝金属厚度（对于板材角焊缝试件为试件母材厚度 T）。

⑤——外径。

⑥——填充金属类别代号，见表 10-5。

⑦——焊接工艺因素代号，见表 10-7。

2. 焊机操作工操作技能考试项目表示方法

焊机操作工操作技能考试项目表示方法为①-②-③，项目具体含义如下。

①——焊接方法代号，见表 10-3。耐蚀堆焊加代号 N 与试件母材厚度。

②——试件位置代号，见表 10-6。带衬垫加代号 K。

③——焊接工艺因素代号，见表 10-7。

3. 项目代号应用举例

① 厚度为 14mm 的 Q345R 钢板对接焊缝平焊试件带衬垫，使用 J507 焊条手工焊接，试件全焊透。项目代号为 SMAW-FeⅡ-1G（K）-14-Fef3J。

② 壁厚为 8mm、外径为 60mm 的 20 钢管对接焊缝水平固定试件，背面不加衬垫，用手工钨极氩弧焊打底，背面没有保护气体，填充金属为实芯焊丝，采用直流电源，正接施焊，焊缝金属厚度为 3mm，然后采用 J427 焊条手工焊填满坡口。项目代号为 GTAW-FeⅠ-5G-3/60- FefS-02/11/13 和 SMAW-FeⅠ-5G（K）-5/60-Fef3J。

③ 板厚为 10mm 的 Q345R 钢板对接焊缝立焊试件无衬垫，采用半自动 CO_2 气体保护

焊，填充金属为药芯焊丝，背面无气体保护，采用喷射弧施焊，试件全焊透。项目代号为 FCAW-FeⅡ-3G-10-FefS-11/15。

④ 管材对接焊缝无衬垫水平固定试件，壁厚为 8mm，外径为 70mm，钢号为 16Mn，采用机动熔化极气体保护焊，使用实芯焊丝，脉冲弧施焊，实施遥控，在自动跟踪条件下进行多道焊，试件全焊透，项目代号为 GMAW-5G-06/09/20。

⑤ 壁厚为 10mm、外径为 86mm 的 16Mn 钢制管材垂直固定试件，使用 A312 焊条沿圆周方向手工堆焊。项目代号为 SMAW（N10）-FeⅡ-2G-86-Fef4/20。

⑥ 管板角接头无衬垫水平固定试件，管材壁厚为 3mm，外径为 25mm，材质为 20 钢，板材厚度为 8mm，材质为 Q345R，手工钨极氩弧焊打底不加填充焊丝，采用直流电源反接，背面无气体保护，焊缝金属厚度为 2mm，然后采用机动钨极氩弧焊药芯焊丝多道焊，填满坡口，焊机无稳压系统，无自动跟踪系统，目视观察、控制。项目代号为 GTAW-FeⅠ/FeⅡ-5FG-2/25-01/11/13 和 GTAW-5FG（K）-05/07/09/19。

⑦ S290 钢管外径为 320mm，壁厚为 12mm，水平固定位置，使用 EXX10 焊条手工向下焊打底，背面没有衬垫，焊缝金属厚度为 4mm，然后采用药芯焊丝机动向上焊，无自动跟踪系统，遥控施焊过程，进行多道多层焊填满坡口。项目代号为 SMAW-FeⅡ-5GX-4/320-Fef2 和 FCAW-5G（K）-07/09/20。

⑧ 板厚为 16mm 的 06Cr19Ni10 钢板，采用埋弧（机动）平焊，背面加焊剂垫，焊机无自动跟踪系统，焊丝为 H08Cr21Ni10Ti，焊剂为 HJ260，目视观察控制，单面施焊两层，填满坡口。项目代号为 SAW-1G（K）-07/09/19。

⑨ 厚度 12mm 的 1060 铝板对接焊缝平焊试件，采用半自动熔化极气体保护焊，焊丝用 ER4043 焊丝，采用直流反接，熔滴弧施焊，单面多道焊全焊透，背面有保护气体。项目代号为 GMAW-AlⅠ-1G-12-AlfS3-10/15。

⑩ 板厚为 10mm 的 Q345 钢板角焊缝试件，立焊，采用半自动 CO_2 气体保护焊，背面无保护气体，填充金属为药芯焊丝，喷射弧过渡，完成试件的焊接。项目代号为 FCAW-FeⅡ-3F-10-FefS-11/15。

参考文献

[1] 中国机械工程学会焊接学会. 焊接手册：第一卷焊接方法及设备 [M]. 北京：机械工业出版社，2008.

[2] 邱葭菲. 实用焊接技术——焊接方法工艺、质量控制、技能技巧与考证竞赛 [M]. 长沙：湖南科学技术出版社，2010.

[3] 邱葭菲. 职业技能鉴定教材——焊工 [M]. 北京：中国劳动社会保障出版社，2014.

[4] 邱葭菲. 职业技能鉴定指导——焊工 [M]. 北京：中国劳动社会保障出版社，2014.

[5] 冯明河，米光明. 焊工技能训练 [M]. 北京：中国劳动社会保障出版社，2014.

[6] 王长忠. 焊工工艺与技能训练 [M]. 北京：中国劳动社会保障出版社，2014.

[7] 付荣柏. 焊接变形的控制与矫正 [M]. 北京：机械工业出版社，2006.

[8] 陈祝年. 焊接工程师手册 [M]. 北京：机械工业出版社，2002.

[9] [俄] 库尔金 C A. 焊接结构生产工艺机械化与自动化图册 [M]. 北京：机械工业出版社，1995.

[10] 王云鹏，戴建树主编. 焊接结构生产北京：机械工业出版社，2004.

[11] 宗培言. 焊接结构制造技术与装备 [M]. 北京：机械工业出版社，2007.

[12] 张建勋. 现代焊接生产与管理 [M]. 北京：机械工业出版社，2005

[13] 邱葭菲. 焊接方法与设备 [M]. 北京：机械工业出版社，2014.

[14] 邱葭菲. 焊工工艺学 [M]. 北京：中国劳动社会保障出版社，2014.

[15] 劳动和社会保障部. 焊工 [M]. 北京：中国劳动社会保障出版社，2002.

[16] 邱葭菲，蔡郴英. 金属熔焊原理 [M]. 北京：高等教育出版社，2009.

[17] 傅积和，孙玉林. 焊接数据资料手册 [M]. 北京：机械工业出版社，1994.

[18] 国家技术监督局 GB/T 3375—1994 焊接名词术语 [S]. 北京：中国标准出版社，1995.

[19] 王国凡. 钢结构焊接制造 [M]. 北京：化学工业出版社，2004.

[20] 邱葭菲，蔡郴英，王瑞权. BS 教学法及其在焊工培训中的应用 [J]. 电焊机，2012 (10).

[21] 邱葭菲，王瑞权，张伟. 口诀教学法及在焊接培训（实训）中的应用 [J]. 焊接技术，2013 (12).

[22] 邱葭菲，蔡郴英. 焊工培训与考试的研究及应用 [J]. 电焊机，2009 (3).

[23] 邱葭菲，蔡郴英. 焊工培训常见问题分析 [J]. 电焊机，2013 (11).

[24] 邱葭菲. 焊接实训教学四步法 [J]. 电焊机，2011 (12).

[25] 邱葭菲. 基于阶段教学的实训教学法的研究与实践 [J]. 中国职业技术教育，2012 (14).

[26] 邱葭菲. 开展技能大赛提高实践能力 [J]. 教育与职业，2004 (3).

[27] 邱葭菲. 焊接术语的正确理解和使用 [J]. 电焊机，2006 (3).

[28] 邱葭菲. 焊缝尺寸经验计算公式的研究与应用 [J]. 机械工人，2001 (3).

[29] 邱葭菲. 焊接工艺疑难问题解析 [J]. 热加工工艺，2003 (1).

[30] 邱葭菲. 焊缝符号标注常见错误分析 [J]. 机械工人，1999 (6).